LOCUS

LOCUS

LOCUS

LOCUS

from

vision

from 37　沃爾瑪效應

The Wal-Mart Effect

作者： Charles Fishman

譯者：林茂昌

責任編輯：張碧芬

美術編輯：何萍萍

法律顧問：全理法律事務所董安丹律師

出版者：大塊文化出版股份有限公司

台北市 105 南京東路四段 25 號 11 樓

www.locuspublishing.com

讀者服務專線： 0800-006689

TEL ：(02) 87123898　FAX ：(02) 87123897

郵撥帳號： 18955675　戶名：大塊文化出版股份有限公司

總經銷：大和書報圖書股份有限公司　地址：台北縣五股工業區五工五路 2 號

TEL ：(02) 89902588 (代表號)　FAX ：(02)22901658

排版：天翼電腦排版印刷有限公司　製版：源耕印刷事業有限公司

初版一刷： 2006 年 9 月

定價：新台幣 320 元

Printed in Taiwan

The Wal-Mart Effect
沃爾瑪效應

Charles Fishman 著
林茂昌 譯

獻給我的母親和父親
蘇珊・費希曼和羅倫斯・費希曼
他們教導我發問的重要性
以及仔細聆聽答案的重要性

目錄

1 誰會料到購物竟如此重要？

也許我還不是世界上最會討價還價的人；我就是沒辦法把那最後的一塊錢也榨出來。

——山姆・沃爾頓（Sam Walton），沃爾瑪創辦人

從一九九〇年代初期開始，美國成年人日常生活所使用的商品，發生了普遍的變化。在此之前，幾乎所有體香劑的品牌或樣式——不論是滾珠式或固體式，爽身粉香或清香——都有個硬紙盒外包裝。你打開紙盒，取出裝著體香劑的罐子，然後把紙盒丟到垃圾桶裡。一九九〇年代初，所有的零售商當中，只有沃爾瑪認爲這個硬紙盒是多餘的。對體香劑客戶而言，紙盒在使用上毫無幫助。體香劑已經裝在罐子或是塑膠容器裡，再怎麼樣都比紙盒堅固。而紙盒還佔了貨架空間、浪費硬紙板。運送硬紙板要浪費油料。盒子本身也要花錢去請人設計和生產，甚至還要花錢找人來把體香劑裝進盒子裡，目的卻只是讓客戶把東西從盒子裡取出來而已。沃爾瑪身爲零售商，運用其特有的力量，安靜而令人難以拒絕地，要求體香劑製造商把盒子拿掉，不要把止汗劑裝到盒子裡。

結果，每罐體香劑的紙盒成本是美金五分錢。沃爾瑪照例把省下來的錢分給大家——給製

造商幾分錢，也給他們的止汗劑客戶幾分錢。

今天，走進沃爾瑪，到體香劑區，你會看到八個貨架，上面排滿了六十罐的體香劑。如果是在管理良好的沃爾瑪分店，則會看到大約有五百罐的體香劑。沒有一罐是裝在盒子裡。隨意走進其他賣場公司各地的門市，例如瓦爾格林（Walgreen）、塔吉特（Target）、艾克德（Eckerd）或CVS，到體香劑那區去看，也同樣看不到盒裝的了。

沃爾瑪的總部在阿肯色州班頓鎮（Bentonville）的沃爾頓大道和西南八街交口，由於他們決定把紙盒拿掉，全球的森林得免於遭受破壞。所省下來的五分錢看似微不足道，但你只要稍加計算，就會知道不是這麼一回事。

美國有二億個成年人，你只要去算他們現在藥櫃子裡每個罐子所省下的五分錢，那就是一千萬美元了，其中有一半分享給客戶（即五百萬美元），而這只是靠十多年前，一項引不起客戶注意的小改變而已。然而這個改變，以及省下來的錢，卻是一再發生，而且直到永遠。這五百萬美元，我們一年可以省下五到六次，和我們買新體香劑的次數一樣。把體香劑的包裝盒拿掉這個動作，已經幫我們省下了上億美元。這是完美的沃爾瑪時刻——該公司以獨到的眼光加上特有的力量，協助世界改變。數以百萬計的樹木留下來了，也不用去生產一大堆的硬紙板，到最後只是拿去丟掉，每年不再有十億個體香劑包裝盒丟到垃圾掩埋場去了。一切都在不知不覺中，一切都是那麼美好。

當然，除非你是在紙盒製造業。在那幾年裡，你會接到全美每一家體香劑製造廠的電話，而每一通電話都是來取消紙盒訂單的，那段日子可不好過啊。

找出浪費的事物

每一天，沃爾瑪都以這種方式來改變世界，而且他們一做就做了四十年。該公司把浪費的事物找出來，通常是我們長期習以爲常的東西，並加以消除，建立出一套高效率的新標準，幫大家把成本降下來，特別是一般消費者的成本。然而，這個改善過程，也帶來了一波波意外的結果，至少，是他們不願承認的結果。

這就是「**沃爾瑪效應**」——沃爾瑪以微小卻深遠的方式，改變了商業、工作、社區的形態和福祉、以及美國甚或是全世界的日常生活。

差不多在沃爾瑪拿掉體香劑包裝盒的同時，該公司也開始實驗，把一部分的新門市規模擴大一倍，他們打算用這個所謂的超級購物中心，從原本的綜合商品零售業跨入食品雜貨業。沃爾瑪開始踏入食品雜貨業時，所有的美國人在食品雜貨上，早就已經有了固定的消費習慣。沒有人在等著沃爾瑪開張，好進去買一加侖牛奶或一罐義大利麵醬或一包去骨雞胸肉。超市這行業，掌握在全國連鎖業者手中，他們發展完整，經驗老到，而且經營得不錯。已經有的超市業者，艾伯森（Albertsons）設立於一九三九年。喜互惠（Safeway）成立於一九一五年。克魯格

(Kroger) 則是在一八八三年由巴尼・克魯格 (Barney Kroger) 所設立。這群業者大家耳熟能詳，但十五年前，沃爾瑪竟闖進了他們的地盤。

在一九九〇年底，沃爾瑪只有九家超級購物中心。

十年之後，也就是二〇〇〇年底，沃爾瑪一共有八百八十八家超級購物中心——在這一百二十個月當中，平均每個月開了七家——此時，沃爾瑪已是全美最大的食品零售業者了。沃爾瑪只用了比十年稍多一些的時間，就從一個新進業者，一躍而爲美國食品雜貨業的龍頭老大，順便還把整個產業轉化爲令人驕傲的行業。這的確是個驚人成就。今天，不只是美國，即使就全世界而言，沃爾瑪在食品雜貨上的銷售量，比任何企業都大；該公司現有一千九百〇六家超級購物中心，和五年前相比，又多了一千家以上。換句話說，沃爾瑪雖然已經稱霸整個超市產業，但最近這五年來，仍然馬不停蹄，大幅加快腳步，侵吞整個食品雜貨業；這五年來，平均每個月開了十六家超級購物中心。

在食品雜貨業，一如其他零售業，沃爾瑪不只是出類拔萃而已，沃爾瑪根本就是天下無敵。十五年前，該公司基本上還不能算是食品雜貨業者，如今其所銷售的食品，比克魯格加上喜互惠所賣的還要多。沃爾瑪在全美國食品雜貨業的市佔率爲百分之十六。而在許多城市裡，市佔率甚至還高達百分之二十五到三十——每四個家庭，或每三個家庭，就有一家在沃爾瑪採購食品。

沃爾瑪的食品雜貨部單就購物環境而言，並沒有特別的吸引力（在超級購物中心，大約有百分之四十的樓面空間規畫給食品雜貨用）。走道太長，服務人員太少，貨品擺設凌亂，東西雖多卻混淆不清。但是每當沃爾瑪新到一個城市，開張賣起食品雜貨時——達拉斯、孟菲斯、奧克拉荷馬——該公司總是可以很快地用簡單而有力的方式，把生意做起來，而且很成功：同樣的食品，他們的價格比其他賣場，大約便宜了百分之十五。你可以在沃爾瑪海鮮展示箱以每磅四・八四美元的價格買到新鮮的鮭魚，這個價錢是如此低廉，幾乎讓人難以置信。以一個四口之家而言，平均一個月在食品雜貨上的花費大約是五百美元，沃爾瑪的價格便宜了百分之十五，就等於是讓他們每年省下好幾百塊美元，而他們只要把車子開到沃爾瑪就可以了。

但沃爾瑪所改變的不只是大家在食品雜貨上的消費習慣而已。他們還改變了超市產業的整個生態和節奏，通常，不能適應的業者會有滅亡之虞。在沃爾瑪稱霸整個美國食品雜貨業那十年當中，有三十一家超市連鎖業者申請破產保護；其中有二十七家舉證主張沃爾瑪競爭是導致破產的原因之一。這也是沃爾瑪效應。

沃爾瑪不再只是一家商店、大公司或是一種現象而已。沃爾瑪決定了我們的購物地點、所要買的商品，以及所支付的價格——即使不在沃爾瑪購物的人，也一樣要受其影響。沃爾瑪的影響力，深達供應商的內部作業，不只是改變了他們所賣的產品，也改變了那些產品的包裝、展示方式，以及生產線工人的生活——有時候，甚至連工廠所在地的國家，也會受其影響。沃爾瑪的影響力，遍及全球，包括中國的玩具製造工人、智利的鮭魚飼養工人以及孟加拉的襯衫縫製工人，雖然這些人可能一輩子都不會到沃爾瑪購物，但他們的工作和生活，還是操之在沃爾瑪。

以購物者或消費者的角度而言，沃爾瑪甚至還改變了我們自己的思考方式。沃爾瑪已經改變了我們對品質的看法，也改變了我們對「划算」的看法。沃爾瑪的低價，讓我們對所有東西的價格預期，一再地調整重設——從服裝、家具到鮮魚。沃爾瑪已經改變了我們用來看世界的鏡頭。

實際上，沃爾瑪效應影響到每一個美國人的生活。沃爾瑪在小鎮上開店之後，城鎮原來的經濟生活就破壞掉了，而重建的工作卻由沃爾瑪來進行；同樣地，該公司也改變了美國的經濟生活——美國這個史上最大的經濟體，就在這家公司處心積慮之下，一點一滴、無聲無息地變調了。沃爾瑪已經成爲世界上最強悍、最有影響力的公司。

誰會料到，購物竟然變得如此重要？

史上最大的公司

在美國，有超過一半以上的人，住家五哩之內就有一家沃爾瑪，開車的話，不用十分鐘。百分之九十的美國人，住家離沃爾瑪還不到十五哩。在美國的州際公路上，不太可能開了十五分鐘的車卻看不到一輛沃爾瑪的貨車。

現在，沃爾瑪在美國一共開了三千八百一十一家店（包括阿拉斯加十家，夏威夷九家）；算起來，全美國每一個郡裡頭，至少會有一家沃爾瑪。他們所開的店，是個龐然巨物，以致於不能像星巴克或是麥當勞那樣，融入當地景觀。停車場超大，用柏油鋪成，但是因爲柏油等級和附近的道路不同，所以看起來非常突兀。

沃爾瑪的店，不僅內部寬敞，外觀也是一樣巨大，儘管外牆和屋頂都只是一大片單調的水泥，卻能吸引大家的眼光，只因爲他們實在是太大了。你經過沃爾瑪時，不可能不去注意的。他們開的店，有一種特殊的無形力量，把附近社區的土地、交易循環和生活節奏都扭曲了。

在美國，大多數地方，沃爾瑪不只是無法避免，還好像變成了公共設施一樣。超過一億個美國人——那是美國人口的三分之一——每隔七天要到沃爾瑪去購物一次。超過百分之九十三的美國家庭，每年至少到沃爾瑪採購一次。以沃爾瑪二〇〇五年的營業額來計算，相當於美國每戶人家在那裡消費了二〇六〇・三六美元。（這二〇六〇・三六美元，沃爾瑪只賺了七十五美元。）如果你家二〇〇五年並沒有在沃爾瑪花了二千美元，那麼，這表示其他人家在那裡花了三千美元。

而這可不只美國才這樣。沃爾瑪是墨西哥和加拿大最大的零售商，巴西的第二大食品雜貨商。全世界有太多人到沃爾瑪消費了，今年預計會有七十二億人次到沃爾瑪商店。全球人口也不過是六十五億，所以那個數字相當於讓這星球上的每一個人今年到沃爾瑪逛一次，還剩下七億人次。

沃爾瑪的規模之大，令人難以想像。這家公司不只是全美或全球最大的零售商。這十年來，沃爾瑪幾乎一直都是全球最大的公司，也是史上最大的公司。要不是因爲國際油價去年漲了百分之五十，埃克森美孚公司（ExxonMobil）的營業額也不可能超過沃爾瑪，把二〇〇六年財星五百大企業的第一名，從沃爾瑪的手中奪下。但只要我們看一個簡單的統計數字，就可以知道，實際上沃爾瑪還是無可匹敵。

埃克森美孚全球有九萬名員工；沃爾瑪則有一百六十萬名員工。埃克森美孚的成長，來自於漲價；而沃爾瑪卻是靠著降價來成長。就商店而言，沃爾瑪不只是最大而已，還遠遠超過其他同業。沃爾瑪的規模相當於家庭倉庫（Home Depot）、克魯格、塔吉特、好市多（Costco）、西爾斯（Sears）和凱瑪特（Kmart）的總和。塔吉特是大家公認最接近沃爾瑪，也是最機靈的競爭者，但是兩相比較，規模還是太小了。沃爾瑪每年在三月十七日，聖派翠克節（Saint Patrick's Day）之前，營業額就超過了塔吉特的一整年業績。

全球最大的僱主

除此之外，沃爾瑪是全美也是全球最大的僱主，共有一百六十萬名「合夥人」，這是該公司對員工的稱呼。根據沃爾瑪的數字顯示，在美國，另外還有三百萬人的工作直接仰賴沃爾瑪的採購。大多數人在沃爾瑪消費，但也有很多人，包括他們自己或者是所認識的人，所得來自沃爾瑪，即使這些人並不在那裡工作。

沃爾瑪的訊息如雷貫耳，但大家關心的，可不只是其店務或僱傭關係而已。就媒體曝光率而言，通常一天當中，美國有一百則以上的報導會顯著地提到沃爾瑪。沃爾瑪每月所公布的業績，會在新聞頻道上循環播放二十四小時，如果業績暴增或下挫，那就更不得了了，因爲大家認爲沃爾瑪的業績，就是美國整體經濟趨勢的活指標——消費信心是強還是弱？華爾街日報，幾乎沒有一天完全沒有提到沃爾瑪；他們總會在當天的好幾則報導裡提到該公司。

最近這五年來，美國各地已經開始爭論沃爾瑪衝擊——關於沃爾瑪效應所影響的廣大範圍——這些爭論已經浮上檯面，成爲一連串的小衝突，不只是在報紙上或土地畫分聽證會上，還鬧上了法庭。沃爾瑪的運作、對待員工的方式、對待供應商的方式、對待社區的方式、以及其動機——沃爾瑪的精神——都是大家苦苦爭論的主題，我們很難相信，不同主張的人，他們所描述的沃爾瑪，竟然是同一家公司。

沃爾瑪如果不是人類史上最活躍、最民主的產物、自由經濟的見證、並以普世大眾之所需，駕馭非常之力量；就是一個貪得無厭、陰險狡詐的怪物，它假裝保護我們，實際上卻是在剝削大家。

沃爾瑪效應

沃爾瑪從阿肯色州發跡的故事，已經成爲美國企業的傳奇了。

第一家沃爾瑪成立於一九六二年；同一年，第一家塔吉特和第一家凱瑪特也成立了。沃爾瑪是由山姆·沃爾頓所一手創立的，他鎖定在一個非常重要的觀念：把大家每天所需要的東西，用比其他人都便宜一點點的價格賣出。他認爲，每天都用這種低價去賣，客戶就會自動送上門來。

就是這個想法，沃爾頓把公司的成本竭盡所能地控制在最低水準，也要求供應商能節省一些，把產品的售價降下來。沃爾瑪稍具規模之後，在郊區提供的商品之豐富，價格之低廉，前所未有，因而得以在這些區域快速成長，他們對供應商的要求，也就成爲經營事業的方式，絕不放過每個省下一分錢的機會，成爲一種企業文化，包括從設計、包裝、人工、物料、交通、甚至於店裡的庫存。就是這種源源不絕的節儉精神，不斷質疑，不斷施壓，所以創造出沃爾瑪效應。

「沃爾瑪效應」這個詞本身有文化上的特殊意涵，以簡單的幾個字，去代表沃爾瑪營運方式所造成的各種衝擊。「沃爾瑪效應」本身也反映出我們自己對沃爾瑪的矛盾感受。沃爾瑪效應絕不是簡單的描述，也不是中性詞。而且沃爾瑪效應既沒有預設爲負面，也沒有預設爲正面。

這個詞的色彩要看上下文來決定。

沃爾瑪效應——當沃爾瑪新進入一個區域，開始販售食品雜貨時，他們爲客戶帶來了低廉的價格，同時，透過競爭，把附近既有的食品雜貨店的售價也壓了下來。

沃爾瑪效應——當沃爾瑪或其他的大賣場，到小鄉鎮上設點時，會改變當地的購物習慣，並且對當地傳統商業區的生存，產生嚴重威脅。

沃爾瑪效應——一家大型的零售商，可以運用客戶力量，長期對生活必需品的價格產生壓制力量。

沃爾瑪效應——購物郊區化；各種商店爲了和沃爾瑪競爭，把薪資水準往下壓；消費型商品公司爲了和沃爾瑪的規模相抗衡，不斷地整併；由於對不必要的成本，不斷檢討，企業在薄利之下也能生存；一家大企業是以犧牲同業爲代價的方式，打造自己的成功。

另外還有一個詞，也常常見到，模糊地表達出對沃爾瑪效應的恐懼感：「沃爾瑪經濟」。沃爾瑪經濟描述的是人們懷疑在「天天低價」背後，可能隱藏了一些可怕的無形成本，我們遲早要爲此付出代價，因而感到焦躁不安。沃爾瑪經濟所形容的公司，工作充滿了陷阱：薪水低、福利差、工作呆板、沒有尊嚴、也沒有未來。在沃爾瑪經濟裡，消費者通常會因爲東西便宜而買了太多。我們成了低價慾望的奴隸。沃爾瑪經濟的燈光永遠亮著——一天二十四小時，一星期七天，全年無休，你隨時都可以開車進去沃爾瑪買些東西。沃爾瑪經濟已經遠遠地越過美國邊界，到達許多國家，而這些國家的名稱就印在我們所購買的商品上，在那裡，有無窮無盡的農民，排隊等著一天十美元或五美元的工作。

即使如此，我們還是覺得沃爾瑪的吸引力無法可擋，而沃爾瑪在滿足我們的胃口上，永遠不會猶豫。二〇〇四年該公司在美國的三十七個州，新設了二百四十四家超級購物中心——結合了綜合商品和食品雜貨店。相當於每週新開四家超級購物中心。雖然我們百分之九十的人，住處十五哩之內就有一家沃爾瑪，該公司在二〇〇五年仍然是加快腳步在開店。前十個月，沃爾瑪就新開了二百三十二家超級購物中心，相當於每週五家。

最近這二年，沃爾瑪自己一家公司所增加的營業額，就超過了塔吉特的全部營業額。事實上就是我們每次買個五塊錢、十塊錢、二十塊錢所累積起來的規模，讓沃爾瑪效應有如此強大的力量。

從許多方面來說，我們現在都生活在沃爾瑪經濟裡——事實上也是如此，雖然我們常常只是拿這句話當做比喻而已。如果沃爾瑪效應不是如此地包羅萬象，我們也不會拿它來比喻各種事物了。

音樂貿易月刊（*Music Trades Magazine*），以報導樂器的製造和銷售爲主，在二〇〇四年六月號特別發表了一篇直言不諱的評論：「沃爾瑪眞的是我們的威脅嗎？」該篇評論認爲沃爾瑪決定要開始賣平價的吉他和管樂器，這對個人樂器專賣店是一大震撼，這些專賣店只是零售業的一角，大多數還是由地方上稍微懂一點樂器的人在經營。在該主題之下，有一長篇的分析報導，談及許多子題，其中有一段引述樂器零售業者的話：「客戶看到沃爾瑪的吉他賣八十九美元之後，如果他們再到你店裡來，看到吉他要賣五百美元，他們的直接反應是：『這傢伙一定是在騙錢。』」

二〇〇五年一月，彭博新聞（*Bloomberg News*）有一篇報導，關於倫敦商品市場鎳的展望：「鎳是二〇〇三年以來，倫敦金屬交易所（London Metal Exchange）表現最好的商品，但今年可能會是這四年來，首次下跌的年度，因爲沃爾瑪和宜家國際（Ikea International）等買家，用較便宜的替代品來製造各種產品，包括咖啡桌、書桌和鏡子。」鎳價高漲，造成沃爾瑪去檢討家飾品，採用較便宜等級的不鏽鋼，含鎳量較少或是不含鎳。結果可能會是這樣：全球鎳的需求回軟，使得全球鎳價也跟著回軟——而倫敦金屬交易所的鎳也是一樣。（沃爾瑪的本能是對的；二〇〇五年，前五個月鎳漲了百分之二十五。但是下半年，鎳價回挫，到了十月，下跌超過百分之三十。）

在沃爾瑪稱霸的領域裡——不只是消費經濟，而是整個經濟領域——沒有企業可以迎頭趕上，從來就沒有。沃爾瑪效應每天都很明顯。西爾斯和凱瑪特在沃爾瑪的競爭之下，變得搖搖欲墜——他們的合併案，只能算是在面對沃爾瑪無情競爭下，苟延殘喘的掙扎。兩家結合，是否可以展現出前所未見的策略，開創新局，還有待時間來證明。但西爾斯和凱瑪特結合之後，規模只和一九九三年的沃爾瑪相當，大約是沃爾瑪目前的五分之一。

玩具反斗城（Toys "R" Us）這家公司設立於一九五〇年代，是「品類殺手」（Category Killer）的創始者，改變了美國玩具的銷售方式，但是在和沃爾瑪激戰之後，也逐漸凋零了。美國自一九九八年起，沃爾瑪所賣的玩具，比玩具反斗城還多。二〇〇五年初，玩具反斗城賣給了三家未上市投資公司（private equity investors）所組成的聯盟，他們對於連鎖商店不動產的興趣，可能比玩具事業還高。我們認爲該公司會繼續萎縮下去，不可能再把客戶從沃爾瑪的手中搶回來了。

溫迪西（Winn-Dixie）的營業規模達一百一十億美元，原本是一家令人尊敬的食品雜貨連鎖店，也漸漸蒙上陰影，由於沒辦法和沃爾瑪競爭，被迫在二〇〇五年宣告破產。九百二十家店，關掉了三分之一，並且裁員二萬二千人。

寶鹼（Procter & Gamble）和吉列（Gillette）是二家世界上最穩固也最具創意的消費性產品公司，他們達成共識，由寶鹼以五百七十億美元的代價買下吉列，合併成一家公司，其產品非常廣泛，包括從金頂鹼性電池（Duracell）到丹碧絲（Tampax）衛生棉條，從品客（Pringles）洋芋片到歐樂B（Oral-B）高級牙刷。該公司一共有二十一個品牌，每個品牌的營業額至少是十億美元。這個合併案的動機，有一部分是必須維持公司規模，以便於和沃爾瑪相抗衡。合併之後，該公司的營業額將達每年六百八十億美元，其中至少有一百億的業績來自沃爾瑪，大約佔了百分之十五。寶鹼在送交美國政府的申請文件當中表示，在合併之前，沃爾瑪佔其業務量的百分之十六。此外，前十大零售業客戶的業務量，佔了該公司的百分之三十二。這表示沃爾瑪不只是寶鹼的最大客戶而已——沃爾瑪等於其他九大加起來。因此，眞正有趣的問題是，寶鹼購併吉列，到底是讓該公司得到更多的資源以對付沃爾瑪？還是合併之後的寶鹼，只是讓沃爾瑪變得更爲強壯而已？

出了什麼問題？

美國人也許會認爲沃爾瑪就像一個沒有表情、永遠不會疲倦的企業巨人，以完全控制、完全資訊、和完全競爭的方式來經營業務。如果再加上該公司某些激進而狂熱的資料收集習慣，更會讓人加深這個印象。

例如，沃爾瑪會去監控結帳人員每小時所能掃瞄的商品數量，而且是對每個收銀台、每家店、每個州、對每一班加以監控，以做爲衡量生產力的方法。（一個標準的結帳人員每小時可以掃四百到五百樣商品——每分鐘六到八個。）

但是許多沃爾瑪誇口過的創新領域，包括倉儲、後勤、資料管理、以及促銷規畫等，竟是該公司忽略多年，要用心慢慢改善的地方。第一家沃爾瑪開張時，山姆・沃爾頓根本就懶得把商品分門別類。他只是叫幹部把東西堆在貨架上或走道的桌子上。如今該公司則要對每項商品和每個品類，以每個貨架爲基礎，衡量其銷售狀況，以確保每間店和每樣商品的生產力，並比較其獲利能力。

雖然沃爾瑪一直堅持其原始的核心價值——天天低價——但這家公司已經變得太大、太複雜了，以致於沒辦法眞正有效而清楚地瞭解自己的文化，或者是瞭解我們對他們的觀感。該公司的吉祥物是雀躍的黃色笑臉價格殺手。但是當沃爾瑪的價格讓我們歡笑時，沃爾瑪自己卻幾乎是從來就沒有快樂過。

這也是沃爾瑪效應的一部分——報應回到沃爾瑪自己身上。沃爾瑪成功的最大諷刺是，造成該公司得以持續繁榮的因素，同時也是大家批評得最厲害之處。

山姆・沃爾頓在尋找、招募和激勵普通人這類事務上的能力，是沃爾瑪的紀律、成長、和創新的來源。成千上萬的人，把他們的生活建立在沃爾瑪工作上，而且在工作期間，成了百萬富翁。

但是今天，同樣的公司卻因爲對待員工的方式而飽受政治上和法律上的攻擊——包括被一百六十萬名曾經在沃爾瑪工作過的女性，向法院控訴該公司在升遷和薪資上，有系統性的性別歧視。沃爾瑪的工資問題、健保的合理性問題、部分主管會要求員工超時工作的問題、或把員工困在店裡過夜等諸多問題，不禁要讓我們覺得，是不是要以犧牲那些幫我們結帳的人爲代價，我們才能享受到所謂的低價？

總部設於班頓鎮一直是沃爾瑪的力量來源——設在小鎮上，可以培養出許多道德情操：節儉、專注、努力工作、不會被五光十色的大城市所誘惑。但沃爾瑪隔離在班頓鎮，同時也是該公司缺乏洞察力的原因，他們無法瞭解，在阿肯色州羅傑茲鎮（Rogers）的店務，在經營上，和賓州的費城有何不同。

沃爾瑪對於核心價值的專注力，傑出而講究，其核心價值——提供低價——讓該公司成爲有史以來最大也是最強悍的公司。然而，追求低價，也成了沃爾瑪效應中，不良影響的原因：工資低、對供應商無情地施壓、產品品質和價格同樣地「低廉」、工作外移等。

沃爾瑪缺乏自知之明，就從總公司開始。該公司不論對內或對外，都努力地將自己塑造成友善的家庭形象。但是在班頓鎮，有一種人很有名：沃爾瑪妻子。那就像是軍人的妻子一樣：她必須自己一肩挑起所有家務，就好像是配偶從來不回家一樣。二〇〇五年一月，沃爾瑪執行長李斯閣（Lee Scott）積極地推出一項全國性活動，要改正他所謂美國人對沃爾瑪的誤解。例如薪資，李斯閣已經一再說明，而且很驕傲地說，店裡頭時薪人員的平均工資「幾乎是法定最低工資的二倍」。但是，我們實在不清楚，李斯閣到底知不知道這句話的意義。就以沃爾瑪的家鄉，阿肯色州來說吧，該公司說付給店員的平均薪資是每小時九．一八美元。對一個育有二子的單親媽媽而言，如果她選擇在沃爾瑪加入健保，換句話說，她每週可以實拿二百九十美元。如果這位單親媽媽沃爾瑪員工所住的公寓，房租每月是五百美元，則她每個月只剩六百六十美元來應付其他開銷：電費、汽車保險費、小孩的伙食費和服裝費、還有自己的退休基金。就算她只在沃爾瑪買東西，日子還是很拮据。

沃爾瑪對於這些零售工作的薪資，最近又有一種說法：雖然工資是法定下限的二倍，但只能算是補助性收入，不適合用來當做家庭的支柱。問題是對三分之二的美國人而言，在他們所居住的那個州裡頭，沃爾瑪就是最大的僱主。

這個誤解是一體兩面的。輿論經常會滔滔不絕地批評沃爾瑪，認爲該公司只不過是一家大而貪婪的企業罷了。但如果你把該公司二〇〇四年的盈餘（一〇三億美元）拿來分給所有員工（一百六十萬人），那麼，每名員工可以分到六千四百美元。

微軟公司二〇〇五年的盈餘較高，爲一百二十三億美元。但是微軟的員工人數只有沃爾瑪的二十六分之一——換算之後每名員工可以分到二十萬美元，是沃爾瑪員工的三十倍。

如果再算深入一些，對時薪員工來說，沃爾瑪平常一年的盈餘，換算下來，相當於每小時三美元。因此，雖然大家在爭論沃爾瑪店員的工資，到底應該是一小時八美元還是九美元，沃爾瑪絕對沒辦法支付一小時十二美元以上。因爲沒有那麼多錢——至少售價如果不往上調是做不到的。

奇特的賣場文化

一家典型的沃爾瑪店裡面賣六萬種商品。可以讓你每天把五十種不同的商品放進購物車裡，三年內不重複。沃爾瑪超級購物中心則提供十二萬種商品。走進沃爾瑪，在入口處暫停一下——二英畝、三英畝、或四英畝大的空間裡，滿滿都是全新的商品，從地上一直堆到天花板——此時，你覺得自己好像是拿著聚寶盆，可以任意選取世界上每個角落的東西，一百年前，即使是最有錢有勢的人，也不能有這種享受。

而沃爾瑪效應就從貨架上開始，起先，沃爾瑪以低價來吸引我們消費者，讓我們把需要的東西放進購物車裡，如果我們知道自己從洗衣精、紙尿布和幾包玉米穀片上省下了多少錢，還會有點興奮。

我自己就是個沃爾瑪購物者。去年，我一共去了沃爾瑪五十八次，有時候是去幫本書找答案，但大多數是幫家裡買些東西。更標準的講，我每月會去個幾次沃爾瑪，大概是每二週去一次。

我到沃爾瑪實際上並不是在享受逛街的樂趣。我到那裡是要買東西的。走進大門時，我很清楚我要買什麼，我總是到特定的幾家賣場，循著同樣的路線買——他們賣場的陳設就只有那幾種而已。我每次的目標都是走完一趟，拿到我要的東西，但不要花太多錢，也不要花太多時間。我在沃爾瑪唯一會因一時衝動而買的是那些我忘了已經用完的東西，那些我在走道上晃時，不小心提醒我的東西：對了，我要買七十五瓦的燈泡。聽起來讓人傷心，我每次去都覺得像在打獵一樣。大多數的沃爾瑪，從一端到另一端（例如，嬰兒用品和保健美容用品通常是在店裡完全相對的兩端），需要決心、精力、不屈不撓的毅力、強烈的意願、以及大賣場式的幽默感。經營成功的沃爾瑪賣場會讓我有小小的勝利感。我買了二十五年了，哪些東西便宜，讓我省到錢，我非常清楚。通常我還很清楚省了多少錢（嬌生嬰兒洗髮精比別處便宜了七十九美分，雪牌碎蚌便宜了十七美分）。

每家沃爾瑪店都有其特點和格調。有的天花板很高，還有天窗，玩具一直堆到屋頂上，讓人看了喜氣洋洋。有的天花板很低，甚至於遠一點就看不到牆壁了。

有的店整理得很好，也照顧得很好。而有的店呢，你到尿布區或玩具區去看，就好像有人來過，把所有的東西都掃到地上一樣。

有些店，停車場種了一些樹，還有一小區一小區的草皮，購物車勤於整理，排列整齊，而沃爾瑪看板，Wal-Mart幾個英文字的燈光也是正常亮著。但有些店，停車場就是光禿禿的柏油，購物車在外頭散於四處，裡面卻找不到購物車來用，沃爾瑪看板，因爲A和R那兩盞燈燒壞了，所以變成「W L MA T」，而☆則成了★。（一般說來，如果一家沃爾瑪不能保持看板燈全亮，裡面一定很亂。）

我對沃爾瑪感到驚訝，甚至害怕，但絕不會感到無聊。我們用的奇異牌燈泡，六十瓦或七十五瓦的，五年前，四個要二・一九美元。現在，在我們常去的沃爾瑪那裡，同樣的四個燈泡只要八十八美分。一個燈泡的價錢，從五十五美分掉到二十二美分，我簡直就無法想像爲什麼會這樣。這十年來，我已經在沃爾瑪買好幾百個奇異燈泡了。從紙盒拿出燈泡時，從來沒看到破的；裝上去用，也從來沒有不亮的。爲什麼燈泡還是一樣的好用，價格卻可以掉了百分之六十？這是沃爾瑪效應。

有一家我們常去的沃爾瑪，我發現他們正準備重新裝修。一堆的東西，像是好幾棧板的地磚以及打包好的全新收銀台，全都堆起來，放在迴廊外頭和停車場裡。我問他們什麼時候要把店關起來整修。「不用關啦。」那名員工告訴我：「整個整修過程，我們店都還開著的。整個店裡頭的設備和地板都要換，還有所有的結帳櫃檯。但是，我們一天都不用關起門來。」她很驕傲地說：「您等著看吧。」

看了之後，簡直難以置信。他們眞的把這家店從南到北整個翻修，一次做一條地板，一個走道、和一個結帳櫃檯。開始的時候，看起來有點像個垃圾堆。地面亂糟糟的，貨架歪七扭八，貨品到處堆放。但每個星期，他們會把一整區的內裝，從前面到後頭全部拆除，然後換上全新的設備和地板。在整修的那幾個星期，店裡頭到處是沃爾瑪的員工。如果你繞了一圈還找不到洗碗精，臉上露出困惑的表情，這時候，就會有人過來說：「先生，要不要我幫您找？我們暫時把一些貨品移到這邊。」

整修完成之後，這家店原來的特色又慢慢回復了。地板是新的，但是上面有一層灰；貨架是新的，但是在拿幫寶適紙尿褲時，你必須把一大包一大包的紙尿褲翻過來翻過去，才能找到你要的規格，因爲貨品永遠不會放在該放的地方；如果你要找人幫忙，你可以看看這條長長的走道，也看看對向那邊的走道，但就是找不到穿著藍色背心的服務人員。結帳櫃檯更新了，可是收銀員還是和以前一樣無精打采。這也是沃爾瑪效應：整修大隊從一千一百哩以外的班頓鎮過來，漂亮地完成設備更新作業；但是對於根深柢固的賣場文化，卻毫無作爲，這家店的企業文化，和山姆·沃爾頓的理想，兩者之間的距離，就像店址離企業總部一樣遠。

所以，去年我到沃爾瑪購物差不多有一、二十次，只能算是勉強接受吧。我太太去年也到沃爾瑪買過一次，她發誓短期之內不會再去第二次。我太太到商店那兒，主要是享受購物樂趣，而不只是「買」東西而已。即使是每個禮拜到食品雜貨店買菜，她也當做是個機會，總是喜歡把一些新奇的東西丟進購物車裡，只爲了想要買回家試試看而已。她是樂天派的；我們跑了十年的賣場，她總是可以把一些「新發現」帶回家。我太太要的是那種探索、驚喜和被說服的感覺。她不希望在購物時，還像是在工作一樣。她覺得沃爾瑪粗糙、混亂、令人疲憊而充滿挫折。對她而言，低價並不足以彌補她所失去的樂趣。

我和我太太二人對於沃爾瑪的看法，並沒有太大的差異。我們對於沃爾瑪的描述，基本上相同，不同的是我們的反應，和我們的目的。事實上，這正是我們每個人選擇賣場的因素。我們所選的賣場，其商品、價格和消費經驗，能夠和我們的感受能力，以及對價值的感覺相契合。我們會找方便而舒適的地方購物。但我們似乎不是用理性分析的方式去思考。我們也許會去想，到麥當勞吃好不好？但基本上這是個人的問題。我可以一直吃這些東西嗎？這些東西對我會造成什麼影響？吃起來的感覺好嗎？考慮要不要開進得來速買麥當勞漢堡吃的人，可不會去思考複雜的美國工業食品問題。

但是，當沃爾瑪越來越多也越來越強時，當沃爾瑪效應已經變得明顯而處處可見時，我們看到一種新問題：我該在沃爾瑪購物嗎？你可以用英文把整個問題輸入Google：「Should I shop at Wal-Mart?」（我該在沃爾瑪購物嗎？）或「Should we shop at Wal-Mart?」（我們該在沃爾瑪購物嗎？）或「Should you shop at Wal-Mart?」（你該在沃爾瑪購物嗎？）你會找到好幾十個詳細的討論串。

這個問題很奇特。我們甚至很難知道這應該屬於哪種問題：是政治問題嗎？還是經濟問題？是道德問題嗎？還是價值問題？事實上，這個問題代表了一整組的大問題，也代表了沃爾瑪深處的秘密：沃爾瑪效應是什麼？沃爾瑪對美國而言，是好還是壞？沃爾瑪本身是好還是壞？當我們去沃爾瑪消費時，我們是在幫助企業、經濟、工廠作業員、和我們自己嗎？還是我們正在一點一滴地腐蝕我們所倚重的系統？

我們其實不了解

沃爾瑪在景觀上、經濟上、媒體上、以及大家的心理上，讓我們感到非常的熟悉，而這本身就是個嚴重的誤導。會讓我們覺得，我們瞭解沃爾瑪、瞭解其所造成的衝擊，也瞭解沃爾瑪效應。事實上，沃爾瑪躲藏在外表底下。即使這家公司的力量強大、無所不在、報章雜誌和廣播電視花很多時間和版面討論沃爾瑪，我們仍然對這家公司眞的瞭解不多。我們認爲，沃爾瑪是全世界最重要的私人企業。該公司沒有競爭對手，似乎競爭也傷不了沃爾瑪，更不用談企業責任了。很多關於沃爾瑪最基本、最緊迫的問題，大家爭論的焦點，卻得不到答案。沃爾瑪本身絕對神秘的四十年歷史，包括該公司嚴禁供應商談論他們之間的關係，只會讓沃爾瑪衝擊，更加神秘。

實際上，沃爾瑪到底是降了多少價錢下來？

沃爾瑪把價格壓下來之後，消費者的生活水準是否因而改善？

沃爾瑪開店，到底是爲社區帶來了生意，還是把當地原有的生意給破壞了？

沃爾瑪開店，到底是增加了新的就業機會，還是沃爾瑪的工作機會增加了，卻以減少其他企業的工作機會爲代價？

沃爾瑪眞的讓其供應商變得效率更好嗎？

和沃爾瑪做生意，對企業財務的健全性來說，究竟是福還是禍？

沃爾瑪會趨動供應商去研發創新嗎？還是因爲利潤微薄，沒什麼錢來創新？

沃爾瑪會把工廠的工作機會移往海外嗎？

還有。

這些移往海外生產的商品，到底是在什麼地方製造的？是誰製造的？

他們是快樂的世界經濟新成員，還是合約下的工廠奴隸？

美國人去沃爾瑪購物，會不會不但把美國工廠的工作移到海外，也把環保問題，輸出海外？因爲外國工廠在幫美國人製造玩具、自行車和動力工具時，並不會受到美國的工業安全和環境保護等法規的規範。

最後，沃爾瑪到底實際上是幫我們省下多少？

以及，省下的這些錢，是否足以涵蓋沃爾瑪效應的成本？或者正好相反：沃爾瑪效應的成本，分散在美國以及世界各地的工廠和城鎮，加總起來超過了沃爾瑪幫我們所省下來的那些零用錢？

還有，誠如許多沃爾瑪論爭所提出的，如果我們對該公司所產生的衝擊如此關切，爲什麼大家還是一直去那裡購物，那麼忠心耿耿，那麼盡心盡力？如果沃爾瑪讓人感到忿忿不平，爲什麼大家又覺得該公司是那麼的無法抗拒？

這些問題的範圍、複雜度和顯著性，表示沃爾瑪效應非常重要。回答這些問題，也是極其重要——不只是對瞭解沃爾瑪衝擊而已，還有對瞭解全球經濟各種企業的行爲和衝擊，都很重要。沃爾瑪規模如此龐大，影響範圍如此廣泛，以致於該公司已經建立了一套生態系統，其供應商和競爭者，以及供應商和競爭者的供應商和競爭者，還有客戶，都在系統內運作。這個生態系統，由沃爾瑪決定如何新陳代謝，也由沃爾瑪來設定規則。

沃爾瑪已經無情地改變了我們這些消費者的要求——而且沃爾瑪效應還延伸至從來沒去過沃爾瑪的消費者。同樣地，沃爾瑪已經改造了往來的供應商，但即使對不想和沃爾瑪往來的公司，沃爾瑪也改變了運作步調和競爭環境。

如今該是重新檢視沃爾瑪的時候了，把那些熟悉，乃至於無聊的事物，以全新的方式再看一次。

從阿肯色州的班頓鎮到孟加拉的達卡，從喬治亞州的麥克唐納鎮（McDonough）到智利的蒙特港（Puerto Montt），沃爾瑪效應並不只是決定了公司和社區的生活，也決定了活生生的人，每天的生活方式。在辦公室、在工廠、以及在我們的購物車和支票存款帳戶裡，也許，我們可以超越有關沃爾瑪的種種雜音，穿透沃爾瑪所設的神秘之牆，瞭解沃爾瑪效應的眞相。

2 山姆・沃爾頓的十磅大鱸魚

大家都說沃爾瑪每年賺一百億美元。但我們公司裡的人並不這樣想。我們所考慮的問題是，如果你花了一塊錢出去，你要賣多少錢的商品才能把那一塊錢賺回來？對我們而言，要賣三十五元。

——朗・樂夫禮士（Ron Loveless），在沃爾瑪從倉庫小弟做到資深副總裁

賴瑞・英力士（Larry English）現年五十七歲，在阿肯色州的哈利生（Harrison）長大，即使在今天，那裡都算是個窮鄉僻壤，從比較大的法葉特城（Fayetteville）開車過去，循著蜿蜒的二線道走，也要好幾個小時。賴瑞・英力士十四歲時到沃爾瑪二號店工作，那是家條狀的賣場，有點像今天的一元商店，和現在的沃爾瑪差很多。老式的二號店天花板非常低，英力士掂起腳來就可以摸到了，設備只能用土法煉鋼來形容。

「特別是在哈利生，一些不必要的裝飾，像地磚這東西，絕對不存在。」英力士說道：「我們只有水泥地，非常陽春。」二號店開業沒多久，英力士就在那裡做，他當年只有十四歲，完全吸收了當時的企業文化、經營哲學、和工作倫理，也塑造了他日後的經營風格。

他的第一個老闆是唐・惠特克（Don Whitaker），是個獨眼龍，也是沃爾瑪的傳奇性幹部，聲音很粗，大家都叫他「老啤」。「他就像個魔鬼班長。」英力士說道。惠特克派給這位倉庫小弟的第一份工作是到二號店後面，把紙箱和垃圾清到牛車上，因爲二號店沒有垃圾車。「我在垃圾堆裡做了大約有三十到四十五分鐘。我在想，我還要再待下去嗎？是不是該辭掉這份工作了？但後來我又想，如果那個老頭兒想把我趕走，好歹我也得讓他見識一下我的本事。」

二號店打下了沃爾瑪的基礎，也讓這位十四歲的青少年印象深刻。「如果我們的價錢比鎮上的藥妝店還要便宜個百分之十，」英力士說道：「我們就可以主宰市場了。四十五轉的唱片在藥妝店要賣一美元。而我們只賣七十七美分。」

英力士在二十歲之前，曾經陸續當過沃爾瑪五號店、一號店、十號店和三號店的副店長（這些店位在阿肯色州的康威鎮〔Conway〕、羅傑茲鎮、奧克拉荷馬州的塔勒闊鎮〔Tahlequah〕和阿肯色州的斯普林代爾〔Springdale〕）。而他在二十歲時升上店長，管理他自己的店。一九七〇年，他當上十八號店的店長，位於阿肯色州紐波特（Newport）。

「那家店佔地二萬九千五百平方呎，所有大大小小的事，幾乎都要店長自己做。」英力士說道：「我們有三十五個部門。自己要去招募員工。只要我們自己覺得店夠大，就可以自己叫貨。」老啤・惠特克和山姆・沃爾頓在賴瑞・英力士還是青少年時，就把零售商的絕活傳授給他。到了二十歲，他已經可以在十八號店獨當一面了。

「我們要達成很多數字目標。沃爾頓先生是個講求數字的人。如果他在星期六上午八點打電話給你，你最好對那星期每一天的營業額淸淸楚楚。而且你還要非常淸楚你的人事成本佔營業額的百分比。」

由於當時只有幾十家店，沃爾瑪文化的關鍵元素得以深植落實。便宜進貨，便宜賣。和別人完全相同的東西，如果你要賣得比別人便宜，成本控制就不只是個目標而已。那必須是你每天營運的基本元素。那時候（到今天還是一樣），店長所能夠控制的成本，就是人事成本——找人來店裡處理商品的成本。

英力士擔任十八號店長時，老啤，也就是唐・惠特克是區長，再一次成爲他的老闆。「我記得當時，我的人事預算是百分之八。」英力士說道：「我才剛找到一名新的副店長——第二個副店長，我很得意。」

「有一天，惠特克打電話來找我：『你的人事成本是多少啊？』我說：『百分之八・一。』惠特克說：『我告訴過你，人事成本應該是多少？百分之八！』」

在那個年代，一家店一年的營業額大約是一百萬美元，賴瑞・英力士在人事成本上「落後」了，他所增加的成本，算起來一年是一千美元——一週的人事成本就多了二十美元，即每天三美元。老啤馬上採取行動。「他說：『既然你不能控制你的人事成本，我只好幫你控制。馬上把那個新來的副店長給我調到密蘇里州的大眾崖（Popular Bluff）來。』」

賴瑞・英力士後來也和老啤惠特克一樣，成爲沃爾瑪傳奇的第一線幹部。英力士開了第一家八萬平方呎的店（二七八號店，位於薛夫波特〔Shreveport〕）、第一家十一萬平方呎的店（五一二號店，位於厄爾巴索〔El Paso〕），這家店也是第一家每週營業額達一百萬美元的店——不是每年一百萬。但是三十年前，他還很嫩，只不過是老啤手下的新店長而已，結果，他必須爲了掙回那每週二十美元的人事成本，犧牲掉他急需的副手。英力士還記得自己當時的感受：「有點失望。但是同樣的道理，也對自己有點失望，因爲不能在自己的預算下管理人員。我們的目標是把事業當成自己的在經營。」

他們是怎麼辦到的？

對競爭者、商業界，甚至於購物者而言，有關沃爾瑪最基本、也是最簡單的問題是：他們是怎麼辦到的？同樣的東西——同樣的牙刷、同樣的二十磅裝狗食、同樣的樂高玩具——他們賣的價錢，爲什麼可以比街上的雜貨店和旁邊的塔吉特還要便宜？答案要從賴瑞・英力士所受的教育開始談起，也就是從沃爾瑪早期店長這整個世代所受的教育開始談起，這些人，不只是幫沃爾瑪打下了早期的基礎，還幫總部幕僚以及強悍的企業文化打下基礎。

雖然大多數人都很清楚在沃爾瑪工作是什麼樣子——只要到那裡買東西就知道了——他們卻不知道在沃爾瑪總部工作的樣子，也不知道經理人是什麼樣子。這家人類有史以來最大的企業，圍牆裡頭的企業文化到底是什麼樣子呢？一些企業，我們都有很熟悉的印象，例如：五〇年代在通用汽車工作的員工，六〇年代和七〇年代在藍色巨人裡任職的ＩＢＭ人，達康（dot-com）年代裡，亞馬遜和蘋果電腦員工的樣子。沃爾瑪是今日美國企業的代表圖像。特有的管理文化是該公司成功的關鍵，也是影響力的主要來源。然而沃爾瑪的白領文化對我們來說卻是一片空白，因爲沃爾瑪的經理人和高階主管絕少把他們的經驗說出來。

賴瑞・英力士，一個從未上過大學的人，從阿肯色州紐波特十八號店所學到的財務紀律，只是其企業文化中的一環而已。但是今天，英力士當上店長的三十五年後，這個紀律仍然可以很清楚地從沃爾瑪的財務報表上看出來。每賣一百美元的商品，沃爾瑪所花的成本比塔吉特少三・一〇美元。在零售業，這就是極大的優勢。這表示，塔吉特賣一百美元的東西，沃爾瑪可以用九六・九七美元來賣。或是說，一般在塔吉特賣十美元的東西，沃爾瑪可以削價三十一美分，以九・六九美元賣出。這種利潤邊際就是沃爾瑪效應的核心——把客戶拉進來的力量，就從這裡開始。

但該公司在財務紀律上的堅持與重視，如今卻以另一種方式呈現出來。這是造成沃爾瑪許多嚴重問題的根本原因，也讓該公司面臨最嚴厲的指控：沃爾瑪的勞資問題面臨一連串的法律訴訟、調查、和爆料。在美國各地，有好幾十宗的法律訴訟，控告沃爾瑪店長經常強迫時薪員工在打完卡鐘下班之後還要馬上回到工作崗位上繼續作業，造成這些工人領不到應有的工資。

沃爾瑪最近還因僱用非法外勞來清理賣場，遭到聯邦政府調查，和解金額之高，破了聯邦政府的紀錄。該公司還面臨有史以來最大宗的集體訴訟：一百六十萬名在職和離職的女性員工，指控該公司性別歧視，舉證宣稱沃爾瑪有系統地對女性員工在薪資和升遷上有差別待遇。二〇〇四年紐約時報頭版的一則報導，揭發沃爾瑪有百分之十的店，經常會把員工鎖在店裡過夜，不過該公司在報導發表之前就已經調整過來了。

關於沃爾瑪職場糾紛，這一波波的指控和爆料，似乎已經引起社會大眾的關注，群情譁然，也引起該公司表面上的震驚。這些引發爭議的作爲，和沃爾瑪相對於塔吉特的成本優勢（堅持把焦點放在成本控制上，而不是獲利能力上），事實上是系出同門，但沃爾瑪高階主管對這些問題似乎不是很在意。財務紀律和成本控制似乎已經成爲某些人用來壓榨和虐待員工的藉口。

美德已經變質了。

山姆·沃爾頓和他幾個早期幹部所倡導的基本價值，其實就是傳統的美國價值：努力工作、節儉、紀律、忠誠、以及自我精進，永不懈怠。草創時期的店員，他們所受的訓練就是這些基本價值，他們奉爲圭臬，並且改革了美國的零售業。今天，如果你和這些男士和女士交談，你會很清楚地發現，他們並非只是一群喜愛競爭的商人、具有直覺的零售商、或是忠心耿耿的員工而已，他們基本上是一群高雅而善解人意的經理人。當他們說話時，你彷彿聽到了山姆·沃爾頓的聲音。

山姆的經營哲學

羅威爾・金德（Lowell Kinder）於一九七五年進入沃爾瑪，當時，該公司只有大約一百家店。他舉家從堪薩斯州的奧佛蘭公園（Overland Park）遷到班頓鎮，想做房地產生意試試，結果發現自己並沒有興趣。他在堪薩斯州時曾經管過一家大賣場，所以就到沃爾瑪求職。

「山姆在找人時，非常挑剔。」金德說道：「我一共面試了七次。當時，整個公司的經營哲學就是『人』。」金德記得有一次在面試時和人事經理的一段插曲，他說：「我已經來過四次了。你們也已經確認過我的推薦資料了。不知道還在等什麼？對方說：『我們要確認你是正確人選。』他問我一個問題：『你願意放棄以前所做的，跟我們重新學起嗎？』」

沒多久，金德就發現山姆・沃爾頓自己親自做員工的教育訓練。

「我們圍坐在一張大桌子旁邊，山姆就像個嚴厲的荷蘭大叔訓誡我們。他會這樣說：『各位看到這支筆嗎？我們賣八十八美分。這支筆不錯。我們的成本是六十美分。我們可以用六十美分進貨，然後賣九十七美分。但我們不這樣做。我們要把好東西用最好的價格賣出去。各位一定要永遠堅持這個做法。』」

山姆的哲學就是工作。「在那些日子裡，」金德說道：「店裡頭的商品並不多。設備、桌子和貨架都很老舊。但他們卻仍然能夠把生意做得火熱……這家公司真是太有趣了。所有事情都很樂觀。」

今天，沃爾瑪到處是巨型賣場，雄霸美國，我們很難想像當年的情景。就以最近的一九八五年來說吧，也就是金德到沃爾瑪工作的十年之後，沃爾瑪還只是個地方性的小公司，八百八十二家店，營業額八十五億美元。當時，凱瑪特有二千一百八十家店，營業額二百二十四億美元。而西爾斯的營收是三百六十四億美元。

一九八六年二月，紐約時報有篇頭條「凱瑪特逐漸趕上西爾斯」。該文提出一個問題：「一九八〇年代結束之前，凱瑪特能夠打敗西爾斯公司，成爲全美最大的綜合商品零售商嗎？」該篇報導並未提及沃爾瑪。

一九九〇年還沒結束，沃爾瑪就已經比凱瑪特大了。二年之後，沃爾瑪更超越了西爾斯。到一九九四年底，沃爾瑪已經比西爾斯加上凱瑪特還要大。

沃爾瑪快速成長的原因很多，但主要的力量還是來自企業的內部深層，山姆·沃爾頓所調教出來的職場習性。沃爾頓的工作哲學觀念非常簡單，以致於很容易讓人忽略，其工作哲學，才是眞正動力來源。這些價值非常平易——其實就是富蘭克林的道德觀——以致於我們很難相信這就是史上最大企業的根本基礎。

沃爾瑪總部員工的工作非常辛苦，一向是如此。在總部，採購人員和中級幹部在早上六點半就要到辦公室。高級主管通常要更早——六點。正常的下班時間是下午五點到七點，視職務、季節和工作量而定。而且在星期六，所有的白領員工，早上七點到下午一點要上班，包括要去參加傳統的週六晨會。因此，假如一名總部職員，下午五點一到就下班離開公司大門——很少人這樣——那就等於他平常一星期要在辦公室裡工作五十八小時，實在是不少。即使假設沃爾瑪員工的才華和競爭者的員工相同（這可不一定），從例行工作上來看，沃爾瑪總部職員至少就比別人多工作了百分之十五，姑且算競爭者每週工作五十小時。

節儉，在沃爾瑪的企業文化裡，就像山姆·沃爾頓本人一樣，是一種本能，非常有彈性。事實上，節儉一詞還太平淡，不足以形容沃爾瑪及其經理人在支出公司經費時所做的思量。到現在，沃爾瑪還是要求供應商要提供免付費電話或接受沃爾瑪採購所打來的對方付費電話。幾十年來，沃爾瑪一直不願意爲了聯絡供應商而支付電話費。總部的辦公室，即使是高階主管的辦公室也一樣，辦公桌椅都是七拼八湊的大雜燴，包括廠商所提供的椅子樣品，原本是給他們評估用的，以決定是否要拿到店裡賣，但經過評估之後，就拿到辦公室來用了。沃爾瑪大多數職員出差時，餐費補貼不會超過一餐成本的百分之十。職員通常從家裡帶筆這類的辦公用品到辦公室用，以省掉麻煩的申請程序。

「山姆對每一分錢都很重視。」另一位山姆早期的傳奇性店長，朗·樂夫禮士說道。他從二十一號店（位於密蘇里州聖羅伯市）的倉庫小弟做起，一路升上了資深副總裁，負責沃爾瑪的山姆會員商店（Sam's Club）業務。「大家都說沃爾瑪一年賺一百億美元，有的說法更誇張。

但我們公司裡的人，並不這樣想。

「如果你花了一塊錢出去，我們所考慮的問題是，你要賣多少錢的商品，才能把那一塊錢賺回來？

「對我們來說，是三十五元。所以，如果你想要沃爾瑪花一百萬美元做某件事，那你就必須賣三千五百萬美元的東西，才能把那一百萬補回來。」

這種花錢的觀念，即使已經成爲大公司了，都還是很清醒的。對沃爾瑪來說，一百萬美元的支出，相當於四百八十五個家庭一年的採購金額。

除了勤勞和節儉之外，山姆・沃爾頓堅持要有責任感。他的長子說，沃爾頓在過世之前那幾天，仍然在醫院的床上檢視各店的銷售數字。該公司要求總部職員參加週六晨會有很多目的——資訊分享、腦力激盪、維持人際關係、標竿評比——但最重要的是，到目前爲止一直都是：按部就班，逐項地檢討沃爾瑪的業績。絕不容許隱藏問題。

而且，山姆・沃爾頓喜歡競爭，喜歡和聰明的人競爭：他絕不會罷手，不論是和凱瑪特的賣場面對面競爭，或是在打網球。

「山姆並不聰明。」樂夫禮士說道。樂夫禮士的母親曾經在沃爾頓家當清潔工。「山姆是個工作狂。不管是做什麼，他總是要做到最好。他那麼拚並不是爲了錢，而是因爲他喜歡競爭。山姆是我所碰過最喜歡和別人比的網球手。他甚至會和只剩一條腿，坐在輪椅上的人比，他絕不會手軟的。」

但除了責任感和競爭力之外，沃爾頓由衷地尊重他的零售業同業，而且認爲，在沃爾瑪的經營上，他們是好點子源源不絕的來源。他在要求主管打敗競爭對手之時，甚至還堅持要各級主管定期到對手的店裡頭去看看，儘量學些東西。在美國人搞懂什麼是持續改善之前，沃爾頓就已經這樣做了——雖然和對手廝殺，卻還經常到對手的店裡買東西；尊敬對手，有比這還要更好的方法嗎？

沃爾瑪的企業文化，從開始到現在，就是對工作永無止境地要求，可以說是不近人情。沃爾瑪主管給人的感覺，除了挑戰和成就之外，還有一種使命感：「提供低價是值得的，可以改變客戶的生活。」沃爾頓很早就賦予他的幹部重責大任，對多數的幹部而言，這項使命極爲神奇。賴瑞・英力士在家鄉哈利生，從沃爾瑪的一名倉庫小弟開始做起，在成爲管理一家店的店長之前，他曾經在一號店當了一陣子的副店長，一號店位於阿肯色州的羅傑茲，離總部班頓鎮只有幾哩。

那年是一九六七年，英力士才十九歲，已婚，有個小女兒。有一個星期天，他帶著女兒溫蒂（Windy）到店裡工作。那時羅傑茲的店裡有個地下室，而溫蒂・英力士只不過是在學步階段，坐在學步車上到處逛。

「她坐在學步車裡，從樓上摔下來。」英力士說道：「她從樓上摔下來了。在往醫院的路上，我就決定不再生小孩了。不要再生了。我想，如果我有兩個小孩坐在學步車裡，從樓上摔下來，我該怎麼辦？」

溫蒂傷得並不重，但賴瑞．英力士還是一直堅持那個禮拜天在醫院路上的想法。「她是我唯一的小孩，這也是原因之一。沃爾瑪的工作，是否影響到我的家庭？並不完全是，但的確有影響。你吃喝拉撒睡，都在沃爾瑪。想要成爲最優秀的人，你就得犧牲。」

鞠躬盡瘁

沃爾瑪喜歡把自己描述成一個家庭導向的公司——在二〇〇四年所推出的電視廣告裡，沃爾瑪特別強調員工對沃爾瑪的友善家庭政策的感想。但這些說法，都比不上沃爾頓的太太，海倫（Helen）的說法來得權威，我們引述她回憶丈夫時的說法，認爲這種對工作要求永無止境的文化，始於沃爾頓。「有一段時期……他星期六要做到晚上十點，但星期天一大早就爬起來，又跑去工作了。我們本來說好要輪流帶小孩去上主日學，而且在沒人幫助之下，要把四個小孩子打理梳洗乾淨，穿上衣服，準備好去教堂，實在是不容易。沒錯，（一九六二年）開了沃爾瑪之後，我們就很少有機會和山姆相處了，不過，別以爲在此之前，他就不會把大多數的時間花在工作上。」

沃爾瑪常常是個大家庭，這種經驗，還有另一種方式。賴瑞．英力士現年五十七歲，在家裡八個小孩中排行老大。「我們全家，包括我母親，都在沃爾瑪做過。」英力士說道。他們三個兄弟——賴瑞、泰瑞（Terry）、瑪弟（Marty）——在沃爾瑪的服務年資加起來有六十年。溫蒂的繼父也在沃爾瑪工作了三十年。溫蒂的童年，住過六個州，換了十五所學校。賴瑞‧英力士一共結了四次婚。

沃爾瑪對主管要求的層次，從店務開始。賴瑞的弟弟，泰瑞‧英力士在奧克拉荷馬州擔任區長十九年，管十家店。「店長通常要在早上六點半來到店裡，並且按部門別爲店裡的業績努力。正常的情形下，店長要做到下午五點。」英力士說道：「但一星期中，會有幾天做得比較晚，一直要做到九點半或十點。通常店長休星期三和星期日，然後每個月會有一個禮拜，在週末連休二天。」照英力士所說的，典型上，那個禮拜要工作六十小時。「根據我的經驗，即使是表現最差的店長，也不看時鐘。」

泰瑞‧英力士的職位比店長高，但他自己的工作時間，更是讓人退避三舍，不敢恭維。「技術上，沃爾瑪希望你以家庭爲重。但你必須從早上六點半做到晚上六點半，星期六最少工作半天。星期六下午和星期天，你要花時間去處理家裡的雜務——然後突然就又到了星期一了。最後，你一年還是有三到四星期的休假，但每次休假不能超過一個星期。」泰瑞‧英力士在二〇〇四年初退休了——他只有四十八歲，但在沃爾頓工作，讓他變成一位百萬富翁。「我喜歡沃爾瑪，」他說：「我喜歡這家公司。裡面的員工都只是一般人而已，而且，我喜歡這些員工。那又為什麼要退休呢？做了三十二年了，我真的累了。」

山姆・沃爾頓在一九九二年過世，他真的是鞠躬盡瘁做到生命的終點，但他生前刻在沃爾瑪企業文化上的所有元素，至今猶存，無法抹除：責任感、奉獻（以數值為基礎去衡量員工的貢獻）、商品、貨架和賣場，經常擔心自己做得不夠好，這種焦慮感，強化了競爭力；以及對競爭者要時時保持戒心。整體說來，早期沃爾瑪的做法，其元素有點像是紀律、務實、謙遜、和方向的良性循環。早一點去上班，經常檢查你自己的數字，不該花的錢就不要花，要特別注意競爭對手所擅長的地方，然後第二天早上，要比他們還早去上班。

但是這些，還忽略了山姆・沃爾頓，他一手編織出整個世界——他本身就非常喜歡賣場，包括自己的賣場和別人的賣場。「山姆・沃爾頓，」朗・樂夫禮士說道：「是個商人。他喜歡用便宜的價錢去買東西。」然後也很便宜地賣出去。

零售與創新

羅威爾・金德順利通過七次嚴格的面試之後，在沃爾瑪管理賣場，做了六年，後來成為德州的區長，掌管十家店，最後，才被召回班頓鎮，負責汽車維修業務。他記得有一年在聖誕節前夕開會，會中，大家討論到延長線的問題。

「我們訂了幾箱八十八美分的延長線，咖啡色那種，」金德說道：「我們把這些延長線放在聖誕樹和聖誕燈旁的走道尾端。」可以賣個好幾箱。

大衛・格拉斯（David Glass），後來升上沃爾瑪的執行長，當時也在會中。他說：「我希望你們試一下不同的做法。我們有那種橘黃色的大型延長線，一條賣十二到十三美元。我的意思不是要把八十八美分的撤掉。我的意思是說，開幾箱橘黃色的延長線，也放到聖誕樹旁。如果你賣了三條橘黃色線，那可是比賣一大堆咖啡色八十八美分那種，還要好賺。」

「大衛非常精於此道。」金德說道：「如果你的客戶已經買了一些東西，你要怎麼做，才能讓他再多買一些東西呢？」

零售業不是火箭科學。也不是在設計新一代的晶片或人類基因解碼。然而，就因爲我們對零售太熟悉了——我們都買過東西，但沒幾個人瞭解酵素和基因之間的關係——以致於喪失了商店的創新能力。過去這三十年來，典型的西爾斯或典型的凱瑪特到底改變了多少？蘋果電腦的高級時尚零售店，以及天食超市（Whole Foods）讓人垂涎三尺的天然食品連鎖店，很吸引人，也很成功，這提醒我們，零售創新的魅力，以及零售創新是多麼特殊。

今天，倉庫似的沃爾瑪，看起來似乎並不怎麼像個零售創意的實驗室。但是山姆・沃爾頓孜孜不倦的跑——他大多數時間都在各城鎮間飛來飛去，拜訪沃爾瑪各店——目的除了單純的視察之外，還要幫他的店找些新點子。創新和實驗的重點很簡單，就是把更多的商品賣給客戶。沃爾頓堅持必須向那些每天賣東西給大家的人學習。

「我在管堪薩斯州法葉特城的六號店時，漢莉・達維斯（Henrietta Davis）是紡織品部的主管。」羅威爾・金德說道：「她是我最棒的部屬，忠誠度也最高。有一天山姆跑來，他說：『漢莉在嗎？』於是有人跑去找漢莉出來。」

「山姆問她：『妳最近有沒有什麼不一樣的新花樣？』他仔細的聽漢莉說了什麼，然後他說：『哇！漢莉，了不起。』接著很快地拿出錄音機或筆記簿，開始把東西記下來。」

沃爾瑪雄踞整個零售業領域——玩具、眼鏡和ＤＶＤ碟片——使得該公司很容易忽略了實驗。沃爾瑪從來就不怕以謹慎的態度跨入新事業，或採用新的生意手法，他們克服萬難，理出頭緒，然後推廣到整個連鎖網路。早期，該公司還很小，這些實驗得以在沒有特別關注的情形下，隨著公司發展；如今，整個連鎖事業是如此龐大，以致於他們往往忽略了創新，除非有人把這些新方法推廣到整個美國。

一九八一年，沃爾瑪會決定跨入汽車維修業務，有二個原因：首先，西爾斯和潘尼百貨（JCPenny）都在做。而且，沃爾瑪推出二、三家汽車維修中心沒多久，金德說道：「有汽車維修中心的〔車材部門〕生意是原來的二倍，包括機油、電瓶、還有其他東西。」這些就是當時（現在也是一樣）沃爾瑪經理人一直想要從門市銷售資料中尋找出來的關連性。這些關連性，並不一定總是讓人覺得有道理——如果一家店，提供換機油和電瓶的服務，爲什麼在ＤＩＹ部門可以賣出更多的材料？——但找出店務經營和客戶購物動機之間的關連性非常重要。把幾箱橘黃色的延長線打開，擺出來給客戶看也是同樣的道理。

金德的汽車維修部是個典型的實驗，號稱ＴＢＡ——輪胎（tires）、電瓶（batteries）、耗材(accessories)。「我們甚至連輪胎也沒有在賣，但大家一直說服山姆，一定要設個汽車維修區什麼的，以提供維修服務。於是山姆開了兩三家，但是他卻找不到人來管理。所以我就搬回到班頓鎮來管這個部門。沒人告訴我方向。全公司沒人懂這個。所以，爲什麼不能給我做呢？我接下這個部門的時候，他們只是丟給我罷了。沒有指示。我是有個上司。但他根本就不知道我在幹什麼。」

除了這些以外，汽車維修部在管理上完全和其他沃爾瑪的部門一樣，金德必須在週六晨會上報告ＴＢＡ的營運狀況。「很簡單，每個人的命運都看績效。」他說道。

這個部門成長得非常快，金德像總部其他的高階主管一樣，每週花很多時間在出差上。「我一個星期只有二天在辦公室裡——星期一和星期五，當然還有星期六。其他的時間，我都到店裡面去。」

即使是山姆・沃爾頓，偶爾也會成爲汽車維修部的客戶。有一年，在年度檢討大會前夕，總部有人通知金德去把沃爾頓的車子開到班頓鎮一百號店，要他們的維修團隊整理一下他的車子。那年是一九八五年，富比士雜誌（*Forbes*）把沃爾頓列爲全美首富（身價超過四十五億美元），在這一年，他第一次登上全美首富。

「山姆的車子是一九七五年的雪佛蘭（Chevy），」金德說道：「那輛車可真是夠瞧的了。他常把那幾條獵犬拖到車子上四處跑。輪圈蓋也掉了。整部車子又髒又亂。還有，那些狗把方向盤咬得亂七八糟的。

「我們統統都處理了，」金德說道：「我們重新裝上椅墊，更新煞車皮，換新輪胎，裝上輪圈蓋和新電瓶。把內裝仔細地清理過。」金德把車子開回沃爾頓大道，交還給山姆的秘書，羅莉塔・菠絲・派克（Loretta Boss Parker），還附上帳單。「後來山姆開完會到我們這裡來，他說：『嘿，羅威爾，我們來看一下我的老爺車吧。』我們一起走到停車場，他說：『這老爺車現在就跟新的一樣！如果這是你們那幾個年輕人做的，羅威爾，你的生意會接不完！』他得意地眨眼睛暗示我。」

金德把汽車維修中心擴展到四、五百家之前，他說：「很明顯地，事情變得很難控制了。修車師傅讓人捉摸不定。要留住修車師傅並不容易，也很難要求他們老老實實的做。他們都是靠佣金收入的——其他一概不管，而我們也一直拿不出解決辦法。總之，汽車維修，牽涉太多技術性的東西，不適合我們。」

沃爾瑪學到了很多汽車維修事業的經濟學和挑戰。他們瞭解，這實在不是沃爾瑪的事業。沃爾瑪現在的汽車維修部還是太多了，有二千多個點（和車材部在一起），但他們只維持簡單的業務。他們只幫客戶更換輪胎、電瓶和機油。

跨入藥品事業

山姆・沃爾頓總是從其他零售業去找一些有經驗的經理人過來，特別是那些沃爾瑪不熟的領域。他認爲，如果其他領域的觀念值得模仿，爲什麼不去找這些領域的人呢？克拉倫斯・亞澤（Clarence Archer）一九八一年加入沃爾瑪，他當年四十八歲，資歷完整，原先擔任藥劑師，後來在克魯格經營藥品業務，克魯格的連鎖藥局稱爲超級X（SuperX，其中Rx代表醫藥）。那個連鎖藥局有點像今天的艾克德或CVS。亞澤也曾經在珠寶門市公司瑞爾斯（Zales）做過，瑞爾斯有一段時期曾經經營過連鎖藥局。

亞澤早期在沃爾瑪的工作其實就是山姆・沃爾頓的另一項實驗。他經營一群的「高折扣」藥局，名叫點折扣藥局（Dot Discount Drugs），專門設計來和法摩（Phar-Mor）競爭的。「山姆很輕易地就看出來，一旦法摩在城裡開店，會對沃爾瑪造成什麼影響。那是週六晨會的一大議題。我們討論他們的定價、他們停車場上有多少車子、他們有幾個結帳櫃檯。法摩的價格實在是太優秀了。」

亞澤最後一共開了十四家「點折扣」藥局。「我到每一家法摩藥局去看，」亞澤說道：「山姆會告訴我：『另一家法摩我去過了，他們生意眞好。』」

法摩的經營理念以及門市的企業文化甚至還比沃爾瑪的還要樸實，所以沃爾瑪試著要和他們對抗。「我們用的是沃爾瑪的二手設備，」亞澤說道：「沃爾瑪並沒有把舊東西丟掉，所以我說，把那些東西給我。」法摩的營運成本差不多要比沃爾瑪低了百分之二十五，對山姆・沃爾頓這麼專注於成本的人來說，實在是很神奇的成就。

「關於門市的營運成本，所有該學的我們都去學，」亞澤說道：「你必須看緊業務員才能有好價錢。你必須完全把薪資壓下來……你必須維持最少的人員編制。沒有客戶時，結帳櫃員必須到外面整理貨架。」

即使對山姆・沃爾頓來說，也是相當的不容易。「該學的我們都學到了，」亞澤說道：「所有競爭對手知道的東西，我們都學到了。」法摩最後破產二次，完全退出市場。

克拉倫斯・亞澤的主要工作是幫沃爾瑪建立藥品事業，成爲一項主力。當亞澤——他們叫他「老亞」——在一九八一年夏季上任時，沃爾瑪有三百家店。擁有十六家自己的藥品門市，以及一百家由別人承租經營的藥品專櫃（有點像沃爾瑪現在的指甲美容專店）。

亞澤受聘的那一天，他的上司，執行副總裁保羅・卡特（Paul Carter）對他說：「克拉倫斯，我必須讓你知道，我們可能只做六個月而已。到時候再看看是不是做得起來。」藥品部門也一樣，只是個實驗，但是在五次面試中，沒有人告訴亞澤這件事。「整整一年，我不敢把達拉斯的房子賣掉，一直到我確定他們決定要做下去，一直到我覺得自己做得還不錯爲止。」

亞澤當時四十八歲，在沃爾瑪，他看到了其他公司很少能提供的機會。「我喜歡這裡的原因是我可以開始好好地發揮。我可以自己開設藥品連鎖店並好好的經營，給我眞正的資源。也許沒多久就要收起來，但至少我可以好好的施展一番。在沃爾瑪，我自己就等於是執行長。」

上任第一天，保羅・卡特告訴亞澤事情有些變化，亞澤會有個新老闆，戴夫・華思彭（Dave Washburn）。「他帶我過去，介紹給華思彭，然後卡特就走了。」亞澤說道：「華思彭說：『我完全搞不懂藥品這玩意兒。所以，你碰上麻煩的時候，別來煩我。』我想，此後大概有五、六個月我沒見過他。」

沒多久就很清楚了，沃爾瑪和亞澤以前所服務過的零售商有相當大的不同。「總部的氣氛很和善，」他說：「但沒有像克魯格那樣和善。在克魯格有太多的下午茶和閒扯。沃爾瑪也有休息室，但沒有人會進去裡面坐。」

亞澤明白，藥品事業對沃爾瑪來說是一大挑戰。「我以前的克魯格和超級X同事得知我要跳槽時告訴我說：『沃爾瑪不可能把藥品業務做起來的。誰會去沃爾瑪找處方藥？』」

沃爾瑪最早的綽號叫「折扣城」（Discount City），並不只是這個綽號給人的感覺不像是賣藥的。「還有方便性的問題，」亞澤說道：「即使在當年，沃爾瑪的停車場也是非常地大。大家去藥局買藥可不喜歡走那麼遠。」

第一年老亞的步調比較慢。他按部就班地開新藥店，他四處訪察以瞭解業務，然後他發展出成功的雙因子：價格和員工。

「那時候的醫藥業和現在不同，」老亞說道：「大部分的醫藥處方業務都以現金交易。」大家直接用現金買藥。「你要有現金，才買得到醫療補助或醫療照護。因此，大家對藥品的價格很清楚，而且價格的確有影響。」

但最大的問題是，老亞說道：「聘請市場上一流的藥劑師。因爲好的藥劑師會和你溝通，你也會遵照他的指示。當我們開店時，我們會找城裡頭最好的藥劑師，不計任何代價。」開始時，他一家店請一名藥劑師，有時候週末會請約聘的藥劑師；一名藥劑師平均一天要處理一百張處方箋——現在一天是二百到三百張。

老亞在沃爾瑪的經營理念完全和山姆・沃爾頓契合。「從第一天開始，」他說：「老亞就以『業務、業務、業務』出名了，業務可以治好所有的病。業務可以治好所有的問題。我教我的人一件事：『業務、業務、業務』。要怎麼做才可以帶來業務呢？一張五美元的折價券。」也就是，價格。

老亞讓醫藥適應沃爾瑪，也讓沃爾瑪適應醫藥。「我在醫藥部管了好幾年，不論是開店、請藥劑師、訓練藥劑師、解聘藥劑師——全部一手包辦。」最後老亞還堅持自己管好幾列的藥品和急救用品，傳統上，沃爾瑪把這些東西陳列在藥局旁邊。「早年，那一區經常缺貨。你知道，到了星期六和星期日，他們店裡的泰諾（Tylenol，止痛劑）、拜耳（Bayer，阿斯匹靈）、瑪洛斯（Maalox，制酸劑）總是會缺貨。他們週末並沒有派好一點的人管庫存，以保持貨源充足。我們一再地告訴他們：不要缺貨。會來這裡買泰諾的人，就是因為頭痛，而你竟然缺貨？他們本來就頭痛了，現在，他們的頭要更痛了，因為他們還要跑到別的地方去買。」

老亞的個性，還有另外一個元素和沃爾瑪相同：他面對競爭，不屈不撓，越挫越勇。一九八二、八三年間，他在位於阿肯色州梅納市（Mena）的沃爾瑪六十七號店裡開了一家藥局。「當地的購物中心原本就已經有一家藥局。我開業時藉著開幕慶，在報紙上刊登五美元或十美元的折價券，再加上特價九美分的藥用酒精等東西促銷。」

第二天，購物中心裡的藥劑師也宣布和老亞一樣的折價。「所以第三天我就再發一次折價券，第二張處方箋折價二十美元。從此以後，我就再也聽不到那傢伙的聲音了。」

那禮拜的週六晨會，有一個區長站起來，拿著當地報紙訴說著老亞速戰速決的事，報紙上的廣告幾乎佔了整個版面。

「山姆先生看了這些廣告之後，笑著對我說：『克拉倫斯，你還眞是毫不客氣啊，不是嗎？』」在沃爾瑪，只有沃爾頓會直呼老亞的名字，克拉倫斯。「我說，是那傢伙要跟我玩眞的……」

「好啦，」沃爾頓說道：「恭喜你。」

老亞很明顯地突破了僵局，讓沃爾頓下定決心跨入醫藥事業，並且展現耐心，堅持做到成功。他有五年的時間來達到損益兩平。但山姆・沃爾頓卻頻頻忘了這回事——每個月一次，在週六晨會上。

「藥局這行沒辦法一開張就賺錢。」老亞說道，在他的十六年沃爾瑪生涯中，平均一年開一百五十家，相當於每週三家。「藥劑師的成本相當高，當年，我們要給藥劑師一年四萬美元的薪水。你得處理一大堆的處方箋，才能打平。」

「每個月，在週六晨會上，所有單位的損益表出爐時，山姆會站在台上，我們對每個部門每個賣場，逐一檢討獲利能力，包括綜合商品部、小吃部、鞋業部、珠寶部等。」

「我坐在汽車部和珠寶部的旁邊。所有的部門都賺錢，除了藥品部。在那五年裡，山姆每次都會問說：『克拉倫斯，我們什麼時候才能賺錢啊？』而每次山姆的首席資深特助傑克・休梅克（Jack Shewmaker）就會跳起來說：『山姆，我跟你說過的：藥品部需要多一點時間。』」

即使是賠錢，老亞也有數字上的目標，還有一些規定要遵守。「我一年可以賠五十萬美元。但一旦我賠了五十萬美元，那一年就不能再開新藥局，」老亞說道：「那很難。有些藥局賺錢，有些卻在賠大錢。我的想法是，嘿，老亞！在每一年的前四個月裡，把所有要開的店都開好，在你賠五十萬美元之前。」

老亞喜歡競爭的性格，加上沃爾瑪的作風，醫藥界裡，沒人把他們當朋友看。「醫藥業沒人喜歡沃爾瑪，因爲我們的定價方式，」老亞說道：「但每個人都知道，大家每個禮拜不論如何都會來沃爾瑪一次。」沃爾瑪業務四處擴張的特性，對沃爾瑪藥局和客戶同時都有好處，尤其是對長期服用某種藥物的客戶，例如降膽固醇藥：你眞的可以走進店裡，丟出你的處方箋，四處去購物，然後逛完要離開時再回到藥局拿處方箋。「有一次，山姆先生對我說：『克拉倫斯，叫那些藥劑師動作稍微慢一點，這樣我們的購物車才會載得更多。』」

在一九九七年一月克拉倫斯・亞澤退休之前，沃爾瑪已經有二千二百家藥局，五座藥品專屬的獨立倉庫，總部還有二百名藥品事業員工。今天，沃爾瑪在藥品上的營業額一年是一百一十億美元，藥劑師有三千五百三十五名。有趣的是，沃爾瑪在藥界只是排名第四——還在瓦爾格林、CVS、來得連鎖藥局（Rite Aid）的後頭。有一部分的原因是因爲沃爾瑪很難用藥品價格去打競爭者，因爲消費者付出去的藥錢，可以獲得保險公司理賠，而消費者仍舊一直把方便和容易拿藥列爲重點。

老亞常常勸沃爾頓參加全國連鎖藥局協會（National Association of Chain Drug Stores，NACDS）——沃爾頓和沃爾瑪根深柢固地不喜歡參加同業公會，也從來沒參加過——老亞說：「我們應該要知道這個行業的事務，以及瞭解其他的零售商。」

老亞和他的同事第一次去參加年會時，覺得備受冷落。「我知道大家不喜歡我們，」老亞說道：「但還是太過份了。我們第一年參加年會的人，會拿到一張大大的名牌，如果你是第一年會員，是新加入的，你會有一張粉紅色的貼紙。大家可以看到這張貼紙——他們會走過來找我們，並且自我介紹——但他們一看到我們是沃爾瑪的人，連手都不握了，馬上掉頭走開。」

十磅大鱸魚

沃爾瑪相對隔離於班頓鎮，對外界的觀感無動於衷，事實上他們也完全不理會外界的想法，這種作風，擴大來看，可以解釋外界對該公司的看法和他們所堅持的自我看法，兩者之間的差異。沃爾瑪的企業文化，以及他們對自己企業文化的看法，這二十年來並沒有改變。但沃爾瑪的實際狀況——規模、員工對於自己和公司的關係以及公司使命的感受、員工的薪資等——凡此種種都已經有了相當大的變化。沃爾瑪的企業文化和特性已經過度膨脹，但卻仍然不能和新現象相配合。

再怎麼說，山姆・沃爾頓都希望他的員工快樂。羅威爾・金德記得有一次和沃爾頓從班頓鎮搭飛機直下德州，拜訪該公司位於維多利亞（Victoria）的第一家九萬平方呎店，三三〇號店。事實上，沃爾頓南下是爲了德州奎洛市（Cuero）三八五號店開幕。他告訴過金德和很多人，他認爲維多利亞開店的地點不對。所以他們從奎洛市忙完出來，沃爾頓和往常一樣，「他說：『我們借一輛車到維多利亞去看一下店吧。』」金德如同一般經理人，搶先一步打電話給維多利亞的店長，通知說他們要來拜訪了。

那個店看起來很不錯，金德說，生意興隆，沃爾頓照他的老習慣把店長支開，員工集合起來，一五一十的把一些事情和員工坦然對談。

「當他要離開那家店時，」金德說道：「員工非常興奮地跑來送行。山姆很感動，也很高興。和維多利亞店道別時，所有的人跑來抱著他，還有抱著我，向我們說再見。」

那年是一九八一。「我們坐在回家的飛機上，」金德說道：「山姆問我：『羅威爾，告訴我。你閒暇時都做些什麼消遣？』」

「我說：『山姆，你知道有誰在沃爾瑪工作還有閒暇時間的？』接著我說：『有時候我會去釣魚。』」

「而山姆說：『你釣魚的目的是什麼，羅威爾？』」

「我想了一分鐘，然後說：『我希望哪天能釣到十磅重的鱸魚。』」

「山姆說：『你知道嗎，羅威爾，你對那家店的看法完全正確。維多利亞那家店不錯。當我們打算要離開時，所有的人一擁而上跑來抱著我——在那裡，我釣到我的十磅大鱸魚。』」

一籃金雞蛋

沃爾瑪最早那十年，很少有主管領到優渥的薪水，而且很多人來沃爾瑪工作，薪水卻反而變少了。但除了沃爾頓在工作上所灌輸的使命熱忱之外，還有一個因素讓沃爾瑪生生不息：成長。開店數的成長、事業的成長、以及股票的成長。大家心照不宣的條件，有一部分是這樣的：也許隨著年歲增加，你所賺的薪水並不多（特別是和你在工作上所花的時間比較起來），但最後你會得到無與倫比的報酬，因爲你投資在沃爾瑪所爆發出來的驚人力量。

如果你是個員工，夠聰明也夠忠誠，只要在沃爾瑪上市的第一年，一九七〇年，買進一百股沃爾瑪股票，然後只要坐擁這些股票——不用加碼，但也不要賣掉——到二〇〇〇年之前，你就會有二十萬四千八百股，大約值一千一百二十五萬美元。泰瑞・英力士做了三十二年，在二〇〇四年初退休，他的錢多到像阿肯色州的自然保護區一樣。但他會說：「我的持股大多數來自於九次的股票分割。」即使只有一百股沃爾瑪股票，九次股票分割後就變成五萬一千二百股，市值超過二百萬美元。

在山姆・沃爾頓還活著的時代，沃爾瑪員工要建立這一籃金雞蛋並不難——這需要某種程度的信心和耐心，但並不需要太多的錢。只要在一九七〇到一九八一年間，任何時候買進一百股，長抱十五年，就會增值到十五萬美元以上。同樣這一百股，如果持有二十年——你不用一直在沃爾瑪工作，只要買進並抱牢——就會變成三十萬美元到一百七十萬美元，視你買進的時機是在一九七〇到一九八一年中的哪一時期。

但是自從沃爾瑪成長到吸收了數十萬名員工之後，這麼好的條件就破壞掉了。我們來看看變化有多大：如果你在一九九〇年六月以後才到沃爾瑪工作——換言之，最近這十五年裡的任何一天——並且買進一百股，則你的股票現在最多只值二萬美元。如果你從一九八〇年七月一日開始工作，買進一百股，待了十五年，然後在一九九五年六月三十離開公司，賣掉持股，你會拿到三十四萬美元。但是如果你從一九九〇年七月一日開始工作，買進一百股，然後待了十五年，你離開時只有二萬美元。這和你（一位較晚期才進來的員工）有沒有努力工作無關，股票幫你賺錢的能力只有前人的十七分之一。

這就是公司明顯成長茁壯後所發生的問題。但這個問題遠比沃爾瑪的股價（從二〇〇〇年到二〇〇五年完全沒有增值）還要來得深入。沃爾瑪在企業進化上失敗，最明確的指標就是該公司所面臨一波波的勞資糾紛，該公司處理這些問題的態度和方法，可以上溯到早期山姆・沃爾頓企業文化的道德元素。那些價值——努力工作、成本控制、紀律——仍然令人尊敬，而且也是沃爾瑪成功的關鍵。我們要求公司克勤克儉。但是今天，在沃爾瑪內部，他們應用這些價值時，往往看起來和一九六五年、一九七五年、甚至於一九八五年時，有相當大的差異。當你還只是一家古怪的區域型零售商，這些做法看起來只像是使命熱忱，但是當你成爲世上最大最強悍的公司時，就完全不是這麼一回事了。

強悍之姿

二〇〇五年秋，沃爾瑪面臨四十宗法律訴訟案，提出告訴的員工，從美國的一端到另一端，他們宣稱被迫在作業時間以外工作，不是在休息時間，就是下班打完卡之後還要回去工作，卻拿不到工資。二〇〇二年，在奧勒崗州，首宗案件判決出來，沃爾瑪敗訴，雖然原告的人數和求償金額都不多。但是二〇〇〇年，沃爾瑪在科羅拉多州的六萬九千名員工以及離職員工，以集體訴訟方式，對該公司提出類似告訴，求償五千萬美元。對店長而言，有什麼方法比不付員工薪資更能節省人事成本？

二〇〇三年十月，聯邦幹員同時在全美二十一州對沃爾瑪的六十家店進行拂曉突擊檢查，逮捕了二百四十五名非法外勞，他們以外包廠商員工的身分，在深夜為沃爾瑪的賣場做清潔工作。關於清潔公司僱用非法移民一事，沃爾瑪一向否認知情，但為了解決這個調查案，該公司在二〇〇五年支付聯邦政府一千一百萬美元。就技術上而言，這筆錢並非罰金，但其金額卻是以往僱用非法移民案件處理費的四倍。從調查結果來看，這一千一百萬美元，比該公司支付外包清潔公司費用的二倍還多。

沃爾瑪至今仍然一心一意地認為成本控制非常重要，所以該公司寧可放棄業務，也不能放棄一絲一毫的控制權。二〇〇四年八月，加拿大魁北克省一家沃爾瑪店依法成立工會，店裡的一百九十名員工授權工會和沃爾瑪協商勞動契約。十個月之後，沃爾瑪就把位於魁北克省容基耶爾（Jonquiere）佔地十三萬平方呎的店給關掉，並解僱所有員工。沃爾瑪在加拿大經營了十一年，成為該國最大的零售業者，在此之前從未關掉任何一家店。沃爾瑪發言人只是簡單說明，因為依照工會的協商條件，該公司必須為該店再增聘三十名員工——相當於毛利只有百分之三的公司，要增加百分之十五的人事成本。

山姆・沃爾頓所創造的企業文化，隨著企業規模不斷地擴大而有所改變，這點，沃爾頓他本人究竟瞭解到什麼程度，我們不得而知。

無論如何，山姆・沃爾頓於一九九二年過世，當時沃爾瑪是一家營業規模四百四十億美元，員工三十七萬名的公司。夠大了。但他過世後十三年，沃爾瑪的員工人數已經增長了一百二十萬人，營業額也增加了二千四百億美元。沃爾瑪不但不再是山姆・沃爾頓當年所創立的沃爾瑪，也不再是他身後當時所留下的沃爾瑪。

山姆・沃爾頓的核心價值似乎已經變調反轉，現在這些核心價值所帶動的行爲，有時候不只是壓榨而已，甚至還可能是違法的行爲，這跡象顯示，即使是寶貴的企業文化，也必須經常自我質疑，不斷地對價值所導致的結果加以檢討。如果我們接受沃爾瑪高階主管對上述事件的否認和抗辯（他們說，他們對於職場的種種不當行爲並不知情，更不容許也不鼓勵這些行爲），那麼，這些價值發生變調反轉，顯示出還有另一個更深遠的問題：即使是沃爾瑪的資深經營團隊，也已經無法掌控沃爾瑪效應的後果，即使這些效果，就發生在離總部最近的自家賣場裡面。但是沃爾瑪員工以及他們的店，還只是沃爾瑪效應的開端而已。對於沃爾瑪的供應商及其員工而言，沃爾瑪效應的衝擊——兼具利益和腐蝕效果——無論如何，都更爲強烈。

3 美輕培根烤盤，一則沃爾瑪神話

你説沃爾瑪不好，那一定是在騙我。

——賈利・拉梅（Gary Ramey），莎莉公司（Sara Lee）的沃爾瑪小組

強納森・佛列克（Jonathan Fleck）第一次到班頓鎮時，也許還有很多事情不明白，但有一件事他絕不會弄錯：機會。

雪兒・奈特（Cheryl Knight）是沃爾瑪負責廚房用品的採購人員，她想要找佛列克接洽進貨事宜。一九九二年，佛列克八歲的女兒阿碧（Abbey）想到一個漂亮的方法來烤培根：在盤子上放幾支交叉的小架子，把培根掛在上面放進微波爐裡頭烤。滴下來的油會落到盤子上，而培根烤起來則是酥脆少油。他們把這項發明稱爲美輕培根（Makin Bacon）烤盤。父女兩人花了二年的時間，修改設計直到理想好用，想出製造方法，然後找人來賣。他們兩人共享專利。

佛列克在一九九五年春到班頓鎮之前，他那塑膠製的美輕培根烤盤已經供不應求了，他用模子來製造烤盤，一次只能做一個。起初，他跑過幾家主要的零售商，包括沃爾瑪，卻得不到回應。佛列克和幾家零售商接洽過，發現他們都對美輕培根烤盤沒興趣之後，幾乎是沿路挨家

挨戶地拜訪，最後終於打進培根廠商亞摩亞（Armour）的辦公室裡，他們決定於一九九四年秋季，在一千五百萬包的培根後面，附上烤盤的折價券。只要寄來二張亞摩亞培根的購買證明，再加上六・九九美元，就可以獲得一組新奇的培根烤盤。

後來，一九九四年十一月，好管家雜誌（*Good Housekeeping*）在其一篇微波爐烹飪文章「阿碧的好點子」（Abbey's Bright Idea）上使用了美輕培根烤盤。從此之後，烤盤的訂單就蜂擁而至。

在沃爾瑪找佛列克之前，亞摩亞促銷案開始的幾個月後，他一週賣好幾千組，而且生產進度落後，寄來的折價券訂單要四到六個禮拜才能出貨。莎朗・法蘭克（Sharon Franke）目前仍然任職於好管家雜誌，她還記得當時雜誌社「被一大堆信件和電話所淹沒，都是來自寄了支票卻還沒收到產品的人……他處理得很好。每個寫信給我們的人，他都直接寄一套產品過去。」——另一件事是有一次他的訂單代送商被抓到有積壓未送的情事。亞摩亞的促銷案的確是不錯。但沃爾瑪的訂單，則可以把唐吉訶德式的努力，化爲實際的事業。

沃爾瑪，「是每個發明人的春夢。」佛列克說道。

佛列克去拜訪雪兒・奈特這位廚房用品採購，地點就在沃爾瑪用來接洽所有供應商的那種呆板小隔間裡。「雪兒已經看過烤盤，她要。」佛列克說道：「那時外面賣六・九九美元，而雪兒開口說的第一件事就是：『我們對這筆生意的唯一條件，就是要賣得比那個價錢還便宜。』

他們要我背著亞摩亞培根，以低於當時的價錢出售。」

當然，雪兒・奈特對美輕培根烤盤的訂單，可能一筆就等於亞摩亞客戶九個月的量。佛列克看著雪兒・奈特的眼睛說道：「對不起，我不能這樣做。」

「雪兒非常錯愕。她說：『你瘋了。你簡直是瘋了才會拒絕我。』」但佛列克真的不能答應。他的美輕培根烤盤，生產量還不能滿足亞摩亞的需求。還有，他說：「亞摩亞給了我這麼好的機會。如果梅博（Mabel）和弗瑞德（Fred）發現沃爾瑪所賣的便宜二美分，他們一定會唾棄我的。而且我也不想對亞摩亞做這種事。」

因此，佛列克告訴雪兒・奈特說：「等亞摩亞的促銷案結束後，我再過來談好了。」這傢伙，整個公司把密西根州大湍城（Grand Rapids）的郵購代送公司弄得人仰馬翻的，而研發顧問只是個小學五年級的小朋友——這傢伙居然叫全美最大的零售商等一下。

沃爾瑪有很多事讓人捉摸不定。其中之一就是：該公司通常很清楚知道自己要的是什麼，而且也願意等，以取得所要的東西，只不過耐性不是很好就是了。六個月之後，一九九五年十月，亞摩亞的促銷案結束了，而沃爾瑪還是想玩下去。「雪兒說：『咱們開始吧，要不然我可要忙別的事去了。』」這筆生意就在電話上說定了。雪兒・奈特要美輕培根烤盤在沃爾瑪賣，並且做「廊端展售」，即設在走道最靠邊的貨架上，以便神奇的美輕培根烤盤可以吸引大家的注意。

訂單很大——二十萬組美輕培根烤盤——那天眞是個大喜的日子。只是還有一個問題。「你一接到訂單，就會開始盤算，」佛列克說道：「就財務上而言，打進沃爾瑪會讓你處在破產邊緣。」無論如何，佛列克一家人也同樣走到了這個地步。

亞摩亞培根的促銷案，好處是客戶先把錢寄給強納森・佛列克，然後他才去生產。整個流程在現金流量上可以自給自足。隨著訂單湧來，錢也跟著一起過來，可以用來買塑膠和包材，以及支付製造費用給當時位於猶他州的工廠。

沃爾瑪的訂單則完全不同：佛列克需要事先準備至少十萬美元。他必須買六萬磅的高級塑膠，包裝要找人設計（一個朋友幫他免費設計的，沿用至今），然後他必須買硬紙板來做包裝材料。當然，他還要找廠商生產那麼多的烤盤。

藍色傳票

佛列克從班頓鎮拿到的是那種有點像鈔票的東西。「雪兒展示了堆積如山的所謂『藍色傳票』(blue stripers) 給我看。那是電腦化以前的時代，寫在紙上的採購單。」這些採購單，上面畫了一些不同深淺的藍色和白色線條，以做爲區別。

佛列克拿到藍色傳票之後，短缺的營運資金來源只好去求助一位看起來不像是很有錢的人：七十八歲，住在北達科他州阿尼格鎮（Arnegard）的惠而浦退休冷凍工程師，現在種植杜蘭小麥。這位老人家正是佛列克的父親喬治（George）。

強納森・佛列克——精力旺盛、孜孜不倦、富創業精神——是他們家十一個孩子中的老么。他在十六歲時和哥哥開辦了小麥收割服務事業，然後二十四歲就退休，並且讀完大學。他的雙親，海倫（Helen）和喬治這輩子大多住在明尼蘇達州的聖保羅市（St. Paul），並在那裡把孩子養大，他們一生從未向人借過錢，也從來不辦貸款，直到，強納森拿到沃爾瑪的藍色傳票。喬治・佛列克是在北達科他州長大的，他走進北達科他州西部的一家銀行，以藍色傳票和農地做擔保，幫他的么兒子借到了幾十萬美元。「我老爸當時是半信半疑，」強納森說道：「但是那筆生意已經講好了，我們已經拿到訂單了。」十年後，從佛列克的聲音裡，你仍然可以感受到那種興奮而急切的說服力。那筆生意已經講好了。強納森・佛列克所要做的只是生產烤盤，出貨，然後錢就會從沃爾瑪跑回來。

佛列克果然出貨了。只不過，有個問題——佛列克到今天還是覺得很沒面子。他寄了十二組預先包好的展示品給沃爾瑪。這些預先做好的包裝，深度有十八吋。問題呢？廊端貨架的縱深只有十二吋。「我搞砸了。」佛列克說道：「那是很要命的。如果是今天，在沃爾瑪出這種事情可是會吃不了兜著走的——你在沃爾瑪的生意可能就吹了。」

還好這次不是那麼要命。佛列克和沃爾瑪一起想出辦法，把展示方式稍微調整一下，以便第一批烤盤順利上架。喬治・佛列克六十天後就把第一筆貸款還清了。而且從此以後，強納森・佛列克的生意，再也不用貸款了。他已經從沃爾瑪銷出一百二十萬組的美輕培根烤盤，而全美的銷量則已經超過四百萬組。你幾乎可以在任何一家沃爾瑪店裡找到美輕培根烤盤，就在放微波爐的走道上，包裝上還有一張阿碧的照片——照片上的阿碧還停留在可愛的十歲。今天的阿碧，正要完成加州大學洛杉磯分校（UCLA）的比較宗教學士學位。

強納森・佛列克的故事是一則神話。這是《綠野仙蹤》的改良版——描寫清純的主角艱辛地邁向權力之源，拉開簾幕進到裡面之後，獲得歡迎。

一人公司

今天，當你走進明尼蘇達州白熊湖（White Bear Lake）一棟房子的地下室，你同時也是走進了美輕培根總部的世界，強納森・佛列克和妻兒就住在那裡。事實上，美輕培根總部只佔地下室的三分之一而已——其他部分則設置爲遊戲間和座椅區。

強納森・佛列克和沃爾瑪的關係，本身就令人感到驚奇，也值得注意——史上最大的公司，員工達一百六十萬名，願意和史上最小的公司往來，這家公司只有一人，以住家爲辦公室，事實上，老闆最近這些日子裡也不是全職在照顧美輕培根業務。眞正值得注意的是強納森・佛列克的生意，以及他和沃爾瑪的關係，運作起來就宛如寶鹼或樂高一樣——這是沃爾瑪效應的縮小版。這是和沃爾瑪合作愉快的例子，對大家都有好處：供應商、工廠工人、客戶，甚至還包括沃爾瑪競爭對手的客戶，這些人不願意在沃爾瑪購物，也同樣受惠。當然，就像所有和沃爾瑪往來的企業，佛列克也要忍受沃爾瑪的特殊怪癖。

在佛列克那張長長的桌上，另一端放了二台電腦：一台是摩登時髦的麥金塔，這是他的最愛；另一台則是事務用的PC。「那台PC是用來和沃爾瑪做生意用的，」他說：「我是麥金塔迷。我想把PC弄走，可是沃爾瑪堅持要用PC。」PC是用來接收沃爾瑪訂單，讓佛列克鑽進沃爾瑪的龐大資料庫，「零售連線」(Retail Link)，做資料篩檢，以瞭解客戶購買美輕培根烤盤的情形，研究如何做才能賣得更多。

當然，電子訂單程序（即使是用PC）相對於紙上作業的藍色傳票，已經是一大改善。佛列克在接到第一筆訂單之後，沃爾瑪就以特有的行事風格，定期把藍色傳票寄過來，「通常藍色傳票會在星期二以限時航空寄到，」佛列克說道：「然後隔週，他們會把帳單——限時航空郵資費的帳單，大約八美元，以普通信寄過來。」

美輕培根公司的業務分配情形，和沃爾瑪的那些大型消費性產品供應商相當類似。沃爾瑪訂單佔佛列克的總出貨量，差不多是百分之二十五。沃爾瑪是他最大的客戶，但他還是有百分之七十五的業務來自其他通路。有時候塔吉特賣的烤盤比沃爾瑪多。但是塔吉特在美輕培根烤盤的銷售上，變動很大——有幾年需求很大，有幾年則興趣缺缺。「我們和沃爾瑪一直保持往來，從來沒斷過。」佛列克說道：「這是重點。他們很可靠。塔吉特可能一個禮拜就和你斷絕往來了。沃爾瑪不會這樣玩。他們要不要和你往來，你會很清楚。」事實上塔吉特的訂單可以很快地增加，同樣的，也會很快地減少——例如在幾年前的一個聖誕節，「塔吉特第四季訂了一整船的貨。訂單要來之前，我完全得不到訊息。」

事實上，靈活反應的能力，像大廠一樣，隨時熱機準備妥當，正是佛列克把生產放在美國的原因，塑膠射出成型工廠就在北邊，離他家只有三十五哩的威斯康辛州聖克羅易克斯瀑布市(St. Croix Falls)。當塔吉特的大單毫無預警丟過來時，位於聖克羅易克斯瀑布市的工廠二十四小時生產美輕培根烤盤以滿足訂單，然後以貨運出給塔吉特。你不可能從中國用貨櫃船運過來。「我可以準時交貨，但透過海路，你就辦不到了。」

你可以在很多地方買到美輕培根烤盤，視季節和年度而定，在凱瑪特、瓦爾格林、利納斯(Linens-n-Things) 和美食主廚 (Le Gourmet Chef)，還有許多小型高檔的廚具店等，都可以買到。美輕培根烤盤另一穩定的通路則是傳統式：由卡蘿萊特 (Carol Wright) 公司把目錄直接寄到消費者家裡。「我們和很多名不見經傳的郵購公司做了不少的生意，」佛列克說道：「那些給老祖母看的型錄，就放在電視機前的椅子旁。」此外，佛列克每週都會收到一打左右的訂單，直接寄到美輕培根烤盤總部，含支票。

這個烤盤，沃爾瑪賣六・九七美元，和一九九五年的價錢一樣，也比其他地方便宜。塔吉特賣價是六・九九美元。「在塔吉特要貴個二美分，」佛列克說：「這二美分是塔吉特拿的。」其他地方的價格就比較高了。二〇〇五年在瓦爾格林試銷，佛列克認爲會是一筆大生意，那裡賣七・九九美元。在美食主廚賣十一・九九美元。在卡蘿萊特禮品（Carol Wright Gift）網站上，價格最近從十二・九五美元「降」爲七・九九美元，加上三・九五美元郵資，其實是十一・九四美元。如果你直接向美輕培根買，在他們的網站上下單，然後寄十美元過去，含郵資，就可以買到你所要的烤盤了。

規模經濟的好處

當然，零售商各自決定其烤盤的售價，有一部分是依據佛列克給他們的價格。和其他生意一樣，佛列克的批發價是根據對方的量和所要求的服務而定。但事實上，因爲有沃爾瑪，大家都可以拿到不錯的價格。沃爾瑪幾乎支付了所有的工廠運轉費用。事實上，如果沒有沃爾瑪，或規模類似、也同樣穩定的買主，美輕培根烤盤的生意就會相當難做。

「沃爾瑪所帶給我的規模經濟，在於買料以及工廠的生產水準上——那是很重要的。」佛列克說道。「如果沒有沃爾瑪，單靠小型專業零售商，或郵購訂單，我根本就不可能用這個價錢賣。價錢至少要高出百分之五十。」美輕培根烤盤是個迷你好用的商品——但因爲價錢爲六・九七美元或十一・九九美元，而不是十五美元或十八美元，這個好商品得以更吸引人。事實上，我們實在不清楚，如果賣十五或十八美元，是不是還能賣得這麼好。

同樣的，效率經濟學和競爭經濟學，二者之間也有很大的區別。當然，這兩者通常會有相互強化的效果。沃爾瑪和塔吉特的美輕培根烤盤在價錢上相差無幾，這是競爭使然。但是，佛列克因爲有了沃爾瑪這家客戶做後盾，所以能讓其他的美輕培根烤盤買者，也享受到低價——其原因則有所不同。這是強大而看不見的沃爾瑪效應，只和規模、專注、效率和可預測性有關。而美輕培根烤盤的故事，很清楚地說明，這項效益，不只是讓佛列克可以用比較低廉的價錢把烤盤賣給大家而已。如果沒有沃爾瑪，整個事業的定價和經濟運作就有問題了。

「而這種運作機制，對大公司而言，也是相同的，」佛列克說道：「已經有不少的研究在探討沃爾瑪對通貨膨脹率的影響。這就是他們所談的。但我不覺得有人將此歸功於沃爾瑪。」因此，即使你是用十一．九九美元在美食主廚買到美輕培根烤盤——而且，佛列克說：「到美食主廚購物的人，有不少是不去沃爾瑪的。」——這些客戶，也在用沃爾瑪的價錢買烤盤。

專注於價格的力量

沃爾頓．克拉克（Walton Clark）記得很清楚，來自班頓鎭的客戶到公司參訪一事。他所接洽的資深經營團隊，登上了公司專用噴射機，直飛紐澤西州的恩格爾伍德市（Englewood Cliffs）前來拜訪。他們希望對未來做前瞻性的瞭解。他們希望瞭解克拉克未來三年的計畫：他會採取什麼動作來奪取競爭對手的市場佔有率？他會採取什麼動作來刺激沃爾瑪的客戶——消費者，讓他們興奮呢？有什麼創新的構想來讓他自己，以及沃爾瑪成長呢？

「從某個角度來說，」克拉克說道：「我們有點兒受寵若驚。這對我們是很大的激勵。但從另一個角度來說，你會覺得壓力很大。如果你的實力不夠，如果構想太弱，他們可是一點都不會客氣的。他們會告訴你，太弱了。太糟了。你準備得還不夠。」

沃爾瑪一群人飛來找克拉克，是因爲他們相當關切產品品類的創新問題，而這個品類，大多數人會認爲，在上個世紀大概就已經做得差不多了：義大利麵醬。沃爾頓・克拉克當時是拉古（Ragu）公司的行銷經理（拉古爲聯合利華〔Unilever〕旗下的子公司），和沃爾瑪往來已經有好幾年的時間了。班頓鎮團隊想要評估的是克拉克的三年計畫，在義大利麵醬創新上有何作爲。「我必須做得很好，」克拉克說道：「每個品類都有成長空間。地板清潔產品已經死了，但是你看看速易潔（Swiffer）。」（速易潔是拋棄式地板清潔拖把，每年銷售金額達五億美元，爲聯合利華的競爭對手寶鹼公司在一九九九年八月所推出之產品。）

沃爾瑪從來不會感到自滿。

山姆・沃爾頓的策略，那種永不停歇，到競爭對手的店裡頭購物，看看別人在哪裡做得比沃爾瑪還好的策略，仍然沿用至今——而且沃爾瑪還把這種永不滿意的做法，向外推進到供應商。隨著公司規模擴大，深入供應商，介入其日常作業的能力也就日益增加，事實上，已經到了令供應商無法抗拒的程度了。而這就是沃爾瑪效應最強大、最隱密、也最讓人難以理解的力量：由沃爾瑪決定供應商的作業、抉擇和產品組合這件事所帶來的衝擊。這項衝擊不易察覺，尤其是當提供服務的供應商也是企業巨人時，更不容易引起大家注意，但是和美輕培根這種小公司比起來，其影響卻更爲多元，也更爲廣泛。

沃爾頓・克拉克從一九八六年到二〇〇三年，在聯合利華工作了十七年，在這段期間，他說：「沃爾瑪從默默無聞的公司，變成最大客戶。」沃爾瑪不只是對標準品類的新構想有興趣，沃爾瑪還可以讓你在短時間內大張旗鼓地推出新產品。

「如果你推出一項新產品，他們會吃下百分之二十五的量。」克拉克說道：「在拉古，我們推出了一種稱爲豐富多肉（Rich & Meaty）的產品——一罐拉古醬，我們放了足足半磅的肉。」那是二〇〇二年。

「通常新產品的出貨時間，我會抓在第一個廣告打出來之前的十到十二週。」如果你在元月一日開始出貨，則廣告要在三月中推出。「你必須讓貨送到倉庫，你必須讓貨上架。而沃爾瑪在推出新產品時，他們要求在二週以內，就可以在每個賣場做廊端展示，而且他們要貨品上架完成。」——一旦產品推出之後，他們要貨源充足，以保持貨架隨時都滿滿的。「非常神奇。一旦他們決定要做，再怎麼困難，他們都可以搞定。」

克拉克也領教到沃爾瑪對價格的專注力量。山姆・沃爾頓在零售業上的一項創舉就是打破了十年來消費性產品在定價上的高低循環。例如，像可口可樂這項商品，一般的價格是二公升裝大約是一・三九美元，然後每隔幾個星期就會打折，大約成爲一・〇九美元，或甚至是九十九美分。每個消費者都很熟悉這種促銷手法，知道促銷會有好幾天，因此警覺性高、聰明的消費者絕對不會去買一・三九美元的可口可樂，他們會在九十九美分時多買一些囤起來。雖然在促銷上，廠商會事先把打折日期規畫好，但還是造成了消費量的大幅波動。結果變成消費者被寵壞了，只想在打折時買，而不願接受正常價；而供應商則沉迷於打折所刺激出來的量，但平常還是得用正常價來賣，以維持合理的利潤。商家則被促銷備貨、重設展示架、以及促銷結束後要去處理成堆的庫存等事情，弄得昏頭轉向的。

沃爾瑪已經解決了這個問題，讓某些供應商可以稍微喘口氣，雖然他們還要忍受其他零售商的週期問題。沃爾瑪要供應商把一整年預計要推出的折扣全部加起來，然後直接把價格折下來。以單一的天天低價來賣。教育消費者，沃爾瑪所賣的永遠用最低價——和其他地方所賣的價格相較，比一般價還低，也很接近折扣價。消費者的需求因而合理化也平均化，他們有需要再買就可以了。這使得供給更容易預測。每個人都省了不少——包括消費者和供應商。

沃爾瑪在貨架上堅持「天天低價」還有另一個效應：那幾乎已經成爲供應商自我實現的問題，造成許多人，包括克拉克和他的同業，即使在調高售價完全合理時，要和沃爾瑪談漲價，還是有所顧忌。

「二〇〇三年初，百多利（Bertolli）橄欖油（也是聯合利華的產品）要漲價，」克拉克說道：「百多利是百分之百完全從義大利進口。歐元對美元的匯率從九十或九十五美分升值到了一・一五美元。升值幅度相當大。同時，橄欖油是一種大宗物資，當年收成不好，橄欖油的價格因此也漲了不少——大約漲了百分之十到十二。以原先的價格賣，將不敷成本。百多利在漲價之前，還特地帶了六頁的簡報到班頓鎮來做說明。但沃爾瑪不同意。」

這是關鍵時刻：百多利不是要賺更多的錢，也不是要增加利潤來進行再投資。而是時局變了，橄欖油的價格也已經變了，沃爾瑪的價錢已經不合理了。但沃爾瑪不管。

在這種情形之下，克拉克說，沃爾瑪不願調價，百多利就是不能接受。「有二到三個月，沃爾瑪不跟他們進橄欖油。最後，他們還是回來向百多利買，用漲價後的價格。最後，市場上每一家供應商都必須漲價，然後，沃爾瑪才接受這個事實。」

沃爾瑪的高階主管，克拉克說道：「沃爾瑪認爲自己是消費者的守護者。如果他們不挺身而出，還有誰會挺身而出？」而且克拉克還說，沃爾瑪的規模已經讓任何形式的漲價，都成爲敏感的議題，這也是另一個原因。「他們到小鎮上開店，大家會說，沃爾瑪把當地所有的店家都消滅掉，卻在一年之後，悄悄地漲價。這會構成掠奪式定價（predatory pricing）的問題——他們擔心會被人告。」事實上，如果市場上沒有其他的競爭者，該公司在小地方寧可不要漲價。克拉克說道：「他們不要有任何一個例子。」

百多利橄欖油故事的啓示很清楚，克拉克說道：「在安定物價上，即使不用開口說話，他們的力量還是非常強大。」

與供應商的合夥關係

沃爾瑪的供應商，光是在美國就有六萬一千家，該公司經常和他們談「合夥」的概念。二〇〇四年，在一場對一群反托拉斯律師的演講中，沃爾瑪的董事長（也就是山姆的長子）羅伯・沃爾頓（Rob Walton）說道：「我們和供應商的關係很特別。我們不認爲自己是供應商的客戶，而是供應商的合夥人。」合夥關係的象徵標誌就是「沃爾瑪小組」（Wal-Mart team），這也是好幾百家公司得以和沃爾瑪建立獨門生意的基礎。每個小組都請了很多人，全心全力爲公司分析產品以及和沃爾瑪的關係，並且制定策略。供應商爲了單一客戶而建立一組團隊，這種做法是否始於沃爾瑪，我們並不清楚。當沃爾瑪的供應商開始這樣做時，供應商根據產品品類、地理位置、或客戶規模，爲沃爾瑪提供這樣的服務是很正常的。但沃爾瑪把這個構想發揮得淋漓盡致，而且沃爾瑪小組本身也已經成爲沃爾瑪力量的象徵——七百家以上的公司在班頓鎮或附近，設立了專責辦公室，以確保其沃爾瑪小組能夠儘可能地就近服務沃爾瑪。

沃爾瑪小組之中最有名的就是寶鹼，他們最先在班頓鎮南邊蓋了一棟辦公大樓，現在有二百五十人，每天的工作就是讓寶鹼的產品在沃爾瑪的店裡提供更好的服務。比爾・考德威爾（Bill Caldwell）在一九八九年領軍幫莎莉（Sara Lee）公司的評估小組建立了第二個這種團隊，莎莉公司的品牌包括哈尼斯（Hanes）、雷格斯（L'eggs）、普雷特（Playtex）和冠軍（Champion）等。

考德威爾是領導整個案子的副總，目前已退休，他說，整個構想是「把我們公司視為一連串活動的一環，從莎莉公司購入原料開始，經過製造、配送、和銷售過程，一直到消費者購買，滿意地帶回家使用。如果我們能夠不考慮人為障礙，」——存在於供應商和零售商之間的障礙——「我們就可以在系統中節省成本。」

這種「合夥關係」是沃爾瑪的另一項創舉。比爾・考德威爾所說的「障礙」事實上並非真的是人為造成的，而是製造公司的員工、責任、和財務，以及和沃爾瑪之間的隔閡，所造成的。合夥關係，這個構想，是讓一筆好生意在資訊分享上，比典型的供銷關係還要好，以找出缺乏效率的區域加以消除，並找出有機會進一步開發的區域。簡言之，障礙就是雙方自我保護的方法；而合夥關係則需要更多的互信。

賈利・拉梅是早期莎莉公司沃爾瑪小組的成員，很生動地描述創始階段的情形：「高階主管總是要跑來這裡（班頓鎮）開會，而且他們總是要把手上的資料摺起來，以免讓沃爾瑪的人看到。我們的想法是，為什麼不把這些資料攤開在檯面上？」

小組成立之後，莎莉公司公司就大有斬獲。一九八〇年代，該公司已經把不少的製造作業移往拉丁美洲，再把生產出來的衣物運到美國東南部的港口，然後以貨運送至莎莉公司的發貨中心，最後再從莎莉公司的倉庫運到沃爾瑪的倉庫。小組很快就發現，沃爾瑪有好幾百輛貨車，把貨送到佛羅里達州各分店之後，走I—95號州際公路北上，這些車子大多是空車。為什麼不直接把內衣和襪子交給這些空車去載，省掉莎莉公司貨車？

「我們提議，把貨運到傑克遜維爾（Jacksonville）的港口，在那裡成立發貨中心，沃爾瑪的貨車可以到傑克遜維爾來載貨，然後送到他們的發貨中心，費用會比由我們送的還便宜。」這樣安排，考德威爾說，雙方都不用再去做不必要的裝貨、卸貨的動作，省下時間、金錢、汽油、和人工。

當時，哈尼斯送到沃爾瑪店裡的男性內衣和兒童內衣，用的是六打裝的箱子。「一箱六打的量，超過一家店的需求，」考德威爾說道：「一家店可能只叫半箱。因此沃爾瑪要把內衣從我們的發貨中心拉到他們那裡，打開箱子，分裝完後再運送。」莎莉的人說：「這眞是瘋了。」他們很快就提供三打裝的箱子，讓分店可以少量叫貨，而不用再以人工方式，逐箱打開，然後再分裝。「想想看，莎莉公司只要在成本上增加一點點而已，就可以讓沃爾瑪的發貨中心省下多少錢，」考德威爾說道：「由於缺貨的情況減少了，銷貨因而增加，早就足以彌補我們所花的成本。」賣場在訂貨上更準確、更有規律。

這兩項配送流程上的改變，考德威爾說道：「讓二家公司的總成本減少了百分之一．五到二。」由於量很大，省下的金額也就相當可觀。更重要的是，這些省下來的錢，高達數百萬美元，最後成爲大家的福利：卡車司機、倉庫工人、以及這些內衣的消費者。這項改變消除掉企業中單純的浪費，就和離開房間隨手關燈的道理完全相同。

考德威爾說道：「我們之前提過，省下來的錢，三分之一分給莎莉公司做爲利潤或補貼，沃爾瑪自己保留三分之一，最後的三分之一則以降價來回饋給消費者。接下來的四、五年裡，實際上變成莎莉公司拿的超過了三分之一，而剩下的部分也大多回饋給消費者。沃爾瑪只拿一點點而已。」但沃爾瑪眞正要的是透過莎莉服飾，增加營業額。

棧板展售

業績增加，一部分來自於新的展售方式——不是把商品放上貨架，而是直接擺在沃爾瑪賣場的走道上，木頭棧板還在，同一種商品堆得跟胸部一樣高，這樣就開始賣了。

典型的做法是，成品從工廠出貨，裝上貨車時，會放在那些由一條條木板所釘成的棧板上（現在通常是以塑膠製成），大小爲四十八吋乘以四十吋。商品堆上棧板之後，用繩子綁好，或是用收縮膜包起來固定好，整批貨可以用堆高機移動或裝卸，非常方便。但是到了賣場，棧板一般是丟到儲藏室——商品則要卸下來，放在貨架上。

「在一九九一還是九二年，」比爾·考德威爾說，莎莉公司的總裁保羅·富爾頓（Paul Fulton）到歐洲旅行，他在法國的量販店家樂福（Carrefour），看到賣場的地板上，商品預先打包好，還堆在棧板上，就開始展示販售了。富爾頓對這個構想感到非常震驚，所以考德威爾還親自跑到法國去看。「這眞是個強而有力的賣場觀念。」考德威爾說道。他們把這個想法帶回來班頓鎭，而且，考德威爾認為，莎莉公司的沃爾瑪小組是美國最早採用棧板展售的單位。

棧板展售很容易。放到地板上，撕掉收縮膜，再貼上價格標籤，「上架」的作業就算大功告成了。棧板展售可以用最少的人力，很快地把大量的商品放進賣場裡。

棧板展售還富有戲劇性。「這是宣示性消售。」考德威爾說道：「高高地堆起來，便宜地賣。」這是一種三百六十度的展示，甚至連客戶的視線都不會被貨架擋到。

在眞正的科技革命紀元裡，零售業的創新，往往就是那些基礎的東西——而棧板展售就是賣場觀念的革命。

奇怪的是，沃爾瑪起初並不願意。「要說服他們實在很難。」考德威爾說道：「當我們開始做的時候，沃爾瑪的賣場，像今天一樣寬敞的並不多。把棧板擺在走道上的確是有困難，對消費者來說也很不方便。」

但是棧板展售有二件事是沃爾瑪的最愛：把成本從系統裡消除掉、以及增加銷售額。而且，就如同其他二項沃爾瑪的創新一樣——消除高低定價、增加資訊分享——棧板展售的成功表現，最後還是可以說服沃爾瑪。

今天，每一家沃爾瑪賣場內，都有業界所熟知的「行動大道」（Action Alley），把賣場裡寬敞的中央走道，視為主要銷售空間，因為要放棧板。行動大道上擺滿了一個接著一個的棧板促銷活動，通常是季節性商品。事實上，把同一種商品放在棧板上堆得高高的，無論是內衣、醬菜、防凍劑或彈藥，已經成爲沃爾瑪超値建議的象徵了：東西多而便宜。供應商在設計棧板展售時，會內建標示紙板，四個方向都有。「我不敢斷言這是全美首次有製造商用這種方法和零售商合作，」考德威爾說道：「但我不知道在我們之前，還有誰這樣做過。」現在，我們很難想像大賣場不用棧板。

即使在十五年前，沃爾瑪那時才開始成長（後來得以獨霸一方），我們所熟悉的企業文化就已經儼然成形。「總公司的氣氛——用比較不精確的說法——是實用主義到了極點。」考德威爾說道：「我記得開會時，從來就沒有椅子可以坐，都是坐在箱子上，因爲僅有的二張椅子已經有人坐了。」他在沃爾瑪的主要聯絡窗口通常是商品和業務的執行副總裁，比爾・費爾茲（Bill Fields）。「以前，我習慣早上六點半到辦公室。我認爲這第一個小時，早上六點半到七點半，是最好的時間，因爲不會有電話過來。到了七點半，我通常會打電話給比爾・費爾茲，當然，他們都會親自接聽電話——而班頓鎭那時才早上六點半而已。他會親自接電話，他已經到了。而且辦公室裡，還不只他一個人。」

大衛・格拉斯，後來成爲沃爾瑪的執行長，他告訴考德威爾，他的競爭哲學很簡單：「他說：『我們希望大家都賣相同的東西，我們要用價格來競爭，在我們開始賠錢之前，他們已經賠百分之五了。』」

不自滿的現象也很明顯。賈利・拉梅記得有一年，「返校季，羊毛商品大賣，非常成功。採購員對我們說：『很好，但是我們明年要怎麼做才會更好？』他當時很高興，不過，只有十秒鐘。我正準備接我太太去吃晚餐。而他想知道的，竟然只是我們明年該怎麼做。」

莎莉公司的沃爾瑪小組非常成功，所以考德威爾立即複製這個概念。「不到一年，我們成立了凱瑪特小組。沒多久，又成立了塔吉特小組，再沒多久，又成立了會員式倉庫小組。把我們在沃爾瑪所學到的東西，應用到凱瑪特、塔吉特和會員式倉庫上。」沃爾瑪效應不只是向外串聯而已，實際上還讓沃爾瑪的競爭者受惠。

移除供應商和客戶之間的障礙，「把許多人嚇壞了。」考德威爾說道。但其所帶來的影響極其明顯。「我們和沃爾瑪之間的關係，讓我們公司發生了重大改變，得以遠比過去優秀。」考德威爾說道。這個效果不只是可以明顯感受到，還能具體測量。在考德威爾領導沃爾瑪小組那五年，莎莉公司對沃爾瑪的營業額從每年八千八百萬美元成長為每年十億美元。考德威爾說：「那可是非常多的棧板。」

沃爾瑪，謝謝你

威利・皮特森（Willie Pietersen）現任哥倫比亞大學商學院企管教授，在消費型商品上有十年以上之經驗，曾任聯合利華集團食品事業群總裁、西格拉姆公司（Seagram）美國酒業總裁、以及純品康納（Tropicana）公司總裁，純品康納爲美國最大之柳橙汁品牌。他學得很快，他說，有幾件和沃爾瑪有關的事是沒有妥協餘地的。「他們絕不會通融。他們寧可馬上和純品康納斷絕往來，以維護客戶的信心。」皮特森說道：「如果你是供應商，那會對你造成傷害。如果你想抗議，做痛苦掙扎，也是可以。不過這是個現實世界，這些人正在進行供應鍊革命。如果不想被犧牲，訣竅是，我們怎樣做才能變得超有效率？

「一旦做出效率來，不只是你和沃爾瑪的業務，連你其他所有的業務，也會變得有效率。如果你做到了，那麼你會脫下帽子恭恭敬敬地說：『感謝你，沃爾瑪，感謝你給我們壓力。』」

皮特森說，儘管這是一種團隊關係，但如果供應商因此就認為和沃爾瑪有合夥關係，那就有點愚蠢了。「我認為合夥關係這個詞用錯了。他們也許是為了美化而稱之為合夥關係。不，這不是合夥關係。他們說，我以客戶為重。他們說，我拿到了客戶的授權，客戶認為我是冠軍，我要好好的運用規模力量。在這種情況之下，雙方在運作上就必定會存在一種緊張的關係。而這看起來並不像是合夥關係。」

不管你的產品是義大利麵醬、棉質白內褲或是柳橙汁，在為了效率、成長、和創新而掙扎的同時，創意和努力的終極目標就有可能因此而迷失掉了。莎莉公司沃爾瑪小組在早期賣給沃爾瑪的衣服生意，成長得很快，這時候，整個事業究竟是發生了什麼變化呢？數億美元的「新」營業額來自何方？哈尼斯是不是把競爭對手在內衣和運動襪的市場上搶過來了呢？還是大家買新內衣的頻率增加了？

「都有，」比爾・考德威爾說道：「還有第三個原因，滿奇怪的：消費者衣櫃裡的衣服數量增加了。我還記得，我一次又一次地坐在辦公室裡，看著整個產業的銷售數字，一個品類接著一個品類——成長速度遠超過人口增加速度——我每每仔細推敲這些東西是從哪裡來的。」

他們的結論是，考德威爾說道：「大家不是在家裡放了比實際需要還多的襪子，就是放了比以前還多的襪子。」展示在棧板上的內衣是如此便宜、如此令人難以抗拒，所以大家會買下來帶回家。這種消費，對考德威爾完全不會產生困擾，因爲他的工作就是賣內衣。當然，穿上一雙嶄新的運動襪很舒服，但是如果因爲價格或一時衝動而消費——完全沒有解決實際需求的消費——那就有意思了。沃爾瑪幫客戶省錢，但這簡直就像他們把省下來的錢，塞進內衣抽屜裡一樣。

生產與配送

在六〇年代和七〇年代（現在有時候也有），動物園、博物館、水族館裡經常會看到小型的投幣式工廠，在一個大塑膠泡泡底下，可以做出塑膠射出成型紀念品——大象、旗魚、暴龍——你只要等一下就可以了。投進三枚二十五美分的硬幣，兩邊的金屬模子就會合在一起，注入加熱過的塑膠，然後，那兩片金屬模子又分開來，蠟質般的藍色旗魚就掛在圓頂下面，直到金屬小鏟子將其推下，掉進販賣機前面的隔間裡。剛拿到時還溫溫的，聞起來還微微有一股塑膠味。

這就是強納森・佛列克的美輕培根烤盤製造過程，雖然烤盤比較複雜。他在美國製造並非出於同情心、頑固或惰性。在全球經濟裡，資訊的傳遞速度和光速一樣，但實體物品最多還是只能以二十節的速度移動，即貨櫃輪橫渡太平洋的速度。回應能力是沃爾瑪和其他大型零售商所重視的，而談到回應能力，地理位置就很重要了。

生產美輕培根烤盤的機器，大約就像一輛中型的多功能越野車一樣大，放在威斯康辛州西部的一家小工廠裡。就如同前面描述的紀念品製造機器一樣，兩片大鋼模合在一起，注入熱熔狀的塑膠。佛列克用的是雙腔（double-cavity）模子——當鋼模分開之後，二組完整的美輕培根烤盤同時完成。ＩＴＰ模具廠稱這套機器爲「佛列克的機器」，由二人同時操作。「當然，那台機器是我們的。」ＩＴＰ的共同創辦人兼總裁，而且也是美輕培根烤盤實際上的製造副總，尼爾・強生（Neil Johnson）說道。不過，佛列克說：「我所付的錢，早就已經是機器成本的好幾倍了。」

其中一名作業員在模具打開時把射出件取出，然後用平頭剪把連接處剪開；另一名作業員一次組合一套烤盤，放進美輕培根包裝盒裡，再把盒裝的烤盤，八盒裝成一箱。作業員用膠布封箱，堆到棧板上時，烤盤還是溫溫的。送到沃爾瑪做展示用的紙箱是採取對摺的方式——他們會在開口那邊畫上一道，打開來展示裡面的產品。

在這個紀元裡，已經有成熟的微晶片蝕刻技術，以及高度自動化的高速消費性產品工廠，然而，ＩＴＰ卻幾乎還是工藝生產。完整的模子壓鑄週期是五十秒，也就是二個人一小時可以做一百四十四盒烤盤。一旦開始生產，ＩＴＰ就會一天三班持續地生產美輕培根烤盤或是生產其他在該公司開模的產品，其中有很多是醫療器材。「在開機和關機時，產品品質會很糟糕，開關機次數越多就越浪費材料。」強生說道：「所以一旦熱機，開始生產之後，你就會一直生產下去。」

十多年來，佛列克和ＩＴＰ的關係已經變得非常親密而輕鬆。ＩＴＰ的廠房是平房，像一間倉庫，他走進廠內，就像員工一樣，雖然強生表示，美輕培根烤盤只佔ＩＴＰ業務量的百分之八，佛列克和他們的關係卻是獨一無二。「對其他的客戶，我們會有戒心，我們不會讓他們隨時走進來，在生產機台旁邊晃來晃去，」強生說道：「但佛列克，他愛怎麼逛就怎麼逛。」

佛列克用傳眞方式來接收訂單——這算是電子化了——然後再傳給ＩＴＰ。ＩＴＰ有一位員工名叫金百利（Kimberly），他負責控管訂單狀況，確定生產排程，安排烤盤的托運事宜，並向佛列克請款。ＩＴＰ大多數的客戶，一台機器只要一個人操作就行了；但美輕培根烤盤的生產，ＩＴＰ安排了二個人，因爲他們要順便把產品包裝好放在棧板上，以便出貨。「我們做出來之後，ＵＰＳ就可以來取貨了。」強生說道：「我們的確提供他後勤服務。這樣的服務我們只提供給他一家。ＵＰＳ在我們這裡收了許多年的美輕培根烤盤，連收貨員自己也感到很神奇。」

ＩＴＰ這些服務，佛列克都會按照出廠的烤盤計算，逐一付費。他走進ＩＴＰ另一棟建築，庫房。在庫房裡，貨架上的紙箱堆到天花板，裡頭裝的都是聚甲基戊烯（polymethylpentene，業界稱之爲TPX），這是一種高品質塑膠，微波可以穿透，耐熱，而且密度很低，所以整個美輕培根烤盤可以浮在水上。TPX是佛列克在經營手法上的另一項小特點。原料由他自己買（其實，倉庫裡這幾箱的原料都是他的），通常是從二手市場買來的，當油價高漲時，多少可以把成本降下來。其他客戶的原料都是由ITP來採買，以確保品質。強生說道：「如果我讓客戶自己買料，他們也許會給我們一堆廢料，卻要我們拿來生產凱迪拉克零件。」

佛列克和ITP之間的關係，是他成功的關鍵。佛列克完全信賴他們，而且，他雖然常常會騎著摩托車衝到廠裡，拿他想買的TPX樣品做測試，他並不用對ITP事事關切。

「我們就是他的事業，」強生說道：「我們不遺餘力地支持他，至於其他客戶，我們可就不會這樣了。」ITP也是佛列克不想把美輕培根烤盤移往國外生產的重要因素。他曾經到過中國——他在那裡有一套生產模具，這套模具只生產了一百萬組烤盤——而且，雖然比較便宜，但前置時間太長，可能會讓好幾個貨櫃的產品因而困在加州的碼頭上，重創他的生意。此外，ITP輕輕鬆鬆就處理得很好的後勤作業，佛列克都要自己一手打理。

事實上，爲了提升對沃爾瑪這類客戶的回應能力，強生和ITP並不是一定要等到佛列克下單了才生產。「我們會偷做一些，」強生說道：「我們會提早做一些下來。以便隨時出貨。」

美輕培根烤盤不只是一人公司、單一產品的公司，還是單一「品項」的公司——只有一個

SKU，即只有一個條碼料號——但即使只是一家單一料號的公司，強納森・佛列克這十年來，還是具備了完整的全球經濟經驗。

這個烤盤看起來就和成千上萬外國來的便宜貨沒有兩樣，雖然六・九七美元已經很便宜了，但聰明的仿製品還是可以很快地摧毀他的事業。沃爾瑪每條走道，每個貨架上都堆滿了入門級的無品牌商品（包括開罐器、組合鎖、濕紙巾、和透明膠帶），而這些商品的價格只有品牌商品的一半。

「我不是巫師，」佛列克說道：「但我一直在注意中國。」他已經到過那裡好幾次了。單槍匹馬到中國管理外包廠商令他視爲畏途。佛列克在那裡開一套模具只要二萬五千美元，而不是十萬美元，但品質很差；而且在生產的穩定性上也無法達到佛列克的要求。談到在中國開模一事，「我會擔心產品安全的問題。」佛列克已經聽過許多公司的故事，最後落到和中國製的無品牌仿製產品競爭——這些產品看起來和公司貨是一模一樣。

佛列克和他的女兒阿碧很聰明：美輕培根烤盤擁有三項專利，而且，他們還把「Makin Bacon」註冊爲商標。那的確是先見之明。一九九六年，他們的產品在沃爾瑪推出才幾個月，佛列克就向聯邦法院控告三星產品（Tristar Products）公司違反專利法，三星產品公司當時是一億美元規模的公司，位於賓州，他們所仿製的競爭產品稱爲「不可思議培根烤具」（Incredible Bacon Cooker）。一年後，三星產品公司請求和解，以公開信承認美輕培根烤盤的專利，並附上十五萬美元支票。三星產品還把生產「不可思議培根烤具」的模具提交出來，送到聖保羅給佛列克。他現在還留著。

在零售端，佛列克處理反向競標（reverse-auction technique）也有兩把刷子。零售商對於所要進的貨，例如床單、被單、和毛巾等，開出一套品質規格要求，以及他們所要買的數量，然後讓全世界的供應商來競標，通常是透過網際網路，看看誰家的貨價錢最低，結果，大家所看到的一塊大肥肉，在時間期限之內，大家一波又一波的競標，最後，利潤就所剩無幾了。

有一次，塔吉特的採購人員決定把一部分的貨架空間用反向競標方式來處理，品類中也包括美輕培根烤盤。「她對著我說：『我們要提供這個（空間）給三十項商品。二天之後，會剩下二十三項；再過二天，我們會減少到十八項。』她說：『所以，請問你能給我什麼價格？』」

「我說：『我不會去變動價格。如果你一定要做反向競標，我就不玩了。』」

佛列克的成功和生存過程，可圈可點，他說：「我的頭髮已經掉得差不多了。」

重視資料分析

即使是以佛列克和沃爾瑪的關係，也會有波折。沃爾瑪把烤盤和其他的微波爐廚具放在微波爐走道的貨架上。「擺在那裡實在是很合適。」佛列克說道。後來，幾年前，走道重新規畫，微波爐上移到眼睛高度，而微波爐廚具也就跟著往上移，放在六呎高的地方。「把整個品類的生意都毀了。」佛列克說。

但沃爾瑪一向重視資料分析，在二〇〇五年，微波爐區又再重新規畫——微波爐的位置往下移，而微波爐廚具又回到原來的眼睛高度，業績也就跟著回升了。

佛列克和全美其他六萬一千家的沃爾瑪供應商一樣，可以從沃爾瑪的「零售連線」系統裡擷取資料，監控美輕培根烤盤的銷售狀況。零售連線是沃爾瑪獨立開發的系統，於一九九一年首次提供給供應商使用。當時他們要用特殊的電腦和電話線，現在，則是透過網際網路。零售連線裡的資料有沃爾瑪最近二年每項商品在每一家店每天每小時的銷售紀錄。沃爾瑪這套資料庫領先群倫——供應商一般只能看到自己的銷售資料——沃爾瑪提供了一套方法，要求供應商做一些基礎分析，並鼓勵他們去瞭解，他們的商品在沃爾瑪的銷售狀況，包括何時、何地、及爲什麼。即使供應商的規模再小，從零售連線所取得的資料，也是相當龐大、複雜、而豐富，所以沃爾瑪還設有專人來教供應商如何分析。

沃爾瑪的供應商在提升產品銷量上，零售連線已經變得非常有價值，因此，沃爾瑪的競爭同業後來都競相模仿，成效上則各有千秋。但很少能像沃爾瑪那樣勤勞、巨細靡遺，速度也沒有沃爾瑪那麼快。

強納森・佛列克偶爾可以發現有關美輕培根烤盤的寶貴資訊。他知道烤盤在沃爾瑪的超級購物中心賣得比較好。「純粹是因爲流量大。」他說，但如果認爲是因爲同一個地方，可以一邊買烤盤，一邊買培根來試，因而造成較好的銷售，這種看法也沒錯。(零售連線可以很清楚的顯示出，買了培根的客戶是否也傾向於買烤盤，或是買了烤盤也傾向於買培根。) 這項商品在一家店中的資料是如此的細密，所以佛列克知道一年之中，某些時候，同樣的沃爾瑪客戶會買一個以上的烤盤。「送禮用的。」佛列克說道。

佛列克很喜歡他和沃爾瑪的關係。「好極了。」他說。佛列克往返沃爾瑪檢查商品狀況所用的摩托車，後面牌照框上寫著：「我寧願在沃爾瑪購物」。

這種關係不只是一致性而已，還是一種有條不紊的關係。例如，「他們付款很痛快。」而且不會像其他的零售商一樣，讓佛列克收到一些莫名其妙的扣款，這些扣款，事實上是零售商自己打折出售卻要扣他的帳。「以前，凱瑪特做這種事很高段。」佛列克說道：「有一次凱瑪特用三十美元的訂單跟我買了八組烤盤——而他給我的廠商扣款卻是六百美元。」美輕培根公司賣八組烤盤給凱瑪特，還要倒欠五百七十美元。

佛列克現在每年還是會從白熊湖親自到班頓鎮跑一趟，有時候是騎摩托車去，拜訪負責該項品類的採購人員。「從我家大門到他們公司大門有六百六十六哩。」佛列克說道：「他們只要求一切進行順利。除此之外別無他求。」佛列克說：「我不可以和他們的採購人員有『親密的個人關係』。也完全沒必要。而其他的零售商則完全不是這麼一回事。你必須去討好他們。」

就美輕培根這家公司及其客戶而言，佛列克和沃爾瑪十多年來的關係，正是沃爾瑪效應影響每一個人的迷你版。沃爾瑪的訂單龐大、穩定、而且可以預測（千萬別忽略穩定的重要性）；同時美輕培根公司在沃爾瑪的業務也是龐大、穩定、而且可以預測。佛列克可以事先預做採購計畫——不只是塑膠，還有包裝材料。他可以深深地鑽進沃爾瑪的資料庫中研究自己的業務。而且沃爾瑪幾乎等於幫佛列克其他的生意建立了基礎：他和塔吉特、卡蘿萊特禮品等公司的關係，以及和透過郵購只買一組的客戶，都因爲沃爾瑪而有所改善。

關於佛列克，以及美輕培根公司和沃爾瑪之間的關係，還有一個重要的謎。自從雪兒・奈特第一次和他談話，要求美輕培根烤盤的售價要比亞摩亞便宜二美分——最後是便宜二美分——他們就沒有再談過價格問題了。不像其他幾千家的供應商，沃爾瑪的採購人員從未要求佛列克，隔年要把美輕培根烤盤的售價降下來。很多製造商反應，沃爾瑪持續地要求他們，每年成本要降百分之五，而且難以拒絕。沃爾瑪對這事還做了一系列的行銷廣告。電視廣告上，愉快的殺價者在店裡面雀躍，砍了許多大家熟悉商品的價格。殺價金額即使只是一點點——一年數美分——加起來也是很可觀。只要五年（殺價四次），美輕培根烤盤在沃爾瑪的售價就是五・六八美元而不是六・九七美元。（如果烤盤的成本隨著通貨膨脹而增加，現在售價應該是九・〇九美元。但是這種理由，班頓鎮的人可不會接受。）

佛列克的確擁有「智慧財產權」：即，美輕培根烤盤受到專利和商標的保護。但許多平常的消費性商品也是如此。例如潔而敏（Charmin，譯註：爲寶鹼旗下品牌）的超大捲衛生紙，在包裝上列了二十六項專利。美輕培根的產品並非一系列——只有一項——而且也已經相當便宜。但沃爾瑪還是從北歐廚具（Nordic Ware）引進一種更簡單的培根烤盤來競爭，一個只賣三・二七美元。

佛列克已經把他的工作做得很好，但是在降低美輕培根烤盤的成本上，他卻力量有限，因爲他無法在原料上談到好價錢；而且原油成本每桶已經上升爲原來的三倍，原料的成本也隨之上揚。「我們的作業非常精簡。」他說。而且不只是人事上的精簡。例如，他的烤盤，在設計上就比北歐廚具的節省三分之一的塑膠用料，比較輕，省下的不只是材料費，還有運費。

不論他有什麼競爭優勢，不論他、以及他的產品有什麼魅力，都不足以讓佛列克這家只有一項產品的公司，能和史上最大的企業往來而無往不利。只要一眨眼的工夫，不管任何理由，甚至不用任何理由，沃爾瑪都可能會棄美輕培根而去，另尋合作夥伴，而佛列克的事業生命也將產生巨變。面對班頓鎮的決策，許多大型公司每天都要掙扎一番。

事實上，「佛列克沒有價格壓力」這件事，不只是個謎，還是他得以成功的要素。「我一直在想這件事，」他說道：「我一邊騎著摩托車，一邊想著這件事。爲什麼他們從來沒有要求我降價？我眞的不知道。」

4 壓榨

每次你看到沃爾瑪的笑臉，吹著口哨把價格往下砍時，同時間，就在某個角落裡，有個工廠工人的肚子上，被踢了一腳。

——雪莉・福特（Sherrie Ford），工廠負責人及長期製造管理專家

一大罐一加侖裝的醬黃瓜頗爲可觀。罐子本身就像個小型的水族箱。肥碩的綠色醬黃瓜浸在醬汁裡載沉載浮，其外型隔著罐子的玻璃看，有點誇大，好像青蛙似的。罐子重十二磅，一隻手拿不動。

這罐一加侖裝的醬黃瓜是豐盛和富饒的展現。令人陶醉，彷彿，也令人不安。沃爾瑪看上了華錫（Vlasic）的一加侖罐裝醬黃瓜。

沃爾瑪把價格定在二・九七美元。一整年用低於三美元的價格供應醬黃瓜！「他們把這項商品當成『宣言』在用。」派特・洪（Pat Hunn）說道，派特形容自己是華錫一加侖罐裝醬黃瓜的瘋狂科學家。「沃爾瑪把東西擺在消費者面前，說，這代表了沃爾瑪的實力：你可以用二・九七美元買到一加侖香噴噴的醬黃瓜。而且是全國首屆一指的品牌。」

由於沃爾瑪的規模使然，沃爾瑪效應的影響，不僅僅是提供「天天低價」而已。還牽涉到沃爾瑪如何拿到低價，以及這些低價會造成什麼樣的衝擊。這些衝擊遠遠地超越了沃爾瑪的貨架，也超越了我們自己的荷包：沃爾瑪的供應商，以及這些供應商的員工，爲低價所付出的代價。其中一個例子便可以在華錫一加侖罐的醬黃瓜裡找到，這是有關那罐醬黃瓜如何拿到沃爾瑪去賣的故事。

在一九九〇年代晚期，華錫公司那時候並未想要把品牌建立在一加侖裝的醬瓜上。醬菜公司靠「刀法」賺錢，把醬瓜切成特殊的造型，如黃瓜條和用在漢堡上的黃瓜片。「單靠一罐罐的醬瓜，是賺不了大錢了。」史帝夫・楊（Steve Young）說道，他是當年華錫醬菜的行銷副總，但現在已經離職了。然而，在一九九〇年代晚期某日，一名沃爾瑪採購看上了他們的一加侖罐產品，並開始和派特・洪討論。洪是當時華錫公司沃爾瑪業務小組的主管，辦公室在達拉斯，目前也已經離職了。

這一加侖罐子激起了採購人員的好奇心。對華錫來說，這是利基型產品，目標爲小店舖或開伙人數眾多者。即便如此，在沃爾瑪賣場所做的銷售測試顯示，把價位定在三美元多一點點，「這一加侖的罐裝醬瓜竟然狂賣。」洪說道：「把我們嚇一跳。」沃爾瑪的醬菜採購人員做腦力激盪，得出這個建議：如果把這加侖罐子用低於三美元的售價在美國全面推出，會有怎樣的效果？洪很懷疑，但他的工作就是找出方法，在沃爾瑪賣醬瓜。有何不可？

因此在一九九八年，華錫的一加侖罐裝醬瓜湧進沃爾瑪二千五百家賣場，售價爲二・九七美元，這個價錢非常低，華錫和沃爾瑪每罐只賺一、兩分錢，也可能是不賺錢。這加侖罐子就擺在賣場大門口的大型獨立棧板上做展示。那是富庶中的富庶。

「銷售創新高。」洪說道。

楊說：「一家店平均一週賣八十罐。」聽起來不多，但你算一下就知道了：相當於光是在沃爾瑪，每週就賣掉二十萬罐一加侖裝的醬瓜。連田裡面的黃瓜都一掃而空。

這個一加侖罐的醬瓜，後來爲華錫帶來了所謂的「毀滅性成功」。「沒多久，這個案子就吞蝕了我們在沃爾瑪以外的市場。」楊說道：「我們看到消費者，以前習慣在超級市場買醬瓜條或醬瓜片，」——超級市場一夸脫的華錫小罐裝醬瓜要賣二・四九美元——「現在跑來買沃爾瑪的加侖罐了。他們連一夸脫裝的小罐子都要吃到發霉丟掉。小家庭其實沒辦法吃那麼快。」

加侖罐子改變了華錫的醬瓜事業：把賣到沃爾瑪的毛利吃掉了，主要是醬瓜這項產品；採購部門還要努力地四處尋找醬瓜貨源，以塡入大量的加侖罐子裡。同時，這個量也爲華錫帶來了強勁的業務和強勁的成長，並且在沃爾瑪的醬瓜世界裡成爲龍頭老大。

加侖罐子在提升華錫業務的同時，也傷害了華錫。事實上，華錫的行銷人員史帝夫・楊，和該公司沃爾瑪業務人員派特・洪，對於加侖罐子的細節有一定的共識，但是數年之後，此案對華錫究竟是好是壞，他們二人的見解頗有出入。

洪記得當時和沃爾瑪所談的條件是，只有當毛利較高的醬瓜條和醬瓜片銷售量穩定增加的情況下，才讓沃爾瑪增加加侖罐子的銷售量。換言之，加侖罐子是有益的。

楊記得，他們去請求沃爾瑪能放華錫一馬。「他們說：『門兒都沒有。』我們說我們要漲價，」即使只是調成三‧四九美元也有不小助益，「但他們說：『如果你要漲價，那我們就不要再跟你們進貨了，連同向你們進的其他東西，都不會再買了。』顯然是威脅。」

洪對這段對話的記憶則有所不同。問題更複雜，更難解。「沃爾瑪的人並沒有拿著槍指著我們的頭說：『就是二‧九七美元，否則就滾蛋。』他們說：『我們要二‧九七美元的一加侖罐裝醬瓜。如果你們不想做，我們會去找別人，也許別人有興趣。』我知道當時我們的競爭對手正在找沃爾瑪談條件：『如果你們肯把其他的生意也交給我們來做，我們就和你做二‧九七美元的加侖罐子。』」

「我們都不是三歲小孩了，」洪說道：「好歹都要做決定。」

沃爾瑪的生意對華錫而言實在是不可或缺，而且加侖罐子是維持沃爾瑪關係的重點所在，所以，是否繼續供應，乃由執行長層級來決定。「其中一個做法就是要他們攤牌。」楊說道。但是華錫才從金寶湯公司（Campbell Soup）獨立出來，還在奮鬥，實在沒有能力去承受沃爾瑪這筆生意的風險。痛苦持續數週，甚至是數月——二‧九七美元加侖罐子裝的華錫醃黃瓜，在沃爾瑪的貨架上賣了整整二年半。

最後，沃爾瑪終於讓華錫喘口氣。「沃爾瑪的人，反應很經典，」楊說道：「他說：『好吧，我們以前對柳橙汁做過的事，現在也在醬瓜上如法泡製過了。這東西已經被我們毀了。我們可以收兵了。』」華錫因而得以把產品換成半加侖裝，賣二・四九美元。至此，楊說，醬瓜的利潤掉了百分之五十——即使業務本身還在成長，幾百萬美元的利潤就這麼流失了。毀滅性成功，名副其實。

華錫的故事，意義很複雜，但直接切入沃爾瑪做生意方式的核心。顯示出沃爾瑪的規模和力量所造成的衝擊，而我們卻視之爲市場經濟。沃爾瑪對價格的專注，以及爲了自身利益，把供應商的業務拿來當人質的能力，扭曲了市場，其做法，消費者察覺不出來，供應商也不能有效對抗。沃爾瑪是如此龐大，以致於供需原理和競爭法則往往失去作用。

創造出來的需求

華錫故事可怕之處在於：二・九七美元的一加侖罐裝醬瓜，並非市場所創造出來的，也不是消費者需求衰退或黃瓜盛產所造成的。是沃爾瑪創造出這二・九七美元的一加侖罐裝醬瓜。價格——提供醬瓜市場買、賣雙方以及競爭狀況的重要資訊——在這個故事裡是個謊言。價格和黃瓜的供給以及醬瓜的需求沒有關係。價格是由班頓鎭裡的人加諸於醬瓜市場的謊言。消費者看到了超值優惠，華錫卻苦不堪言。雙方所反映的，都不是實際的市場力量，而是沃爾瑪做爲宣傳方式，加諸於醬瓜價格上的花招。

二〇〇四年夏，沃爾瑪董事長羅伯・沃爾頓非常罕見地出現在華府特區一群律師團體的年會上。那是個反托拉斯律師大會，主題是「買方力量」——是否有些企業的買方力量，而不是賣方力量，過於龐大，足以對自由市場構成威脅。賣方力量大到足以控制價格和市場的名詞，我們很熟悉——那就是壟斷（monopoly），只要玩過大富翁遊戲（譯註：大富翁遊戲英文即爲monopoly）都知道，如果你可以控制不動產，你的收費水準，就可以按照你所要的，而不是市場所能接受的水準。另一個相對的經濟觀念是，如果一家公司成爲大買家——例如，醬瓜——也就擁有同等的價格控制力量。這個名詞是獨買（monopsony）。

那個星期二早上，羅伯・沃爾頓的表現謙遜低調，他老爸應該會感到欣慰。沃爾頓說他「起初有點猶豫」是否要向反托拉斯律師團體致詞。「像獨買這麼崇高的議題，沃爾瑪發表公開聲明的經驗非常不足。」他說：「但我們經過討論之後，決定接受邀請。由於大會的主題，」——買方力量——「我們認爲或許會有許多人談到沃爾瑪。」在他的演講當中，沃爾頓說明他對供應商的看法：「我們和供應商的關係非常特殊。我們並不會把自己視爲供應商的客戶，相反地，我們是合夥人。」在結語部分，沃爾頓說：「我們需要健全供應商的程度，至少和他們需要我們一樣，其實我們更需要他們。」

會議上學者所發表的研究報告則不是那麼樂觀，他們不認爲供應商可以靠善意就能和沃爾瑪這麼大的強權做生意。但現實世界對買方力量的分析還不夠成熟，也只好繼續讓這個議題保持神秘了。

當然，我們很容易指出，華錫和沃爾瑪往來已有多年經驗，他們是自願參與這個加侖罐子特賣活動。但是產品的定價，並不是不能打破的誓言。二〇〇一年一月，加侖罐子從賣場上撤出之後沒多久，華錫就申請破產。而且，雖然一加侖罐裝的醬瓜不是華錫破產的主因，但在華錫掙扎求生當中，考慮華錫的財務狀況，沃爾瑪的行爲實在不像是他們所謂的「合夥人」。

消音的聯邦快遞

二〇〇三年七月下旬，聯邦快遞（FedEx）宣稱，在眾多提供零售業者運送服務的公司當中，沃爾瑪稱該公司爲「年度最佳快遞」。這項訊息的發布動作，還包括了記者會，這似乎是瞭解沃爾瑪效應的好機會。聯邦快遞本身就改變了大家平常做生意的方式。我們很訝異沃爾瑪會用聯邦快遞，因爲，沃爾瑪本身就有貨車，而且還是全美最大的私人貨車車隊。就沃爾瑪所做的良好事務而言，「年度最佳快遞」也許給我們一些啓示——諸如：沃爾瑪如何消弭效率不彰的事務，弭平供應鍊裡的障礙，省下不必要的成本等。而且，很少有公司能像聯邦快遞一樣的懂媒體，那麼有媒體緣。

聯邦快遞的媒體聯絡人名叫史蒂夫（Steve）。他似乎有點顧忌，不太願意告訴我們有關聯邦快遞如何服務沃爾瑪，以及如何成爲世界最大、也最會要求的公司所稱的最佳供應商。史蒂夫甚至還回電給我們，希望釐淸一些問題：我們的報導，是否僅就白領業務員層級，討論聯邦快遞和沃爾瑪之間的關係？或者還包括聯邦快遞如何提供地面運輸服務？都很重要：卡車司機、倉儲人員、電腦支援、聯邦快遞的白領沃爾瑪團隊成員等。整個聯邦快遞對沃爾瑪服務的大範圍。史蒂夫很敏感。他曾經在一封電子郵件中提到：「我已經讓沃爾瑪的聯絡人知道你在訪問我們。」

週末過了之後，差不多是星期一早上九點多，史蒂夫來電。這次不是用電子郵件。他的聲音有點悶。「我實在不想打這種電話。我們已經和班頓鎭的朋友談過了，他們要求我們，除了發表在報紙上的東西，什麼都不要說。」什麼？不能採訪？不能去搭聯邦快遞載著沃爾瑪貨品的十八輪大貨車四處逛逛？「我們不能參與這件事，」史蒂夫說：「抱歉了。」

當然，聯邦快遞當時本身就是一家全國性的大公司——比不上沃爾瑪，但仍然擁有二百二十億美元營業額、十九萬一千名員工、以及六百四十三架飛機的機隊。也許，史蒂夫優雅地請教過「班頓鎭的朋友」之後，不管怎麼樣，還是可以瞭解報導的價値和樂趣，然後信心十足地接受訪問。畢竟，聯邦快遞本身已經長大了，有能力爲自己發言。我的建議讓史蒂夫沉默了許久，接著他乾笑幾聲。「我想這種決策，在聯邦快遞裡，不是我史蒂夫這個層級能做的。」他說道。就這樣。沃爾瑪已經下令要求聯邦快遞保持沉默，而聯邦快遞，像史蒂夫這樣的人，則馬上照辦——即使只是要他們談一些正面的事情。

我們對沃爾瑪的畫像仍然如此地不完整、如此地膚淺，原因之一是，和沃爾瑪有生意往來的人，不願去談論沃爾瑪的所做所爲到底是怎麼回事。事實上，本章所提到的故事——華錫的故事以及後面所要談的故事——一般人很少聽到，不是因爲他們太特別了，而是因爲完全相反的理由：他們生動地、甚至於痛苦地描繪出，和沃爾瑪做生意，平常是怎樣的情形。即使在內部人之間，關於沃爾瑪，這類故事是永遠不會有人去談論的。往來於班頓鎮的飛機上、沃爾瑪總部附近的旅館裡，生意人會互相提防。沃爾瑪戰爭的故事不容分享。而且，雖然本章裡的故事，都是採訪自沃爾瑪所往來企業的員工，但他們都已離開這些公司；大多數的情形是，他們已經不在沃爾瑪所能夠直接影響的公司了。

沃爾瑪在營運周圍、和供應商關係的周圍，甚至於也在供應商的營運周圍，設立了隔音牆。隔音並不是一種企業禮節或禮遇——而是一種政策，恐怖專制的政策。消音的力量則是靠肌肉，以取消沃爾瑪生意做爲威脅手段。

消音控制充斥於公司範圍內以及組織範圍內的每個角落。這是沃爾瑪董事長羅伯・沃爾頓敢在大眾面前侃侃而談「我們的供應商關係非常特殊」以及「我們合理對待供應商」而不怕矛盾的原因。許多和沃爾瑪非常親近的人，每天和該公司往來，都非常害怕沃爾瑪。

一位媒體關係人，接受ＩＢＭ電腦軟硬體零售通路部門的委託，熱切地談論ＩＢＭ二〇〇五年「理想零售購物經驗」的分析——這當然要包括史上最大的零售商。問他沃爾瑪，因爲IBM是其供應商，他答道：「沃爾瑪已經要求IBM，向媒體論及零售業務時，絕對不可以用沃爾瑪做例子。我們不會直接評論沃爾瑪，希望如此。」

黛兒（Dial）是一家香皀製造商，幾乎有百分之三十的生意來自於沃爾瑪，相當於其後十大客戶的總和。黛兒的一位高階主管說：「我們是沃爾瑪最大的供應商之一，而沃爾瑪，到目前爲止，則是我們最大的客戶。我們之間的關係很好。這就是我要說的。我們可以結束了嗎？」稍微用問題戳他一下，這位高階主管的反應變得歇斯底里，他說：「你是腦筋『秀逗』嗎？我們幹嘛談沃爾瑪？其他的都可以問，我都會回答。沃爾瑪就免了。」

有一家公司，經過考慮之後，還是沒有和沃爾瑪往來，他們原本要提出說明，把沃爾瑪當成客戶所要考慮的問題。但經過內部討論，一名主管出來說，他們已經改變主意了，不再說以前不和沃爾瑪做生意。將來，他們可能要和沃爾瑪往來，沒道理在這個時候就把沃爾瑪的人惹毛了。

一家名聞遐邇的消費性商品公司，我們事先跟執行長約好，做沃爾瑪效應的電話專訪，他天南地北的談論其他事情：談工廠的運作方式，談產品在設計上和製造上的品質，然後再花四十五分鐘談他爲什麼不能談沃爾瑪。「你知道他們對創新有很大的影響力，對開發新產品也有很大的影響力。你知道他們在商場上的殺傷力很強。我贊成你去找人談這件事。大家應該要知道這件事。還有，我跟這件事毫不相干。他們的力量太大了。如果我稍微說溜了嘴，我就會讓我們這一大家的公司陷入極端困境。到時候，我就得裁掉好幾百人。」

另外一位先生，在消費性商品上和沃爾瑪往來了十多年，他是公司的老闆兼執行長。幾年前他把公司賣了，因而願意談一談製造一系列商品銷給沃爾瑪的經驗，他們的產品也是頗有名氣。在他開始談之前，他說，他必須先徵得現在公司所有人的同意。後來他回電說，他終究還是不能談了。「他們用手銬把我銬住了。」他有點懊惱，說道：「我明白。如果我說了一些沃爾瑪不愛聽的話，他們就會丟掉沃爾瑪這家客戶，到時候，你要找誰來取代他們？你想知道我對沃爾瑪的看法？我認爲沃爾瑪眞是個渾帳東西。噢，對不起，這句話不是很優雅。」

冷面無情地砍價

沃爾瑪喜歡展現出喜樂、親切的老伯形象。當你進到賣場裡頭，有一位接待員歡迎你。山姆．沃爾頓的風格仍在，他每年都要到每個賣場跑一趟，能夠叫出好幾百名員工的名字。在沃爾瑪的電視廣告上，黃色、笑臉迎人的價格殺手在賣場裡雀躍，用劍把價格砍下來。有時候那個價格殺手會打扮成羅賓漢——以誇張的造型做爲世界最強悍企業的吉祥物。

但沃爾瑪要求廠商每天提供低價商品的過程，可就不是那麼和藹可親了，這些商品從輪胎到隱形眼鏡，從槍械到腋下體香劑，形形色色。如果想在沃爾瑪裡賣東西，沃爾瑪會強迫供應商做許多事：從改變包裝設計到重新規畫電腦系統。沃爾瑪會把他們想拿的價格直接了當地告訴供應商。

沃爾瑪運用其力量的目的只有一個：儘可能地帶給客戶最低的價格。在沃爾瑪，這個目標是永遠達不到的。有一些基本消費性商品，沃爾瑪會要求每年降價百分之五，這點大家都知之甚詳。吉布・凱瑞（Gib Carey）是貝恩管理顧問公司（Bain & Company）的合夥人，協助領導這家全球性顧問公司在消費性商品的顧問業務。他爲貝恩客戶——同時也是沃爾瑪的供應商——做顧問服務工作，已有多年經驗。「年復一年，」凱瑞說道：「同樣是賣給沃爾瑪的東西，今年和去年完全一樣的東西，沃爾瑪會告訴你，這是你去年開給我的價格。這是我從你的競爭對手那裡，可以拿到的價格：這是我用委託外製，貼上自己品牌的價格。今年我要你用更優惠的價格，讓我賣給購物客戶。要不然，我就要把貨架空間挪給別人用了。」

雖然，到目前爲止，沃爾瑪所帶來的這種壓力舉世皆知，但這些低價所帶來的代價之高，則幾乎是所有外部人，以及供應商所無法察覺、也無法瞭解的。沃爾瑪的力量強大，足以壓榨供應商，要他們退讓、犧牲利潤，這些供應商爲了討好沃爾瑪，幾乎是什麼事都肯做，有一部分的原因是沃爾瑪現在已經徹底稱霸整個消費市場，讓他們別無選擇。其所造成的腐蝕效果可以是劇烈的或頑強的，也可以是立即的或暗中的。班頓鎮的決策，在開設新廠之時，也讓另一些工廠關閉，這成了例行事項。沃爾瑪做生意的方式會讓許多公司空洞化，把羽翼已豐的消費性產品公司，從原本自行設計、製造自己的產品，逐漸地轉化爲進口商。沃爾瑪的價格壓力，可以讓利潤空間變得很小，以致於廠商沒有足夠的利潤去創新。沃爾瑪是冷面無情的；雖然要求績效，一開始也許可以讓廠商進步，但就像運動員去找奧運水準的教練來指導，最後會讓那家公司變得憔悴而營養不良。做爲沃爾瑪親密的供應商，是如何被壓榨呢？通常其手法極其合理，有時候則是毀滅性的合理。

約翰·馬里堤（John Mariotti）是消費性產品界的一名老將——他曾在赫飛（Huffy）企業旗下的赫飛自行車（Huffy Bicycle）公司做了九年的總裁，而且在一九九〇年代初期，樂柏美（Rubbermaid）公司最艱困的時候擔任集團總裁。他現在是康寧餐具（World Kitchen）的董事，該公司主要在銷售艾可（Ekco）、百麗（Pyrex）、康寧（Corningware）和里維爾（Revere）等品牌的廚房用品。

他對沃爾瑪的看法很清楚：一家很棒的公司，很值得往來。「沃爾瑪對美國的貢獻，是其所造成傷害的數千倍。」馬里堤說道：「他們已經把標準提高了，而且他們提高了業界每一個人的標準。」

馬里堤在赫飛時，最初和沃爾瑪接觸最密切的是沃爾瑪的自行車採購員，比爾·德夫靈格（Bill Durflinger，已故）。馬里堤說道：「我永遠記得他跟我說的那幾句話：『我們沃爾瑪的哲學很簡單。我們進貨，你們出貨。你們不出貨，我們不進貨。你會覺得很棒，因爲跟我們做生意，機會很棒。但你也要對我們和我們的客戶負起很棒的責任：把我們合約所談好的商品，按照我們的要求，適時適地的送達。』」一九八〇年德夫靈格就這樣警告馬里堤，當時，沃爾瑪的營收首次突破十億美元。

事實上，馬里堤說，許多對沃爾瑪的牢騷是因為沒辦法掌握到基本原則：「他們要求你做到你說你會做的事。」

赫飛賣給沃爾瑪的自行車形形色色，大約有二十種，涵蓋了各種不同的價位和利潤。（現在，沃爾瑪的自行車賣得比其他零售商還多。）「有一年，」馬里堤說道：「我們在沃爾瑪的低價車款大賣。銷售大幅成長，非常瘋狂。五月一日那天醒來，」──五月一日正是生產夏季要出貨自行車的重要日子──「我發現我要交九十萬輛自行車。而我的工廠只能生產四十五萬輛。」

這種入門級的低價、低利潤的自行車，馬里堤已經答應依照沃爾瑪的需求，無限量供應。那一年，碰巧赫飛較高檔、利潤較好的車種，也在沃爾瑪和其他地方賣得不錯。「我事先和他們講好了。」馬里堤說道：「我知道熱銷的狀況。依約交貨我是責無旁貸。」

為了讓沃爾瑪這批便宜的自行車能夠準時交貨，馬里堤的做法讓人吃驚。「我把四款車種交給我的競爭對手，並且同意也鼓勵他們去生產，這樣我才能順利交貨給沃爾瑪。我把生意讓給競爭對手，因為我的產能已經不夠用了。」當然，馬里堤很清楚，如果對沃爾瑪的承諾不能實現會有什麼下場。「沃爾瑪並沒有告訴我該怎麼做，」他說：「他們根本就不用告訴我。」

儘管如此，馬里堤的做法仍是個奇特的決策，一個令人實在難以置信的決策。想像百得（Black & Decker）把電動工具的設計圖交給卡絲曼（Craftsman），想像柯達把數位相機的設計圖交給佳能（Canon），想像蘋果電腦（現在是沃爾瑪的供應商）把 iPod 的設計圖交給新力。而且還不只是把設計圖交出來而已，連這筆生意的營業額和利潤也要交出來給對手。在赫飛的案例中，沃爾瑪甚至不用去協調供應問題，沃爾瑪效應也能成立，而這種協調對話，也只有在市場環境變得不正常的時候才會發生——自行車製造商和自行車零售商成爲合夥人。

「沃爾瑪，」馬里堤說道：「強悍而堅守原則。但是，他們會給你機會去和別人競爭。如果你沒辦法和別人競爭，那是你自己的問題。」結果，美國著名的自行車製造商竟沒辦法和別人競爭。一九九九年，該公司在美國生產完最後一輛自行車之後，轉而成爲亞洲進口商。二〇〇三年，赫飛百分之十八的業務來自沃爾瑪，這是該公司公布財務報表的最後一年，二〇〇四年八月，該公司股票從紐約證券交易所下市，同年十月，則申請第十一章破產保護。現在，美國有百分之九十五的自行車從中國進口。

小線組的故事

約翰・費茲傑羅（John Fitzgerald）在消費性商品上，和沃爾瑪往來已有數十年，包括在納貝斯克（Nabisco）那十九年。「我在班頓鎮上，已經花了不少的時間。」他說道。費茲傑羅也認爲：「沃爾瑪讓每一個人都變得更好。」

費茲傑羅離開納貝斯克之後，到一家法國紗廠DMC擔任美國地區的作業主管。他在一九九八年上任，當時，這家繡花線的市場領導廠商，正面臨關鍵時刻。「我們交給沃爾瑪的線，品項（顏色）超過四百種，他們是我們的最大客戶，但當時，他們才剛把線組的貨架空間減少百分之六十。」

道理很簡單：沃爾瑪對每一項商品，其每一呎貨架空間所應該發揮的業績和利潤，都有一定的標準。DMC四百五十四種顏色的繡花絲小束，業績沒有達到標準。沃爾瑪手工藝品的採購只好減少這些線組的貨架空間，好讓單位面積的營業額能夠達到標準。

但有個問題。「線組的貨架空間壓縮之後，我們的業績幾乎在一瞬間，就滑落了百分之三十。」費茲傑羅說道：「那種空間，根本就不適合客戶在那兒購物。」

我們至少可以說，這是個危機。沃爾瑪的採購也認爲問題不小。「沃爾瑪說，我們不會增加你的貨架空間，但是其他的解決方法我們可以接受。」

DMC這家二百五十年的老公司，努力掙扎著，想在狹小的空間裡，找出更好的線組展售方法。才幾個禮拜的時間，他們聘請顧問，完成構想，設計並做出展售架雛型。最後，DMC弄出一套多層的圓轉台，名爲「彩虹旋轉木馬」，用來展售小線組。DMC要花一百萬美元來製造這些架子——對每束只賣二十五美分的線組來說，是龐大的展售成本——才能讓全美所有的沃爾瑪賣場都有這項新設備，並拯救那下滑的三分之一業績。

費茲傑羅很怕DMC投資這項新設備之後沒多久，沃爾瑪就要把手工藝部門收掉了。「我有去找他們的高層，」費茲傑羅說道：「賣場的執行副總。他說：『我們不打算退出手工藝這行。』有一點，我對沃爾瑪特別清楚，很多人說沃爾瑪的做法不合理，我和他們的看法差不多，沃爾瑪知道自己決策的後果。他們可以決定工廠的死活。也可以決定一家公司是不是能在業界活下去。」

新設備的效果很好——DMC的線組得以繼續在沃爾瑪的手工藝部販售。他們的業績不只是恢復而已，旋轉木馬還使營業額增加了百分之八。最近沃爾瑪認爲並不是每一種顏色的線都賣得很好，所以彩虹旋轉木馬上不能放滿四百五十四種色彩，造成沃爾瑪圓轉台的貨架隔間上零零落落，看起來像牙縫似的。

但費茲傑羅的挑戰還沒結束。沃爾瑪不喜歡DMC把繡花線二十四組包成一箱。「一箱二十四組的售貨天數超過他們的賣場管理標準。」費茲傑羅說道：「他們要我們把量降到十二組。」一箱十二組代表沃爾瑪的庫存減少了。這也代表DMC所要處理的訂單次數增加了一倍，箱子的包裝和運送工作也多了一倍——但業務量則完全一樣。「這對沃爾瑪很好。」費茲傑羅說道：「但是我們法國廠的包裝設備要重新調整才能做到一箱十二組。」DMC並沒有反抗，他們只是把全世界客戶的包裝全改成十二組一箱。

正當費茲傑羅要離開DMC之時，這家紗廠的設備又要調整了，因爲沃爾瑪最近要求：DMC出貨時要根據沃爾瑪二千七百家店，而不是十三個發貨中心來裝箱。

「你們是在跟我開玩笑吧？」費茲傑羅說道：「這樣做，我們的配送成本要增加一倍。那是很可怕的。」沃爾瑪給費茲傑羅一本手冊，要他仔細研讀，以瞭解怎樣針對賣場，安排出貨事宜。他們告訴他什麼時候要準備好，但絕口不提成本的事。

「他們反對漲價，」費茲傑羅說道：「你不能跟他們提漲價的事。」但費茲傑羅還是向沃爾瑪討回了公道。「我去找高階主管說：『我們正要加入你們配送到店這個計畫。但我們配送中心的人力要增加一倍，我們必須花錢買新貨架。你們只是把你們配送中心的成本，移轉到我這邊來罷了。我希望能和你們平均分攤。我並不是要你們分攤全部的成本，但你們應該和我平分。所以我要漲價。』」這次非常特別，沃爾瑪竟然向小小的DMC讓步。DMC所增加的全部成本每箱一美分；在費茲傑羅和沃爾瑪角力之後，爭取到一半：每箱半美分。

成本轉嫁與品類小隊長

事實上，傳統上由零售商所負擔的工作和成本，沃爾瑪總是能夠轉嫁給供應商，這方面，他們很有天分。和競爭者比起來，該公司的管理成本和間接費用可以說是非常節儉，這樣的紀律反映在季報的損益表上，而這項紀律也的確令人尊敬，成爲沃爾瑪實質的競爭優勢，並且還逐漸獲得好評。不論他們對基層員工如何吝嗇。沃爾瑪的董事長羅伯・沃爾頓甚至還可以把這種吝嗇拿來運用，當成驚人的對比。二〇〇四年夏季，羅伯在一場對律師團體的演講中這樣說：「我們沒有沃爾瑪大廈可以拿來和芝加哥的西爾斯大廈（Sears Tower）相比。」（事實上，西爾斯在進駐大樓的二十年之後，已經爲了成本考量，把西爾斯大廈賣了，搬到芝加哥郊區。）

但是，沃爾瑪能夠維持低廉成本的重要因素，並不只是基本的節儉而已，而是把成本策略性轉嫁給供應商，成爲沃爾瑪企業經營上的基礎。所有的零售商都想把他們的促銷案、庫存、和後勤工作轉嫁給供應商。然而，在沃爾瑪，成本轉嫁並非恣意隨興的動作。那是持續而有系統的作爲。沃爾瑪效應代表著供應商幫沃爾瑪處理了一大塊的事務；也代表了聰明的做法，和不自私的做法，因爲供應商和零售商之間的關係，權力是掌握在沃爾瑪手上。所以，沃爾瑪會向許多供應商收上架費；沃爾瑪把銷售資料源源不絕地提供給供應商——提供廠商一個特別的窗口，以瞭解消費者的偏好——但也賦予這些供應商重責大任，把一波又一波的資料分析出來，把他們的見解告訴沃爾瑪。這就是數千家廠商在班頓鎮成立沃爾瑪團隊所要做的事；解讀資料，試著去瞭解爲什麼商品賣得好，或賣不好的原因，以及如何改善，以賣得更好。

除此之外，沃爾瑪在主要品類上，無論是草皮澆水器還是保險套，會指派一家廠商擔任品類小隊長（category captain），這家公司的工作就是分析整個品類所有商品的績效，提出產品組合、展示方法、和安排方式的建議，以提升銷售業績（即使所提升的是競爭對手的業績）。品類小隊長的工作，目前在零售業已很普遍，實際上，他們並不能眞正決定牙刷貨架應該要如何陳設，但還是有一定的影響力。而且，這個工作，幫沃爾瑪在消費性商品行銷上，提供了持續、深入、有時還頗有創意的分析，只是，沃爾瑪不用付錢而已，傳統上，這是消費性商品公司和研究顧問的領域。還有，雖然擔任品類小隊長可以擁有一些特權和掌握一些資訊，但沃爾瑪卻吝於進一步授予他們特別的好處。就這點看來，這也是另一種和沃爾瑪做生意的成本。

從一九八五年開始，麥可．羅斯（Michael Roth）依序在普雷特、露華濃、和華納蘭伯特（Warner Lambert, WL）等三家消費性商品公司任職。早期，當他在普雷特工作時，羅斯說道：「規則由我們訂，零售商只能照著我們的遊戲規則玩。」幾年之後，一九九〇年代中期，他在露華濃時，羅斯說：「不管沃爾瑪怎麼說，我們都得照辦。」在這段期間，他見證了沃爾瑪影響力的成長過程。在華納蘭伯特時，羅斯擔任糖果部門的行銷主管，他們一系列的產品都很有名：Trident 口香糖、Dentyne 口香糖、和荷氏（Halls）潤喉糖等。（後來華納蘭伯特被輝瑞藥廠接收，而這三項產品則賣給吉百利史威士〔Cadbury Schweppes〕。）WL的這些品牌，被沃爾瑪指定爲「糖果類」以及「結帳櫃檯前商品」的品類小隊長。

「如果你要成爲品類小隊長，你要通過一層層的密室。」羅斯說道：「這才走到眞正的裡面。我們必須簽一大堆的同意書，好像連小孩都可以不要了一樣。我們的任務是對糖果區提出建議，以及規畫整個結帳櫃檯前區。」WL小組花了一百五十萬美元來做資料處理、市場研究、分析軟體、以及三到四人來處理這個品類任務。WL小組最後爲糖果區提出建議，以及重新規畫當時有點凌亂的結帳櫃檯。「我們還以爲沃爾瑪會因此回報我們，讓我們的新產品有地方擺。」羅斯說道，他現在是獨立的零售業顧問：「我們擔任小隊長的時候，就知道要爲我們的建議負責。我想，我們是很負責了。我們認爲，我們所提出來的研究成果，值得他們多給我們一些優待和貨架空間。」WL的糖果和口香糖需要在結帳櫃檯前，有更多、更好的展售格。

但沃爾瑪不同意。儘管投資了這麼多，做了這麼多的事，「我們一點兒好處也得不到。上層非常懊惱，也對我很感冒，因爲我們在沃爾瑪的貨架空間一點兒也沒增加。」

此外，沃爾瑪雖然和供應商大談合夥之道，他們絕不會讓彼此的關係或交情，影響到生意上的決策。可愛公司（Lovable）是法蘭克・格爾森二世（Frank Garson II）的祖父在一九二六年所創立，法蘭克則是該公司最後一任總裁。可愛公司生產胸罩等女性貼身衣物，賣給許多零售商，從西爾斯到維多利亞的秘密（Victoria's Secret），有一段時期，該公司是全美第六大貼身衣物製造商，在美國有七百名員工，另外在中美洲有八座廠，二千名員工。

「從沃爾瑪一成立，我們就和他們往來了。」格爾森說道：「我們是他們第一批的供應商。」最後，沃爾瑪成爲可愛公司的最大客戶。「沃爾瑪有一支大鉛筆，」格爾森說：「他們的購買力之大，讓他們可以愛怎麼開單子，就怎麼開單子。如果他們不喜歡你的價格，他們會自己去找你的上下游，然後自己做——或者，他們會找到符合條件的人來做。」

一九九六年秋季，格爾森說道：「沃爾瑪違反了和我們所簽訂的合約。他們已經把（銷售）合約簽給我們了，但他們又自以爲是，擅自把條件做大幅變動，事實上是構成違約要件了。」這麼多年了，格爾森還是有法律上的顧慮，所以不願意進一步詳談。「但是當你失去那麼大的客戶，你就知道，他們是無可取代的。」

可愛公司在失去沃爾瑪之時，已經感受到亞洲競爭對手所帶來的成本壓力了。格爾森說，可愛公司聘用一名美國工人的薪水，競爭對手可以在印尼請七十名。

沃爾瑪把生意停掉之後十六個月，可愛公司倒了，享年七十二。「他們的對人方式，有許多地方令人不滿。」格爾森說道：「他們實在沒必要這樣，把大家都趕盡殺絕……沃爾瑪把我們嚼得差不多了，再一口吐掉。」

對工廠的影響

就像很少人會去關注沃爾瑪對美國企業的業務、行銷和高階經理人所造成的影響，我們也沒聽過有人會去看一下，沃爾瑪對於工廠作業現場，以及產品的設計和生產方式，所產生的影響。一九九七年，位於密西根州羅頓（Lawton）市的威路氏（Welch）果汁和果凍公司請雪莉·福特（Sherrie Ford）去協助改善績效和提升士氣。「威路氏的葡萄汁，大家的冰箱裡頭都少不了，至少在雜貨店裡也看得到。」福特說道：「產品好，風評佳。」福特是工廠管理方面的顧問師，協助工廠及其基層員工，適應全球製造經濟上的要求：低成本和剛好即時（just-in-time）管理。福特還和幾個朋友合夥，在喬治亞州的雅典（Athens）擁有一家變壓器工廠，員工有五百人，這家工廠是二〇〇三年向全球電子大廠ABB買的。

福特在消費性商品工廠的經驗相當豐富，在威路氏之前，曾在嬌生公司的喬治亞廠服務過。威路氏公司密西根廠所發生的事讓她很訝異。「士氣糟透了。」她說道：「大門的警衛非常兇，非常沒禮貌。我到工廠那一天，有一名員工還很誇張地在主管臉上打了一拳。」福特會小心地幫工人把工作方法和重點，加以規畫和調整，在指導工人之前，還會先去瞭解工廠的文化。她到威路氏的第一天就對一群工人說：「假設我是你們最大的客戶，我們來玩酷奇球（Koosh ball）遊戲，大家把球按照生產流程的順序，往下傳。」但有好一陣子，沒有反應。「最後，他們說：『沃爾瑪就是我們的最大客戶。』從口氣中可以感覺到他們很反感、很失望，非常失望。」

福特說，一九九七年，那家威路氏工廠裡的工人恨死了他們那個最重要的客戶。關於這點，原因很多，有些其實和沃爾瑪無關。但福特表示，對沃爾瑪的敵意其實從果汁工人的角度來看，很容易理解：「不管他們在工作上有多賣力，事情做得有多快，品質上有多少的提升，對沃爾瑪來說，永遠是不夠好。所謂『滿足客戶』，對他們而言是矛盾修飾語。永遠不會發生，永遠不算數。」

這就是爲什麼福特說：「每次你看到沃爾瑪的笑臉，吹著口哨把價格往下砍時，就在某個角落裡，有個工廠工人的肚子上，被踢了一腳。」對於沃爾瑪改善全球供應鍊效率，甚至於也改善他們競爭對手的供應鍊，福特對沃爾瑪的評價是經驗老到的。這些衝擊，正顯示沃爾瑪對於工人生活的影響範圍，以及可能的影響程度。「我認爲沃爾瑪責無旁貸，部分的原因是考慮他們所造成的現象。」她說：「沃爾瑪說：『這件事，你要怎麼做，由你自己決定。』但是，他們用什麼樣的方式來幫你生產什麼東西，畢竟還是一件很重要的事。」

馬克・英格索爾（Mark Ingersoll）是在工廠作業現場以及參與產品設計工作的時候，遭遇到沃爾瑪效應的衝擊。英格索爾是設計工程師，他先後兩次進入荷蘭電子業巨人飛利浦公司，在消費性產品部門工作，算算也有十年了。從一九九二年開始，他和家人住在德州的厄爾巴索（El Paso），英格索爾自己則每天越過邊界到位於墨西哥華雷斯（Juarez）市的飛利浦電視機廠上班。「我們每天生產一萬台的電視機。品牌有：美納福（Magnavox）、塞爾凡尼亞（Sylvania）、飛歌（Philco）、和飛利浦。都是彩色電視機，尺寸從十三吋到二十七吋都有。」

英格索爾是設計工程師，負責聯絡協調位於田納西州諾克斯維爾（Knoxville）的飛利浦電視機設計小組，以及華雷斯廠的生產現場。「我就正好夾在中間。」他說道。而且很清楚生產線一旦當線，成本很高。「如果發生問題，造成生產線中斷，我們每秒鐘要損失二百五十美元，差不多是這個數字。」

電子廠和紡織廠一樣，在沃爾瑪力量還不是那麼大之前，就開始遷廠，遷到成本較低的地方。「最早，我們是在美國東北部生產，後來遷到田納西，後來再遷到墨西哥。」英格索爾說道。飛利浦遷到華雷斯之前，沃爾瑪已經是個大客戶了，而且是很會要求的客戶。「降低成本的壓力極大。」英格索爾說道。產品和製程一再地修改，以降低成本——電視機外殼越做越薄，遙控器只提供單色按鍵機種，而不是五種顏色的設計。「我們第一個要拿掉的就是他們認爲有些人用不到的東西。在我的印象中，成本壓力是負面效果。只求降低價格。找盡方法把價格降下來。」

華雷斯這座廠現在仍然是飛利浦的，但是英格索爾離開時，許多傳統的電視機已經移到亞洲生產。「他們已經把電視機的價格，降低到即使在墨西哥用每小時一或二美元的人工來生產也不划算。」（最近華雷斯廠以生產高階的平面電視爲主。）

現在英格索爾已經和家人一起搬回紐約州，也不在飛利浦工作了，他收集不少一九三〇年代和一九四〇年代的收音機，特別欣賞外觀裝飾上的工藝技術及設計巧思。他說，在美國，大家對於外國製造的產品有一個基本上的誤解，把產品的品質和生產的人混淆在一起。「工廠裡的人是一流的，眞的。」他說。生產的品質並不差，而是設計的品質差。「他們爲了降低產品的成本，只好在設計上妥協。他們用比較差的設計來把成本壓下來。」

沃爾瑪效應中，降低成本這項毫不吸引人的元素，倒還是有一項美德：平等主義。這項效應，在美國經濟中，對一家令人鍾愛的企業巨人，其衝擊程度，和其他每一個人所受到的衝擊，是完全一樣的。

大公司的副品牌

如果還有人不相信沃爾瑪的低價要靠品質較差的產品來達成，最好的例子，有時候就是最明顯的例子。

二〇〇三年七月，在宛如皇家婚禮般的管樂聲中，利惠（Levi Strauss）公司把藍色牛仔褲鋪進了全美每一家沃爾瑪賣場裡——那年夏季，總計有二千八百六十四家。沃爾瑪本來就想找更具時尚品味的品牌來合作，進軍成衣市場，他們在店內的電視網絡中，不斷地播放牛仔褲廣告，還有一大堆的廣告旗幟飄揚在出口處的安全標籤偵測器上。

利惠公司進軍沃爾瑪，是在該公司慶祝成立滿一百五十週年時。一百五十年來，這家美國商業界最著名、最令人鍾愛、和最持久的品牌，完全不用靠沃爾瑪來生存。但是在二〇〇二年十月，利惠和沃爾瑪首次共同宣布合作時，利惠公司的業績正在迅速衰退之中。利惠的營業額在一九九六年達到高峰，七十一億美元。到二〇〇二年，業績連續六年衰退，只剩四十一億美元。利惠所受的壓力，要回溯到二十五年前——比沃爾瑪發威之前還早了好多年。光是在一九八〇年代，利惠公司就關掉了五十八家美國製造廠，而把百分之二十五的縫製工作移往海外。但是二〇〇二年，沃爾瑪便宜的自有品牌牛仔褲「光榮褪色」（Faded Glory）估計一年可以賣三十億美元——賣場自有品牌的規模和利惠差不多——而且，沃爾瑪所賣的牛仔褲，比任何一家零售商都來得多。對利惠來說，沃爾瑪的價值很清楚：這家客戶，只要這一家，幾乎可以馬上讓公司的業務完全恢復過來。

但利惠有個問題要先處理。當該公司開始和沃爾瑪談判時才發現，他們實際上根本就沒有合適的牛仔褲給這家零售商去賣。都太貴了。二〇〇二年，利惠宣布要透過沃爾瑪來賣的那一年，美國牛仔褲有一半是低於二十美元，而利惠的牛仔褲沒有一條低於三十美元。

為了二〇〇三年夏季要在沃爾瑪推出全系列的牛仔服——童裝、男裝、和女裝——利惠公司必須組成一個五十人的設計和外包小組，他們的工作就是開發出一系列利惠牌的「超值」產品，牛仔褲用比較便宜的丁尼布去做，設計也改簡單了，製造上更容易也更便宜，利惠簽字（Levi Signature）的成人牛仔褲現在在沃爾瑪（以及在塔吉特和凱瑪特）賣二十到二十三美元——真正超值，比其他地方所賣最便宜的利惠牛仔褲，還要便宜百分之二十五到三十。就觸感而言，利惠簽字牛仔褲平常穿起來非常舒適，但是在外觀上則完全分辨不出來。這些牛仔褲，唯一算得上純正「利惠」的地方，只有名字而已。

儘管沃爾瑪和利惠感到興奮——新產品賣得很好，而利惠整體的業績還在掙扎當中——整個作業卻讓人感到氣餒，驗證了沃爾瑪效應令人沮喪的一面：沃爾瑪經濟的壓制力量無所不在。利惠的「超值」牛仔褲系列不僅不貴，還很便宜，同時也明明白白、徹徹底底地告訴我們，一百五十年來，是什麼因素讓利惠的牛仔褲變得如此超值？

生產作業大量外移

有些消費性商品公司，面對沃爾瑪對華錫、赫飛、可愛公司和利惠等那種價格上的要求，如果還想要生存下去，就必須進行裁員、關掉美國廠、把產品外包到海外生產。當然，這幾十年來，美國企業早就一直把工作移往海外，遠比沃爾瑪成為零售強權的時代還來得早，而且沃爾瑪也不可能是這種成本壓力的唯一來源。但整個供應鍊正在變化，把美國工作加速移轉到工資較低的國家，例如中國，則是不容置疑。沃爾瑪曾經在一九九〇年代初期大肆鼓吹「買美國貨」，卻在一九九七年到二〇〇二年之間，把該公司從中國進口的商品，增加了一倍，達到一百二十億美元。接下來二年，沃爾瑪再把中國進口貨增加了百分之五十，因此，到了二〇〇四年，該公司及其供應商，按躉售價格計算，總計從中國進口了一百八十億美元的貨品到美國——幾乎佔了美國向中國進口總額的百分之十。

史迪夫·多賓（Steve Dobbins）是卡羅萊納紡織廠（Carolina Mills）的總裁，該公司位於北卡羅萊納州的梅登（Maiden）市，已有七十五年的歷史，主要以生產絲、紗、和布料為主，供應給下游的成衣廠，而這些成衣廠，有一半是沃爾瑪的供應商。卡羅萊納紡織廠所生產的纖維，最後做成大學生運動服、嬰兒睡衣、和五金行工作手套。幾十年來，卡羅萊納紡織廠穩定成長，直到二〇〇〇年。最近這五年來，由於客戶不是已經移往海外就是收起來不做了，卡羅萊納紡織廠原本有十七間工廠，收到只剩五間，員工也從二千六百名減少到八百名。多賓的客戶必須開始面對沃爾瑪進口的廉價服裝競爭，這些進口服裝的價格非常低廉，即使美國成衣廠的工人不用給工資，免費做，也無法競爭。

「大家說，東西便宜地進到美國來有麼不好？沃爾瑪賣超值商品怎麼會是壞事？當然，這樣做可以抑制通貨膨脹，買到超值商品也很棒。」多賓說道：「但是如果你沒有工作，你就買不起東西了。我們透過購物的過程，把自己的工作丟掉了。」多賓還說，進到美國來的這些廉價品，其工廠的生產環境，在美國是沒人受得了的，甚至可能還達不到法令標準。

「我們要乾淨的空氣、乾淨的水、以及好的生活條件和全世界最健康的地方。」多賓說道：「然而，在這種環境規範下所製造出來的商品，我們卻嫌貴不想買。」

百得這家電動工具廠成立於一九一〇年，總部設於馬里蘭州，和許多沃爾瑪的供應商一樣，在美國已經沒有設置工廠了，但是在墨西哥、捷克和中國還設有工廠。芭芭拉・盧卡斯（Barbara Lucas）是百得公關部資深副總，並沒有直接評論沃爾瑪，說道：「在美國設廠生產的成本，遠比大家願意支付的價格還高。非常嚴重。」

尼爾森（L. R. Nelson）噴灑系統公司總部設於伊利諾州的皮若亞（Peoria），創辦人李文・尼爾森（Lewen R. Nelson）在一九一一年做出第一個噴水頭而成立了這家公司。這家公司並沒有上市，目前有一千種以上不同的草皮噴撒水設備。二〇〇五年五月，尼爾森公司宣布要裁掉工廠八十名全職工人，在美國工廠只剩下一百二十名時薪工人。一九九八年是該公司用人最多的一年，有四百五十名全職的美國工人，在草皮噴水頭生產旺季時還曾經一度高達一千人。如今，雖然該公司在皮若亞佔地三十一萬五千平方呎，擁有最先進的廠房，在那裡卻沒有生產消費性草皮噴水設備，只有一些高檔的商用灌溉系統而已。

尼爾森公司總裁，戴福・艾格靈頓（Dave Eglinton）這樣解釋最近皮若亞報紙所報導的裁員事件：「沃爾瑪跟我們說，因爲我們有些產品在美國生產，所以他們願意向我們進貨，但是因爲成本差太多了，所以除非我們的價格能夠和中國競爭，否則生意就免談。」

艾格靈頓說，沃爾瑪和家庭倉庫「是我們最大的二家客戶。這二家都已經開始直接從我們的中國廠進貨。如果我們當時沒有做這樣的調整，我們現在可能就完全做不到生意。」

實際到任何一家沃爾瑪賣場的噴水頭貨架逛一下，就可以知道，尼爾森公司即使在中國生產，競爭問題還是難以克服。尼爾森公司的「輕鬆按」花園水管用噴頭有六種灑水模式，很重，拿在手上感覺很堅固，一個賣六・七二美元。而沃爾瑪自有品牌「支柱」牌噴頭就放在尼爾森產品的旁邊。沃爾瑪的噴頭輕得像羽毛似的，還不算脆弱，但顯然不夠堅固，只賣一・七四美元。如果買沃爾瑪的噴頭，你的口袋裡就省下了將近五美元。二者都標明「中國製」。這二個噴頭，讓尼爾森公司的兩難問題不說自明。事實上，我們覺得這家皮若亞的九十五歲公司，要和其最好的客戶做長期競爭，眞的是很困難——即使到中國去生產堅固的尼爾森產品也是一樣。

艾格靈頓是尼爾森公司二十五年的老員工，在皮若亞星報（*Peoria Journal Star*）上講得很清楚。最後，這家噴水頭公司，所有的產品都已經不在美國國內生產了，七年來，員工減少了三百名，只因爲沃爾瑪的要求。

尼爾森公司的裁員事件引起了軒然大波，但不是因爲裁員的規模或是持續的裁員動作，即使是在皮若亞，這裡也是一個大都會，擁有三十五萬的人口。全球重型機具製造廠，卡特彼勒（Caterpillar）公司的營業額達三百億美元，在二十二個國家總計有員工八萬名，總部就設在皮若亞，當地員工有一萬六千名。裁員幾百人，這個城市還能吸收。

沒錯，尼爾森裁員一事，眞正讓人吃驚的是，戴福・艾格靈頓那番坦率的言論。大家從來沒有聽過一家消費性產品公司把裁員和移往海外的直接原因公開地講出來：「沃爾瑪逼我們這樣做」。這件事，不只是突破沃爾瑪的隔音牆限制而已，而是公開地譴責你最重要的客戶，因爲他們逼你在事業上選擇你所厭惡的決策。

即使是電子時代，至少有一部分的原因是皮若亞相對地與外界隔絕，這項史無前例的說法——把尼爾森裁員、便宜的中國工廠、和沃爾瑪的壓力直接連結在一起——最後並沒有引起其他媒體的注意，即使在網際網路上，也看不到。艾格靈頓後來再接受採訪時，只願意說：「沃爾瑪是我們非常、非常重要的客戶。」和「他們對消費者的貢獻眞的是很棒。」

卡羅萊納紡織廠、百得、和尼爾森等公司所發生的事，可以說全都是沃爾瑪效應的另一面

——低價所帶來的昂貴代價。到最後，供應鍊裡再也擠不出更多的效率來；再也沒辦法用更聰明的配送方式、包裝材料、或便宜的塑膠原料來省下一分錢。到最後，唯一能降低成本的方法就是把產品移到美國以外的地區去生產，在那些國家，勞工成本低，法令限制少，間接成本也較低。沃爾瑪效應的元素仍然很少得到大眾的關注。大家經常公開地討論日漸凋零的美國製造業，也經常公開地討論全球經濟，討論有關工作移轉問題和海外競爭，但是在反全球化抗爭者的圈圈以外，這些討論都變得有點像是在研究所裡做太空物理學的專題討論，把問題的原因和驅動力當成參考文件，只不過是瞄一下罷了。就好像工廠老闆、工人、他們的中國競爭對手、政府及貿易協定、賣場、以及客戶（我們），都只是物理世界裡的個體，各自反映著不變的物理法則：重力、力、動量和能量守恆定律等。

地球是被抹平的

沃爾瑪的事業基礎，建立在永無止境地要求價格要再降一點點（以及把這種價格追求，傳遞給供應商的能力），他們會用任何方法來降價，也許是提升配送效率、便宜的設計、或便宜的工人。在大家的印象當中，全球化宛如無法管理的經濟氣候體系，超出了每個人的控制範圍，因而不是很關心，但全球化對那些毫不關心的人，已經造成重大衝擊，也讓準備充分者受益，而沃爾瑪正是那受益者。這種不關心全球化的態度，避開了「爲什麼地球會突然間在經濟上變平了？」的爭議，也避開去爭辯扁平化當中，沃爾瑪這種跨國企業所扮演的角色。沃爾瑪好像是經濟宇宙裡的另一顆星球，擁有不容滲透的障礙，讓人無從瞭解他們的進貨方式，以及對供應商爲所欲爲的影響力，這就是沃爾瑪所自我強化的形象。

沃爾瑪以其所創造出來的就業數字來積極地爲自己的事業辯護。在二〇〇五年最新發表的資料當中，執行長李斯閣一再地宣稱，除了在二〇〇四年該公司已經在全美創造出八萬三千個就業機會之外，預計還會在二〇〇五年再增加十萬個就業機會。但是一如其他的例子，沃爾瑪所增加的就業機會缺乏具體事實來佐證。

沃爾瑪所賣的東西大多是消費性物品，是我們日常生活所耗用而要添購的物品，例如：牙刷、紙巾、洗衣精、藥品和雜貨等。當沃爾瑪新開一家超級購物中心時，人們並不會只是因爲沃爾瑪的價格比較便宜，就買了更多的泰諾止痛劑、汰漬洗衣粉、或家樂氏高纖穀片。大家只是把買雜貨的地方換到沃爾瑪而已；換言之，沃爾瑪在美國所增加的業績，有一大部分是從其他零售業者的手中搶過來的。

於是，原來的問題變成這樣，當沃爾瑪在國內新開一家店時，是不是眞的增加了全國的就業數字？還是只增加了沃爾瑪的就業數字？從一九九七年到二〇〇四年，美國人口成長了百分之七・七。如果零售業工作數的成長和人口成長相當，則這七年當中，全國應該要增加一百一十萬個零售業工作。事實上，全國大約只增加了這個數字的一半——六十七萬個零售業工作。

這個數字很合理：大多數的賣場不用增加員工也可以服務更多的客戶。

但是接下來的分析才是最可怕的，而且是沃爾瑪效應完全不清楚的一面：全國一共增加了六十七萬個零售業工作，同時期，沃爾瑪在美國增加了四十八萬個工作。相當於，過去這七年來美國所增加的零售業工作，有七成以上是來自於沃爾瑪的成長。剩下來的零售業工作——把全國十九萬個工作平均分攤到每一年——得出每一年每一州平均只增加五百四十個零售業工作，還比不上競爭對手在一年中開新店的數字。在這段時期內，沃爾瑪工作數增加了百分之六十七，其他的美國零售業卻只增加了百分之一．三。由此可見，沃爾瑪所增加的零售業工作是爲了自己，同時，其規模和誇張的效率，則把其他零售業者用來增加工作機會的氧氣給吸光了。

製造業工作機會的消失，和沃爾瑪的關聯性雖然沒有那麼直接，但也同樣地駭人聽聞。沃爾瑪從一九九七年到二〇〇四年增加了四十八萬個工作機會，美國製造業在這段期間則減少了三百一十萬個工作機會，即連續八十四個月，平均每月減少三萬七千個工廠的工作。

事實上，過去這七年裡，美國已經過了一個很特殊的里程碑，卻沒人注意：二〇〇三年，美國現代史上首次出現,零售業的工作人數（一千四百九十萬人）超越了製造業的工作人數（一千四百五十萬人）。在賣場裡工作的人，比製造商品的人還多。而且，現在美國的製造業人數是六十年來最低的水準，回溯到二次世界大戰時期，那時候消費經濟幾乎不存在，而且美國的人口只有現在的一半。

當然，製造業工作外移，並不能單怪沃爾瑪。事實上，這也是美國的兩難問題：一方面我們看到美國工廠從喬治亞州到密西根州全面棄守而憂心忡忡，一方面我們又沉溺於賣場貨架上的廉價商品。而且，我們並不覺得這二者之間有任何關聯。然而，消費支出佔了美國經濟的三分之二，而且沃爾瑪在消費經濟上的影響力是無與倫比、前所未見的，沃爾瑪的重要性不會有絲毫改變。在美國製造業工作數幾乎減少了百分之二十的同時，沃爾瑪單從中國進口的廉價品就增加了百分之二百。此外，還有許多因素促成了這波廉價商品的進口浪潮：複雜的貿易協定、驚人的亞洲工業化速度、美國的醫護成本、以及開發中國家的工安規定和環保法令，不是尚未立法，就是相當寬鬆。但沃爾瑪在權力的運用上從不猶豫；而且，現代全球資本主義本來就存在著達爾文進化論的力量，沃爾瑪專心致志，更是進一步強化了適者生存的力量，而且像雷射一樣的聚焦，射向美國企業和美國工廠。你不妨去問一下以前在尼爾森公司工作過的皮若亞市民。

5 拒絕沃爾瑪的人

沃爾瑪會用量來引誘你。一旦你上鉤了之後，就和吸毒沒兩樣了。你已經替自己創造了一個魔鬼。

——吉姆．韋爾（Jim Wier），史耐伯企業（Snapper Inc.）前執行長

喬治亞州的麥克唐納（McDonough）是一個美麗如畫的美國小鎮，中央廣場整理得很漂亮——青翠的草坪、嶄新的街燈和長椅，還有飄揚的旗幟上，用來描述麥克唐納的幾個字：「有品味的城市」。四排店面面向著廣場，大致上生意都不錯。有四家古董店可以讓你逛，還有賣生鮮的小攤子，甚至還有一家休閒會館。

麥克唐納的中央廣場幾乎就是六百哩外阿肯色州班頓鎮中央廣場的翻版。甚至於連兩座廣場的面積都一樣。在班頓鎮，最近的沃爾瑪就在西邊一哩處；而麥克唐納則在西邊二哩半之處——二者開車都不到五分鐘。一個廣場是美洲大陸上所有支離破碎小鎮廣場的引爆點，而另一個廣場，那裡的繁榮喜悅則是個謎。沃爾瑪來到了喬治亞州麥克唐納，鎮上的鬧區還能夠成活嗎？麥克唐納是否證明了有些人對沃爾瑪的仁慈觀點，認爲其賣場事實上並沒有把小鎮的零售

業活力給吸食殆盡？

麥克唐納鎭廣場往南走一哩，有一家老舊而無趣的工廠，他們正精力充沛地對抗當代全球經濟在製造業上的迂腐之見，這家工廠正在沃爾瑪效應的狂潮上衝浪——試著乘浪前進而不被淹沒。史耐伯（Snapper）工廠已經在麥克唐納鎭開了五十年，而且所生產的割草機行銷到世界每一個角落——他們每年賣數萬台割草機。平板卡車每天運來原料鋼捲，而嶄新的大紅色割草機則每天用十八輪大貨車運出廠。

史耐伯工廠過去這十年來可以說是精神飽滿、活力十足。十年前，該公司只生產大約四十種機型的戶外設備；現在則有一百四十五種機型。十年前，工廠裡還沒有機器人、雷射、電腦控制設備；現在他們用機器人焊接，用雷射切割，以及自動控制沖床。工廠的生產力是十年前的三倍，而員工人數則是十年前的一半。工廠裡的六百五十名員工，比以前的一千二百名員工，生產了更多的戶外設備——更多的割草機、吹葉機和吹雪機。

現在，每個工人生產力的衡量方式爲「每年、每月、每天、每小時。」史耐伯的總裁夏恩・桑諾斯（Shane Sumners）一邊說著，一邊正熟悉而自在地走在複雜的廠區裡。「每天都會把每一個人的績效公布出來給大家看。」這和沃爾瑪對每個賣場，每個結帳櫃檯，每小時去統計銷售數據很像——除了一點之外，桑諾斯做得比較多。沃爾瑪並沒有把每個人的績效公布出來給大家看。

史耐伯工廠的生產進度，每週會根據割草機在國內的銷售進度做調整。他們用一台電腦來做工作排程，並且平衡生產線的各個部分。每天下午四點開會檢討生產狀況，萬一當晚須連夜趕工，以生產隔日一早所要用的零件時，他們會把工作交代給下一班。

他們有好幾個「焦點廠」，在廠區的南端，就有一個焦點廠，專門從事史耐伯牌手扶式割草機，就是那種人走在後面往前推的割草機，其實史耐伯所生產的割草機，大多數都有自行前進的功能。手扶式割草機的主要生產線（包括品管一共有二十八人）剛剛接獲命令，要在八小時內生產二百五十六台割草機。每小時的生產狀況會記錄在白板上，一小時之後，這個工作小組達成進度，毫不含糊。從零件到成品，每一〇九秒就可以組成一台割草機。

「我們講究到秒。」桑諾斯說道，相當實事求是。

史耐伯割草機廠在運作上講紀律、專注、而且迅捷。簡直就像依照沃爾瑪的時鐘在運作一樣。他們必須如此。他們活在沃爾瑪的生態系統裡。但他們這樣做（就像麥克唐納中央廣場一樣），是在對抗沃爾瑪。因爲在三年前，當時史耐伯母公司的執行長決定禮貌而堅定地撤出沃爾瑪。這位執行長就是吉姆・韋爾，他的睿智，是筆墨所難以形容的，他當時仔細研究，如果史耐伯把割草機和吹雪機拿到沃爾瑪去賣，會有什麼樣的未來？結果發現，惠而浦的低價產品，讓該公司獲利崩潰，工廠外移，而且品質低落無法自拔，而史耐伯則是以品質聞名於業界——也就是賣割草機給沃爾瑪，會侵蝕掉沃爾瑪找史耐伯來製造旗艦品牌的原因：品質。吉姆・韋爾看到未來只有死路一條。因此他就撤出了。

這就是史耐伯的產品還能夠在喬治亞州的麥克唐納生產的原因，也是史耐伯產品還在美國生產的原因。但夏恩·桑諾斯還是必須孜孜不倦地看住工廠，不斷催促，有如交貨給沃爾瑪一般——每天、每小時去衡量每個工人的績效——因為沃爾瑪已經把大家的步調定好了，即使你不是在為他們工作。

自助式購物

割草機並不是廚房攪拌器或時鐘收音機。割草機不像是那種採購時不須指導的商品。即使是簡單的引擎動力割草機也是很複雜的機器——汽油、機油、火星塞和迴旋刮刀。特別是新手，想要瞭解該買哪一台，如何操作，以及如何保養等，最好是實際找個銷售人員來服務，而不是採自助式自己去摸索。

事實上，自助式零售是人類商業史上相當新的東西。才一百年前，美國的商店並不讓客戶挑選自己要的商品，你得走到店裡告訴店員想買什麼。（一八四六年之前，商店甚至幾乎都沒有固定的價格——想買的東西，你不只是跟店員問而已，還要一個一個的討價還價。）第一家真正自助式的商店，要歸功於克拉倫斯·桑德斯（Clarence Saunders），一九一六年他在孟菲斯（Memphis）開了一家完全自助式的雜貨店，稱為豬豬亂竄（Piggly Wiggly）。當年的批評也許還可以用在沃爾瑪上——購物，你必須自己去挑——桑德斯的店受到大家嘲諷，但是豬豬亂竄的成本相當低，所以價格便宜，生意很好。不到七年的時間，在一九二三年之前，豬豬亂竄在全美四十州一共有一千三百家加盟店。

美國在上個世紀的消費文化史，從某種角度看，是以自助式爲動力來源，這也是沃爾瑪的經營重點。最近這三十年來，自助式消費甚至還橫掃那些最複雜最精緻的產業——音響器材、電腦、流行服飾、新車、割草機。美國人現在一年要買手扶式和騎乘式的割草機八百五十萬台——而其中的百分之七十是在沃爾瑪、家庭倉庫、羅威（Lowe's）買的。才二十年前，百分之八十的割草機是由獨立的經銷商所賣出去的。

自助式的力量通常在於價格。你可以用九十九．九六美元在沃爾瑪買到一台割草機，而且視賣場的地點和大小而定，每增加二十美元，就有稍微好一點的機種——分別有一二二美元、一三八美元、一五四美元、一六三美元、和一八八美元的機種。也就是說，二百美元以下，有六款割草機。在此提醒你一下，有些沃爾瑪賣場，你根本就看不到要買的東西；他們沒有樣品展示，只有裝在大紙箱裡的割草機。

但是最便宜的史耐伯割草機——十九吋、五．五匹馬力引擎的手扶式割草機——表定價格是三四九．九九美元。即使在打折時用二九九美元去買史耐伯的產品，這個價錢，在沃爾瑪足足可以輕輕鬆鬆買到二到三台割草機了。但是，即使不和定價比較，只和專賣家居用品的賣場相比，沃爾瑪的價格也是相當具有殺傷力。沃爾瑪有三款割草機的價格，低於家庭倉庫和羅威的最低價位機種。一台傳統無動力捲絞式割草機在家庭倉庫的價錢——一二九美元——比沃爾瑪前二種有引擎的割草機還要貴。就是這種方式，沃爾瑪和其家居用品部的員工不只是改變了割草機的價格而已，他們還改變了整個的割草機產業。沃爾瑪——只是個賣割草機的地方——已經深深地影響了割草機公司對於產品、客戶、服務、價格和行銷的看法；也已經改變了他們的工作方式。

如果你完全不懂割草機要如何保養，沃爾瑪也幫你解決了，對產品無知已經沒有關係了：不管是九九・九六美元、一二二美元、或是一三八美元，沃爾瑪的割草機是如此便宜，所以用一陣子就丟棄也不可惜。一台割草機用了一季之後收起來，如果隔年春天你發不動了（沃爾瑪不會幫你發動），就丟到路旁，再去買一台新的。這種價格不只是改變了低階割草機的經濟學，還改變了整個市場消費者對於割草機的要求。你爲什麼還要花五一九美元去買史耐伯的手扶式割草機呢？有什麼功能值得你多花三百到四百美元呢？

這正是讓吉姆・韋爾不再和沃爾瑪做生意的問題。這個問題，也是史耐伯總裁夏恩・桑諾斯用來回答自己所問的問題：「爲什麼有人要買維京公司（譯註：Viking range，美國高級廚具公司）的產品？」

高檔貨的降價問題

吉姆・韋爾現年六十二歲，有一頭閃亮而雜亂的白髮。韋爾身材壯碩，穿著便服。他很自在。他看起來像是一位十四歲就離開學校開始工作，最後成爲園藝器材店或電動工具機店的老闆。韋爾一直到二〇〇五年夏季之前都在經營草坪器材事業，一年的營業額將近五億美元，他自信、率直、而且不會奉承。他家的草皮是他自己割的。「我不想找人來幫忙。」他說道：「我還是喜歡自己除草。」

史耐伯公司被韋爾的公司，簡易公司（Simplicity）在二〇〇二年十一月買下之前，曾經透過沃爾瑪賣割草機。韋爾接手之後，幾乎是立即停止供應史耐伯割草機給沃爾瑪，這樣做，馬上讓史耐伯的營業額掉了幾乎百分之二十。

韋爾在這個決定不久之後，有一次不小心說溜了嘴，把史耐伯公司以前高階主管決定透過沃爾瑪賣的看法，坦白地告訴了簡易公司總部威斯康辛州華盛頓港（Port Washington）的當地記者。「沃爾瑪會用量來引誘你。」韋爾說道：「一旦你上鉤了之後，就和吸毒沒兩樣了。你已經替你自己創造了一個魔鬼。」

現在，大家對這件事的評估和見解，比韋爾公開講的話還要極端，但這並非輕鬆的比較選擇問題。供應商公司沉溺於沃爾瑪的量，就像有些人沉溺於毒品一樣，一直寄望著下個機會，下個熱銷。他們調整公司資源以配合不斷成長的需求量；他們的發展重點會偏向於支援這項單一而龐大的誘惑；最後，一大堆的合理化和自我調適並不能掩蓋事實：追求量的慾望以及毒癮，改變了公司的人格——也改變了吸毒者的人格。當然，把商品銷售給沃爾瑪的公司，和吸毒者之間，差別是非常大的，沃爾瑪的誘惑並非全然百害而無一利。沒有人會認爲毒癮可以當成事業目標。不過公司的主要職責，畢竟就是銷售商品。爲什麼不賣給眼前這家最有效率、最有企圖心的通路？

「隨著我們的經濟世界多元化，」韋爾說道：「我不認爲每個人每樣東西都會去大賣場買。」韋爾的男性服飾有時候會去賈思班服飾（Jos. A. Bank Clothiers）買，這是一家有百年歷史的全國男性服飾連鎖店，所賣的服裝，作工優良價格合理，而且銷售人員低調，會幫客戶挑選合適而好看的服裝。「當我到賈思班，他們叫得出我的名字。」韋爾說道：「現在想像一下，我到賈思班看毛衣，然後我只看價錢。」賈思班的毛衣要價有四十美元、五十美元、八十美元，還有更貴的。

「想像一下我們賣史耐伯牌的毛衣，我們在賈思班和沃爾瑪都有賣，但是價格差很多。現在，你是客戶，在賈思班買了一件毛衣，然後你去逛沃爾瑪，竟發現那裡也有賣那件史耐伯毛衣。車工稍微不同，顏色也有點不一樣，但只賣二十美元。然後你跑回賈思班說：『嘿，你們在騙我。你們賣我太貴了。我如果在沃爾瑪買，可以便宜二成！』」

「而賈思班的人也許會說：『我幫你服務，幫你試穿，我也給你一些意見，告訴你怎麼搭配才好看，我還幫你找到一雙搭配的襪子。』身爲客戶，你也許會說：『是啊，也許這些服務值五美分。但是價格差二成也未免差太多了吧？』」

這個問題會因爲沃爾瑪對待供應商的方式而日益惡化。「那件毛衣，如果你第一年在沃爾瑪賣二十美元，」韋爾說道：「第一年的日子很好過。製造廠很愉快，沃爾瑪也很愉快。但是到了第二年，沃爾瑪會怎麼賣這件毛衣？不會是二十美元了。沃爾瑪會說：『我們去年做得怎樣？不錯吧！今年我們要賣二倍的毛衣。去年我們賣了二十萬件毛衣，今年我們要賣四十五萬件。但價格是十四．九七美元。』」如果你是毛衣公司，韋爾說，你咬著牙，盤算一下，「然後你說，這樣做沒問題。但是，賈思班店裡的那些史耐伯毛衣要怎麼辦？還有，第三年又該怎麼辦？」

毛衣的故事其實就是割草機的故事。韋爾不只是希望經銷商的店員瞭解器材，能夠解釋不同品牌、不同機型的差異，能夠教導客戶使用割草機，以及客戶有問題時能夠提供服務而已。韋爾要的客戶是需要這些服務的客戶——這些客戶對於在沃爾瑪所買到的割草機感到不滿意時，他們也許不會把這個怒氣算在沃爾瑪頭上，但一定會算在史耐伯頭上。

事實上，吉姆．韋爾並不認爲，沃爾瑪賣的九十九美元割草機眞的和史耐伯割草機沒有差別，就像販賣機一杯賣五〇美分的紙杯咖啡，和星巴克的無脂拿鐵是不同的商品。「我們不會只顧著衡量。」韋爾說道：「我們把全部心思放在差異化、高檔和品質上。」

有些史耐伯的手扶式割草機甚至還有置杯架。大紅色的切削台——引擎鎖在那裡，下面是迴旋鋼刀，旁邊是輪子——感覺是精鋼打製而成，而不是那種看起來像是一大片的鋁箔烤盤的東西。

聽起來讓人難以置信，韋爾說道：「但是當我們對客戶做調查後發現，他們喜歡在自己的草坪上割草。從割草當中，他們獲得了個人的滿足感。而且他們要好的器材來做這件事。我們就是專門讓他們有最好的割草品質。我們的乘坐式割草機上有完整的滾輪，讓你的草除過之後有美麗的線條，就像棒球場一樣。讓你對你的家感到驕傲。對你的草坪感到驕傲。鄰居經過時會說，看啊，這院子眞是漂亮。」

史耐伯的產品透過獨立的草坪器材經銷商在賣，全美大約有幾萬家（比沃爾瑪總店數的二倍還多）。「進到獨立經銷商買東西的人，要求會稍微不一樣。」韋爾說道：「要好一點。是的，產品要好一點。但是選購的過程也要有一定程度的舒適。你走進當地這種零售商，老闆是個有妻小的人，這家店已經傳了好幾代。他會說：『嗨，你好。』他們和你一起討論，確保你買到正確的器材，正確的割草機。他們會教你如何操作。他們會幫你組裝，如果需要，也可以送到你家。很多太太喜歡割草，他們會教你太太如何操作。

「如果因爲某種原因需要維修，他們會過來取貨，修好了再送回你的車庫，只收取合理的費用。」

沃爾瑪割草機所訴求的重點很清楚：在大多數割草機的包裝紙箱上面，紙箱外觀上最大的字樣，遠比品牌名稱還要大，就是價格：一組超大的黑字「$138」或「$154」。

愼選通路

我們所要挑戰史耐伯和韋爾的問題是：爲什麼不能把你的產品透過各種通路賣？多年來，沃爾瑪有個不成文的規定，他們的量不想超過一家供應商業務的百分之三十，因爲他們不想被人認爲在操控供應商的命運。這表示，一家公司即使有三分之一的生意和沃爾瑪做得有聲有色，仍然還有七成的客戶是靠其他的通路。

你可以在沃爾瑪買到織機之果公司（Fruit of the Loom）的T恤、新力的隨身聽、寶鹼的幫寶適、夏普（Sharp）微波爐、或樂高的星際大戰玩具。但這些東西，你也都可以在其他各種地方買到，從各種連鎖店到個人精品店。那麼，史耐伯的手扶式割草機又爲何不能同時在沃爾瑪以及其他的地方賣呢？

其中一個原因是單純的認知問題。沃爾瑪已經很稱職地把自己描繪成超低價賣場，大家不會想在這裡買高檔貨。「如果某一個品牌代表著高檔、以特殊風格迎合特定族群的特殊品味，」韋爾說道：「拿到沃爾瑪賣就會格格不入了。到獨立經銷商買東西的人，要求會稍微不一樣，他們要好一點的東西。如果你讓同樣的東西擺在沃爾瑪賣，大家對這個品牌的評價和認知——

二者皆有——在品質上就會有很大的差異。」

韋爾擔心，光是把史耐伯的產品擺在沃爾瑪賣，都會玷汙其品牌形象，不管是「史耐伯總是低價」或者「史耐伯就是便宜」，都會有問題。因爲沃爾瑪一向堅持價格要比同業低，也因爲典型上大量可以彌補低價，史耐伯產品終將陷入前面的毛衣困境。忠誠的客戶，如果在一個地方用一種價格買到產品之後，卻在另一個地方狼狽地看到大減價，他們必然會感到忿忿不平。同時，這樣做也會讓獨立經銷商失去競爭優勢：他們會受不了對一批又一批來到店裡詢問的客戶熱心教導，卻眼睜睜地看著他們轉身離去，到沃爾瑪去買。

扭曲的價格期待

更重要的是，沃爾瑪的定價方式會導致完全不同的現象，有時候還是腐蝕的現象，即沃爾瑪緩慢卻堅定地改變了我們對於商品成本和價值的期望。這個過程通常不會比大陸板塊移動快多少——但是卻有著同樣的破壞力。你爲什麼不該用九‧九九美元買一支免插電電動螺絲起子？爲什麼二十四吋彩色電視機不該賣一百四十五美元？

因此，同樣地，一台標準型史耐伯割草機，表定價爲三四九‧九九美元，經銷商賣二九九美元，結果卻在沃爾瑪賣二八九美元或二七七美元。最後，時間證明，並不是變成一台三五〇美元的割草機以優惠價格銷售，而是眞的變成了一台二七七美元的割草機。當我們在經銷商那裡看到二九九美元的價格，我們會竊笑這傢伙賣這個價格，遲早要關門。當我們看到表定價三四九・九九美元時，我們會對假想的割草機製造商搖搖頭，感到奇怪。但其實這並不是一台二七七美元的割草機——這個價格沒有利潤、沒有再投資、再創新的空間、也沒有提高健保費用或世界鋼價突然飆漲的空間。

當你拿一些東西到沃爾瑪去賣時，不管你高不高興，你都得把沃爾瑪當成事業上的合夥人。「爲了配合沃爾瑪，你必須改變產品的品質嗎？」韋爾自問自答：「當然要。我看多了。他們的做法是持續地要求降價。他們當年想要把對付其他公司產品的方法，拿來對付我的產品。他們要更多的商品更便宜。一段時間之後，爲了達成這個目標，你就會開始犧牲一些品質和功能。而我們硬是不肯就範。」

「我們的結論是，我們眞的無法同時服侍二個主人。」

品質和價格在觀念上非常難以掌握。如果你能夠用三十九美元在沃爾瑪買到不錯的ＤＶＤ播放機，事實上你或許會去質疑一二九美元的ＤＶＤ播放機。那不是更好的機器，那是欺騙。有時候便宜是不貴；而有時候，便宜是低賤。

吉姆・韋爾一生大多是從事於戶外器材行業。成爲簡易公司總裁之前，他一共在百利通（Briggs & Stratton）服務了二十五年，這是一家專門製造小型引擎的公司。一九九九年他轉到簡易任職時——該公司是百利通的客戶——他的前手是二十三年年資的老將，名叫華納・弗雷澤（Warner Frazier）。韋爾和弗雷澤的理髮師是同一人，名叫羅恩（Ron）。

有一天羅恩在幫韋爾理髮時說，弗雷澤要賣一台簡易公司的騎乘式割草機給羅恩。「可是比ＭＴＤ那台貴好多。」理髮師羅恩對韋爾說道：「到底差別在哪裡？」ＭＴＤ生產一系列的陽春除草機，包括割草人（Yard-Man）和割草機械（Yard-Machines）等品牌。

「首先，」韋爾回答理髮師：「我說，你會不會在乎你的草坪看起來好不好看？羅恩說：『當然我會在乎。』我說，這點很重要。因爲如果你只是想要買台機器把草剪短就好了，你可以去買沃爾瑪的慕雷（Murray）牌，或是買一台ＭＴＤ的就可以了。如果你要草坪割過之後很漂亮，那麼就買台簡易牌的吧。」

理髮師羅恩還是不爲所動。

「我告訴他，ＯＫ，你幫人理髮，對吧？你剪我的頭髮，對吧？那麼，我們可以換一下位置。我也能幫你剪頭髮。反正不管是你剪還是我剪，都是剪頭髮，對吧？」

「他說，ＯＫ，我懂你的意思了。」

製造藝術的極致

製造一台便宜的割草機並不困難，而使用時，要辨識出便宜貨也不難。便宜的割草機質感很單薄，噪音超乎尋常，即使是新的，發動時也要運用神秘的技巧，不斷地調整阻風門和點火系統，屢敗屢戰地拉發動繩，才能發動成功。切削台是用薄薄的金屬片壓成的。使用一段時間之後，發動引擎越來越像是巫術，發動之後，引擎會噴出醜陋的廢氣，各種零件鬆垮垮地喀啦喀啦作響，必須上緊一點。（托羅〔Toro〕牌是史耐伯的競爭對手，號稱「保證發動」，某些機種有數年保固，保證拉一次到二次就會發動。問題是拉了三次之後，托羅的服務人員卻不會像精靈一樣神奇地出現，你必須自己把頑劣的割草機包裝好，載到當地的割草機店，還要攜帶必要證件，證明你有按規定保養。）

製造高品質的割草機需要注意細節，定期改善，永不懈怠，對割草機這種層次不高的機器來說，似乎還頗讓人驚訝的。

史耐伯所有的割草機，從最簡單的手扶式割草機，到最複雜用搖桿控制的騎乘式割草機，都是用同一種顏色的漆：夏恩・桑諾斯所謂的史耐伯紅。在麥克唐納鎮的史耐伯工廠裡，騎乘式割草機做好的底盤會懸掛在高吊式輸送帶，沿著軌道緩緩地前進，往二十呎長的紅漆池送過去。到了那裡，輸送帶軌道會往下沉，割草機隨即滑進池子裡，完全浸在漆池的液面之下，然後再拉高，微微泛著紅光，往烤箱區前進。然而，這可不只是簡單的浸泡跟烘烤而已。掛在高吊式輸送帶上的割草機，每一台都有接地，不帶電荷，另外還有微幅的正電接上六萬加侖的油漆槽。「這樣，漆才能吸附在金屬上，讓漆有效而均勻地塗布在零件上。」桑諾斯說道。他拿著文件夾走過油漆區，做了一些記錄。桑諾斯用一貫的保守語調解釋：「上漆的過程必須嚴密監控。」每小時監控整個上漆過程，包括從輸送帶的速度、烤箱的溫度、到漆的酸鹼值等等，一共有一百一十五項參數。而這只是爲了讓割草機的烤漆有一定的品質和一致性而已，甚至於還沒牽涉換顏色。「如果你控制好整個流程，」桑諾斯說道：「你的烤漆就可以做得不錯。」

收貨區的上面高掛著幾個字「史耐伯的客戶要求零缺點」，進廠的零件依照麥克唐納廠的零件滿意度歷史資料分開來處理。供應商送貨的歷史紀錄如果不是百分之百「零缺點」，會先放在暫存區待驗；來自「零缺點」供應商的零件則直接進廠入庫。

生產自走功能手扶式割草機的生產線上，二十八名日班工作人員中的一位，史帝夫‧查德威克（Steve Chadwick）是麥克唐納廠十五年的老員工，他負責「稽核」——他隨機從數十台的割草機中選出一台，依照四十五項品管項目逐一檢驗，把每項檢驗結果，從鋼刀的角度到史耐伯的印刷圖案，全部記錄下來。查德威克一班八小時可以檢驗十二台。這一天，抽檢十二台有八台及格，另外四台則有些小問題。「名稱貼紙上有氣泡。」查德威克說道：「不過我想他們已經把問題解決了。」

在騎乘式割草機生產線盡頭附近，有二名作業員面對面立於生產線兩側，割草機就在二人中間。他們用自動控制雷射工具調整每台騎乘式割草機切削台的高低角度。「割草機的目的是什麼？」桑諾斯問道。「就是割草。如果你要割草，你當然希望割得很平。」

離開水平校正站，割草機進入到出貨前的最後一站。在這裡，有個人戴著耳罩，噴一些汽油到油箱裡，並且在曲軸箱裡注入機油，拉啓動繩，發動引擎。他檢查每一檔位、速度、引擎狀況、和座椅。噴進去的汽油只夠發動「試車」，如果一台割草機通過所有測試，他就會把機油吸出來，割草機則往裝箱區前進。

在桑諾斯視察時，有一台騎乘式割草機要拉二次才發動，引擎發起來之後還有隆隆的粗暴聲。一轉眼之間，這位技師就把引擎關掉了。「你聽到那台的聲音了嗎？」桑諾斯問道。「聽起來不對哩。這台有問題。」這台割草機被打下來，送去做進一步檢查和調整。史耐伯對每一台騎乘式割草機在出廠離開麥克唐納之前都會做「熱啓動」測試。「如果我們不這樣檢查，」桑諾斯說道：「那台割草機就會送到客戶手上了。」

史耐伯的發展

史耐伯從一九五一年開始生產騎乘式割草機。該公司從一八九四年生產鋸木機刀片開始，不斷成長，現在廠房樓地板面積大約是五十萬平方呎——整座廠佔地十．五英畝。廠區裡靠近辦公室那裡有一整排歷年所製造的古董割草機，用繩索圍起來；歷史最久的那一台，在切削台的前面還鑲著一隻兇猛的烏龜向前猛撲時的頭部和頸部。

該公司目前還有生產二十年前割草機的零件，並備有庫存供應。你可以從史耐伯的網站下載該公司自一九五一年以來所有割草機的使用手冊。工廠本身雖然老舊樸實，但是這種老舊給人的感覺是堅固和耐用。一點兒也沒有厭倦的感覺。更重要的是，這座工廠絕對不是溫情懷舊。也不是因爲對美國經濟的濫情愚忠而存在。這座工廠之所以存在是因爲他們可以用有競爭力的價格生產史耐伯品質的割草機。甚至於在大賣場領域之外還有相當的競爭力，桑諾斯明白，永無止境地追求效率，和追求品質是同等重要。

工廠二樓是大型的沖壓成形機，把金屬板沖壓成割草機零件，這裡有一台一千噸的沖壓機已經拆解開來，零件和一捆捆的線纜還接在上面，就好像這台機器在開刀動手術一樣。這是一台老機器，用了好幾十年了。但是史耐伯的技術人員還是和原廠人員合作，把新型的電子控制系統加裝到這台機器上。改裝完成之後，預計沖壓割草機零件的速度可以提升百分之二十五到三十。

沖壓機旁邊是車床區。史耐伯不像許多公司只會拿上游廠商的零件來組裝割草機。他們眞正自己製造割草機。他們進一些比手掌稍大的鋼盤，用精密機器把變速箱的齒輪車出來。「這是個品質控制要求很高的流程。」桑諾斯一邊說道，一邊用手拿起一具齒輪。「稍不留意就完了，如果你做不好，對客戶會增加很多的成本，也會增加我們的保固成本。」在車床區，技師把一支鐵桿切成適當的長度，然後車成紡錘狀，再把兩端的毛邊修掉。這樣就完成迴旋刀的轉軸了。

「生產這些零件要有技術才行。」桑諾斯說道，順便點頭和車床作業人員打招呼。「去年我們這些轉軸成本是用外包的，我們外包給中國。當然，我們也外包給中國。如果不這樣做，我們就是傻瓜。但我們想辦法改善，使自己在廠裡面做的成本比外包出去再運回來的成本還低。這部分我們想留在這裡做。」

「但你必須把自己的績效和全世界做比較。喬治亞州並沒有設保護牆，這是肯定的。」

走自己的路

即使產品不在沃爾瑪賣，像史耐伯這樣的公司還是要在心理上有競爭的打算，大賣場的割草機和自己生產的割草機，兩者的價差必須保持在合理的範圍內。如果不這樣做，他們潛在的市場空間就會變得越來越小。事實上，過去這十年來，史耐伯有不少的生產力改善，看起來就像是直接來自沃爾瑪的作業手冊。

十年前，差不多是在桑諾斯上任那個時候，史耐伯有五十二家區域配銷商。把割草機送到經銷商的店裡面是很麻煩的二階段流程。史耐伯現在已經不用區域配銷商了——公司自己設立了四座區域倉庫，直接從這些倉庫配送到各地一萬家的獨立經銷商。十年前，一部分是因爲配銷系統中複雜的中間人問題，造成史耐伯背負了大量的存貨。盲目地製造數以千計的割草機再運送出去，卻不知道什麼時候才賣得掉，這樣做，代價很昂貴——值數千萬美元。一大堆的成品閒置在工廠大門到客戶草坪之間的路途上。現在，史耐伯定期去試算調整倉庫裡的割草機庫存量。計畫員根據歷史需求和氣候等因素，算出每個國家、每個地區、每一機種的理想庫存量。

目標是確保客戶能夠買到理想的割草機——但是把割草機的庫存量降到最低的水準。多留一些割草機庫存做不必要的緩衝，只不過是浪費勞力和資金罷了。

今天，整個公司的營運，包括採購、行銷、計畫和分析等都在同一套電腦系統上運作，而且效率更好。「十年前，」桑諾斯說道：「廠裡面每個部門各自用各自的電腦系統。」

該用科技的地方就用科技。現在，焊接機器人處理大多數史耐伯割草機例行的焊接作業。每個焊接人員的生產力基本上已經增加了一倍，因爲一個人就可以負責看管焊接機器人以及裝卸割草機零件的工作。「機器人一直在作業，」桑諾斯說道：「不用爲了裝卸零件而停下來。在機器人焊接的時候，由作業員來執行裝卸的工作。」總之，他說：「他們合作無間，從來沒有配合不上的情形。」十年前，廠裡面還沒有機器人。

工廠不只是更具生產力而已。現在六百五十人的生產力比以前一千二百人還要高出百分之五十，員工還可以去做範圍更大的工作。十年前，麥克唐納廠生產四十種機型的動力設備。二〇〇六年，他們預計生產一百四十五種機型。

他們唯一不生產的機型是便宜的割草機。「我們不想、也沒打算去做九十九美元的割草機。」桑諾斯說道。工廠也不會受到中國的競爭威脅。桑諾斯說割草機的人工成本低於百分之十。美國的許多製造業，例如紡織業，這個比率剛好相反，即一件成衣，人工成本遠比纖維布料本身的成本還高。即使史耐伯能夠把人工成本砍掉三分之二，那也只不過是省下割草機成本的百分之七；然後你必須把割草機裝載上船，運到美國，再從港口運到經銷商那裡。

「走水路的前置時間很長。」桑諾斯說道：「如果市場突然需求大增——如果中西部在春季大雨不斷，大家就會用搶的，割草機大賣——你就不能像我們一樣享盡地利之便。」

一家工廠，如果能夠對每個生產線工人，記錄每小時的效率和品質，那麼，運作上靠的是適應良好的機制，抑或是細細叮嚀，答案就很清楚了。麥克唐納廠並不忙亂喧囂，但卻非常專注。沒有人站在那裡無所事事。在二小時的工廠巡視過程當中，和桑諾斯點頭打招呼的員工有好幾十人，但沒有一個人停下手邊的工作跑來和他聊天。

在春季和夏季期間，工廠會花錢請生產線員工去除草。四小時一班，讓他們從中體會自己所生產的割草機，從使用中瞭解他們所熱愛的割草機。他們主動幫麥克唐納鎮附近的非營利組織割草。

「你可以在這裡工作一整天之後，跑到外頭，跳上一台我們自家製造的割草機，然後割草去。」桑諾斯說道：「我們做的是最終產品——我們生產出來之後就直接可以讓消費者使用。對於在這裡工作的人來說，這是很有意義的事。我愛這家公司。我們每一個人都以我們的產品為榮。」

然後，如果你還有不清楚的地方，桑諾斯說道：「我們相信，要非常專注於細節及衡量指標。當你在製造高級產品時，如果你不把品質和耐久性控制好，你就會徒勞無功。」

再見，沃爾瑪

吉姆・韋爾說，他去阿肯色州班頓鎮，告訴沃爾瑪，打算把他的割草機從他們的賣場裡撤出來，那一天是「我這輩子最有趣的一天。」

每年有數以萬計的高階主管到阿肯色州的西北部朝聖，爭取沃爾瑪的青睞——獻上各種論調、資料、樣品、簡報、以及他們的說服力，希望從沃爾瑪拿到訂單，或者增加訂單。不論你賣的是什麼商品，沃爾瑪全美三千八百一十一家賣場「大門」的吸引力，幾乎是無法抵擋。搭飛機到阿肯色州西北區機場（Northwest Arkansas Regional Airport）的人，很少是去拒絕沃爾瑪，或是告訴他們不想做了。幾乎是從來就沒有人有這種經驗。

那時候，二〇〇二年秋季，韋爾的公司，簡易公司正在購併史耐伯，韋爾已經決定，史耐伯若是繼續把割草機賣給沃爾瑪，「和策略不符。但我覺得禮貌上還是應該去拜訪他們，向他們說明我們不想繼續賣給他們的原因。」

韋爾說，從他的角度看：「我也許是沃爾瑪專家。我當然不是反沃爾瑪的人。我相信沃爾瑪對國家有許多很偉大的貢獻。他們以相當好的價格，提供還算可以的商品，而且他們已經大刀闊斧地把整個供應系統合理化。但是無可諱言的，他們也可能已經把不該退出市場的人，逐出了市場。」

韋爾在史耐伯和沃爾瑪關係的思考上，有兩個想法。第一，他本來就有別種方式來把割草機賣給消費者——獨立經銷商通路——比沃爾瑪還有效，雖然也比較複雜。其次，韋爾有勇氣和遠見，冷靜地思考他們和沃爾瑪做生意的未來結果。不只是三年或四年後，而是五年和十年的情形。史耐伯已經到了必須降低產品品質以符合沃爾瑪零售價格的節骨眼了。邏輯推論的結果似乎很明顯：製造出來的產品，不停地壓低零售價格，年復一年之後，最後必然導致產品用料低賤，功能減少，因爲到了某一點上，公司已經卯足全力，把缺乏效率的地方完全去除，而利潤也砍到幾乎沒有的地步。但是，到目前爲止，我們幾乎沒有聽過任何沃爾瑪的供應商表示沃爾瑪對價格施加壓力會影響產品品質的說法。

韋爾這邊，他到班頓鎮時，自己非常清楚史耐伯的價值、割草機市場的運作機制、佔他百分之八十業務量的市場需求、史耐伯客戶的需求、以及沃爾瑪客戶的需求。他不會被沃爾瑪過去、或未來，可以爲史耐伯帶來數千萬美元的業績所惑；他也不會騙自己，認爲自己有能力在班頓鎮和他們玩沃爾瑪的遊戲，認爲自己有能力抵擋價格壓力。他也不存有任何幻想，認爲生意先接了再說，利潤以後再來想辦法。吉姆・韋爾相信，爲了史耐伯的健康——其實就是該公司的長期生存——他必須停掉沃爾瑪這門生意。

因此，韋爾帶了一位同事，依約前去拜訪沃爾瑪戶外產品類的商品副總。

「整個沃爾瑪總部的拜訪過程很精彩。」韋爾說道。這真是一趟零售業宇宙中心的朝聖之旅。「那裡非常擁擠，你必須開著車子繞來繞去，就為了等停車位，你必須緊跟在要離開的人後頭，走到他們的車旁，佔住那個停車位。接著你走進事前約好的建築物，他們會給你證件，要你坐到長條椅子上，和其他的小販一起等。旁邊那傢伙，肩上還扛著胸罩。」

通常，沃爾瑪採購人員和供應商開會的地方，是大廳走道上的傳奇會議室。其實只是簡單的小隔間，簡陋到了極點——一張桌子四張椅子，不管是什麼事，只讓你談三十分鐘。「有點像是去見校長，眞的。」韋爾說道。

這個案子，韋爾說，他和沃爾瑪的主管都「覺得這是個很重要的會。」因此，他們就安排韋爾和他的同事去見副總，到副總辦公室去談。

「輪到你的時候，他們要你經過安全檢查，和機場一樣。」韋爾說道：「他們檢查你的電腦，看看有沒有病毒，也檢查你的包包。我們來到一間小房間，進到密室裡面，那個小房間就是副總辦公室。」

戶外產品類副總的辦公室雖小，但還算可以。他有張書桌和一張椅子，書桌後面是會議桌，那裡還有地方讓韋爾這類的訪客坐下來。

「我永遠忘不了，」韋爾說道：「我們坐的地方——竟只是那些小販留下來當樣品的庭園折疊椅。」副總辦公室裡，只有一張折疊椅和一張躺椅。

就這樣，簡易公司的執行長，穿著西裝，坐在躺椅上。「我當然是身體向前坐了，兩隻腳放在旁邊。如果你坐過折疊椅的話，你就能理解，那種椅子比一般的椅子還低。而我是坐在躺椅上。這有點恐怖。坐起來很不舒服，這個會開起來，恐怕也不會舒服。」

這樣的沃爾瑪景象是無法形容的，恐怕也難以想像。有史以來最大的企業，負責幾十億美元業務的副總，讓訪客坐在不得體、人家丟掉不要的折疊椅上，而這些椅子，沃爾瑪極有可能不是花錢買來的。

「會議一開始，那個品類副總就說，羅威是如何用小軍官牌（Cub Cadet），以及家庭倉庫是如何用約翰迪爾牌（John Deere）來建立他們的戶外動力器材事業。」韋爾說道：「沃爾瑪想要用史耐伯建立戶外動力器材事業。他問我們是否準備好大顯身手一番？」

談到會議上的其他議題，那位副總還提出更具誘惑的條件：讓我們一起合作，硬碰硬挑戰羅威和家庭倉庫吧！我們一起合作，賣更多的割草機吧！

「通常，」韋爾說道：「我不是那麼容易就流汗的人。」但靠在躺椅邊緣，「我覺得兩隻手都濕淋淋的。這個會眞是不好開啊。」

韋爾喘口氣之後說道：「我告訴你爲什麼這件事行不通吧。我看過史耐伯這三年來和你們的往來紀錄，每一年，價格都往下調。每一年，商品的規格都往上提升。我們現在的狀況是，首先，現在這個價位，你們的客戶還不滿意。對沃爾瑪來說，這價錢還是太高了，我想，你也同意這點。」

「現在，我今天賣你的這個價位，我根本就不賺錢。而如果你明年還要照你的方式繼續要求降價，我就要賠錢了。也許我可以忍受，繼續做下去。」

「但是我們還有獨立經銷商這條通路。我們業務的百分之八十要靠他們。我不能讓他們失去競爭利基。如果我繼續跟你做，我就什麼都完了。所以，這樣做是一定行不通的。」

韋爾說，這個會從頭到尾大家都保持客客氣氣的。「沃爾瑪的人沒有盛氣凌人，也沒有卑躬屈膝。」他說道：「從他們的成就來看，我當時認爲，過一段時間之後，他們就能接受了。」告訴你，他們並沒有眞正的接受。他們提出了一些策略和論點。事實上，史耐伯這塊招牌代表著高品質，就像利惠一樣，沃爾瑪希望兩邊合作，最後能像塔吉特的那種方式。

那位副總建議找一家便宜的代工廠生產。還建議用史耐伯的品牌，單獨爲沃爾瑪開發一種低品質的機種。就像利惠。

「我的回答是，我們會帶回去研究一下。」韋爾說道：「我之所以會這樣回答，是因爲他提的都是合理的問題。在我自己的心裡，我很清楚我的決定。」——不，謝了——「但是在那種場合，你最少還是要說，我會研究一下。」

這件事就是這樣了。「我們結束時的口氣其實是，我們不想再繼續當你的供應商了。」

史耐伯除了立即喪失了百分之二十的業務之外，他們沒有遭到天打雷劈。「但是當我們告訴經銷商，以後在沃爾瑪再也看不到史耐伯的產品時，他們很高興我們做這個決定。而且我認爲，由於我們贏得了經銷商的心，失去的這些業績也算是值回票價了。」

史耐伯併入簡易後，整合得相當成功，韋爾是簡易的執行長，在史耐伯也同樣是掛執行長，二〇〇四年，簡易本身又被一家上市公司百利通買走，這家公司是韋爾以前的老東家，史耐伯和簡易所用的引擎，有很多都是他們生產的。營運上，史耐伯和簡易就像是百利通公司的獨立部門，韋爾一直擔任這二家公司的執行長，直到二〇〇五年夏末退休，加入一家未上市投資公司，柯爾伯格（Kohlberg & Company）。談到「永遠不要低估沃爾瑪的影響範圍」這個商場智慧，有點諷刺的是，史耐伯的母公司現在間接地仰賴一家大客戶：沃爾瑪。沃爾瑪所賣的割草機，有很多就是裝著百利通的引擎。

韋爾到班頓鎮拜訪過一陣子之後，簡易公司也同樣悄悄地撤出沃爾瑪。該公司在商業報紙上打廣告促銷，上面寫著「除了大賣場之外，歡迎經銷本產品」。麥克唐納廠的生意非常的好。夏恩・桑諾斯已經打算爲手扶式割草機和騎乘式割草機再加一條生產線。

韋爾的策略有一個嚴重的風險，那就是，不知道獨立草坪器材經銷商在種種壓力之下，是否眞的可以存活？而這些壓力，已經重創了小型的獨立五金行。

「這是合理的質疑，也是合理的關切。」韋爾說道：「我認爲，我們對結果也有一部分的責任。史耐伯身爲主要供應商，是否可以持續地供應精良的產品（給獨立供應商）？而且這些產品和你在沃爾瑪所買到的有所不同。」

價格競爭以外的生存空間

事實上，和沃爾瑪競爭的方法並不是勇往直前，而是以一條走道接著一條走道的方式，亦即以一個品類接著一個品類的方式。韋爾指出，雖然沃爾瑪在電子商品上做了很多努力，百思買（Best Buy）和電路城（Circuit City）卻能以專業零售商的方式經營得相當成功。但是當沃爾瑪下定決心，要攻下某一產業時，即使是大型、基礎穩固的專業零售商也很難和他們競爭，沃爾瑪攻佔玩具業和食品雜貨業就是最好的例子。玩具反斗城和二十多家的超級市場連鎖業在沃爾瑪強勢的競爭之下已經凋零。韋爾爲了幫助他的獨立器材經銷商，參加一場他們所辦的研討會，探討如何以策略戰勝大賣場。他的建議包括顯而易見的部分：瞭解你的商品、做好展示工作、僱用親切的業務員等；以及不是那麼顯而易見的部分：有個乾淨的洗手間。

即使在大眾市場裡，和沃爾瑪競爭的另一種方式，是專注於價格以外的事物：設計、時尚、品質、特性和購物樂趣等等。這是沃爾瑪最機靈的賣場競爭對手塔吉特的做法，也是成效最佳的食品雜貨業天食超市的做法。這種策略鎖定的市場和人口規模較小，但在策略空間上，卻比沃爾瑪所能運用的還要大。事實上，即使面對低價競爭，塔吉特和天食超市的成長，顯示出來的是品質的力量。沃爾瑪堅信，價格永遠是重點；大家暱稱塔吉特爲「Tarjay」（譯註：塔吉特的法國腔發音，讀音接近「塔姐」），對天食超市（Whole Foods）暱稱爲「全部薪水」（Whole

Paycheck），雖然溫馨，卻也是對折價賣場和超級市場僞裝成高檔賣場的文明諷刺。然而，價格競爭，到最後會導致沃爾瑪、沃爾瑪的供應商、甚至於沃爾瑪的購物客戶只能把精力耗在無聊的瑣事上。而以品質、設計和特性來競爭，則有較多的樂趣空間，以及利潤空間。

當然，史耐伯並不是零售商。該公司和沃爾瑪的競爭是間接的。史耐伯必須協助其獨立經銷商提升競爭力。史耐伯本身則孜孜不倦地致力於效率的提升、成本改善、和創新等工作——就好像是和沃爾瑪合作一樣——因爲他們必須留住客戶，不讓客戶流向沃爾瑪。韋爾已經下定決心，領導史耐伯成爲專注於品質的公司，並且把公司的特色建立在品質上。並不是每一輛汽車都是本田雅哥（Accord）或是豐田冠美麗（Camry），市場還有很大的空間，可以容納奧迪（Audi）、BMW、和凌志（Lexus）。韋爾希望，同樣的道理，也適用於割草機產業。然而，最值得注意的是，沃爾瑪效應的滲透力是如此之強，即使是刻意不和沃爾瑪往來的公司，沃爾瑪都可以決定其營運上的新陳代謝。

沃爾瑪的力量和魅力是如此巨大，即使是吉姆・韋爾，他拒絕了沃爾瑪，也瞭解拒絕的理由，更清楚自己的決定是正確的。即使是他，也不免要有些疑慮。

「我死後，墓碑上會這樣寫著：『躺在這裡的是有史以來最笨的執行長。他決定不賣東西給沃爾瑪。』」

6 不透明的沃爾瑪

從大眾對於沃爾瑪和其他大賣場的興趣觀之，有關這些業者所造成的影響，獨立研究實在是少得令人吃驚……由於缺乏資料，研究困難重重。

——艾梅可・巴斯克（Emek Basker），密蘇里大學經濟系助理教授

艾梅可・巴斯克是一名經濟學家，畢業於北卡羅萊納大學教堂山（Chapel Hill）分校，擁有麻省理工學院博士學位，她想要回答關於沃爾瑪二個最簡單的問題：

沃爾瑪開店後，對鄰近地區的價格會產生什麼影響？

沃爾瑪開店後，對鄰近地區的就業狀況會產生什麼影響？

對於這二個問題，巴斯克並不想只是在美國抽樣找幾個地方，或找一、二個州研究一下而已。她想要以全美國爲範圍，針對這二個問題研究清楚。沃爾瑪眞的有把價格降下來嗎？沃爾瑪究竟是增加就業機會，還是減少就業機會？不管用什麼方式，她想要在數學基礎上得到確切的證明。

這件事比巴斯克所想的還困難。從研究所畢業已經四年了，巴斯克現在是密蘇里大學經濟

系的助理教授，而且，她已經完成這二個沃爾瑪對美國經濟影響的研究，爲學界先鋒。但是她必須克服重大的障礙。這二項研究都建立在單一的資料基礎上，事實上這是她親手辛苦苦、巨細靡遺地建立起來的，每一行資料都要耗去數個月的時間。主要參考文獻則是蘭德麥克納利(Rand McNally) 公司所出版的美國公路地圖。這並不是特別的學術版，而是那種你在沃爾瑪就可以買到的地圖。事實上，巴斯克必須用專爲沃爾瑪出版的版本。

因爲，在她把沃爾瑪賣場對於價格和就業的影響力獨立出來，加以分析之前，她必須要有一份全美沃爾瑪賣場的名單，以及各店開設日期的月份。如果你知道某一郡的某家沃爾瑪賣場何時開業，你就可以去檢視那個郡在沃爾瑪開業前以及開業後，在價格上、就業機會上、以及各種指標上的變化情形。

班頓鎮總公司的資料庫之大，在全球私人企業裡坐二望三，我們很難想像，像開店日期這種資料竟然不是現成的資料——其實，大多數沃爾瑪的賣場是以號碼來命名，而在美國，賣場號碼是依照開店計畫先後的順序來編制。當然，沃爾瑪賣場的開張和營運並不是秘密。

但是在還沒瞭解某一事件，究竟是發生於何時何地之前，你就沒辦法對該事件的衝擊進行評估。巴斯克向沃爾瑪索取一個簡單的檔案：一份賣場清單和開店日期表列，以賣場編號排序。她在論文的附註裡，有這段話：「向沃爾瑪公司索取開店日期資料遭拒。」

事實上，建立開店名冊的工作非常艱難，讓信心不夠堅定者退避三舍。巴斯克自行編製出一套二千三百八十二家沃爾瑪開店日期的資料，「資料來源主要是沃爾瑪年報、沃爾瑪版的蘭德麥克納利公路地圖、以及歷年出版的折價百貨賣場指南（Directory of Discount Department Stores）。」沃爾瑪版的蘭德麥克納利公路地圖裡有特別加了幾頁沃爾瑪全美各州各地區的賣場表列，包括賣場編號。巴斯克拿來和年報比對，以找出某一年度開了幾家店，她用連續好幾版的公路地圖，搭配不怎麼可靠的折價百貨賣場指南來推定哪一年成立了哪些店。巴斯克用這個名單來做嚴謹的數學分析——關於沃爾瑪對就業所產生的衝擊，她的研究報告裡，用了五頁的數學公式，以及許多像這樣的句子：「此二項變數的測量誤差不具相關性，似屬合理。」

推算開店時點

巴斯克的問題是，數理經濟學上的證明，要求的是精確。她要知道的不是一家沃爾瑪賣場「大概」是什麼時候開的，她要知道是在哪一季開的，最好是連哪個月開的也知道。她拿不到沃爾瑪一年中的開店時點資料。因此，她導出一套公式來分析典型的沃爾瑪開店流程，應用到她已經確切知道開店時點的資料上，根據所得出的規律，加上她（從賣場編號）可以拿到基本的開店順序，就可以對開店時點做出很好的數學推測。因爲巴斯克有麻省理工學院的博士學位，所以她還對任意一家賣場的開店時點，推測日期發生錯誤的機率做了專章說明。她還提供了誤差機率以及數學推導過程。

提醒你，困難的部分不是這些。到這裡，她做出的才只是一份含開店時點的賣場表列而已，而且還是儘量用數學來推定。但光是如此，就花了一年的時間。巴斯克以特有的保守態度說：「非常的冗長乏味。」我們很容易瞭解，她在自己的論文中提及這份賣場清單是「獨一無二的清單，內含全美所有沃爾瑪賣場的地點和開店時點。」眞的是獨一無二。

如果有一個地方我們可以去求助，以瞭解沃爾瑪效應；如果有一個地方，就沃爾瑪效應對美國人的生意、錢包、和行爲所造成的影響，以學術熱忱加以分析；這個地方就是美國大學的經濟系。還有什麼方法，比實際去研究沃爾瑪效應，以得到確切而精準結果，更能夠把沃爾瑪衝擊的趣聞形諸文字？而在學術領域裡，還有什麼研究標的，比史上最大、最強悍的公司更偉大？事實上，我們似乎對於火星表面地理知識的瞭解程度，要比對街頭沃爾瑪超級購物中心的瞭解還要多。

有關沃爾瑪影響力的學術研究是如此之少，你只要花幾個下午到圖書館看一下，就可以把所有的重要學術文章讀完。還不到二十篇。這麼肥沃的研究領域，研究論文卻如此貧乏，連學者本身都忍不住要在論文中提及。「儘管超級購物中心如雨後春筍地增生，該公司對傳統食品雜貨店的影響，我們相對地瞭解極少，也不瞭解其如何改變消費者的購買行爲。」（辛〔Singh〕等，二〇〇四年）。「雖然有很多事證顯示，超級購物中心的成長會對既有商家造成迫害，由於普遍缺乏可靠資料，學術上的實證研究卻很少。」（史東〔Stone〕等，二〇〇二年）。即使是關於沃爾瑪對價格影響的研究領域——沃爾瑪效應的基礎，所有沃爾瑪效應的發端——一直到最近的二〇〇三年，巴斯克還這樣寫道：「雖然這些理論，在預測〔沃爾瑪〕進入市場對價格所造成的影響上，結論相當一致，但是把這些效應加以量化的實證研究，卻非常少。」（巴斯克，二〇〇三年）。學術界的文章非常薄弱，以致於有些研究，除了引用其他學者在學術期刊和學術會議上所發表的資料外，還必須引用紐約時報、華爾街日報和今日美國（*USA Today*）上的文章。

感謝這幾位學者，雖然今天，我們對沃爾瑪效應所知還是有限，但這些知識卻很吸引人，而且極爲重要，有時候，甚至還會讓人感到驚奇。最基本的幾項問題已經有人研究過了，而且也有了答案。這些論文還指出亟待進一步探討的領域。

證明降價的事實

我們回到艾梅可・巴斯克的研究，她把沃爾瑪賣場表列，以及經過誤差調整後的開店日期編製出來之後，就放手下去研究。她在「賣更便宜的捕鼠器：沃爾瑪對零售價格之影響」一文中證明了——證明！——沃爾瑪會導致價格下降。「我發現，在短期之內，許多商品的價格下降百分之一・五到百分之三。」她寫道：「長期而言，價格的下降幅度似乎更大，在某些情況下會下降百分之七到百分之十三。」

如果你覺得這個結論似乎只是不證自明的東西，這也許是因爲證明一件事和推定一件事之間有很大的差異。如果你去購物，到沃爾瑪去購物，你很容易就能發現，沃爾瑪的價格比較便宜。但這只是個單一事件——那是你當時在你家附近所得到的購物經驗。

巴斯克所採用的方法如下：她每年四次，在全美一百六十五個城市，收集一組特定而常用的產品價格（包括拜爾阿斯匹靈、雲斯頓〔Winston〕香煙、小瀑布〔Cascade〕洗碗精、舒潔〔Kleenex〕、嬌生嬰兒洗髮精、雅濤〔Alberto〕VO5、可口可樂、和織機之果內褲等商品），從一九八二年到二〇〇二年，共計二十一年。這就是她瞭解沃爾瑪到達之前、以及之後，商品價格變動的方法。她還控制通貨膨脹的效果，以及其他一般人不會想到的效果，例如，不同城市在人工成本以及土地成本上的差異。

然後，她把所有的資料和限制條件，輸入到她的演算法。她在都市經濟學期刊上發表了一篇文章，詳細地說明研究方法。那篇文章共有二十二頁的數學和圖表，而這也是艾梅可・巴斯克對沃爾瑪導致價格下降這樣明顯之事，擁有絕對信心的部分。降價最多的是阿斯匹靈、洗衣精（根據汰漬、快活〔Cheer〕、波得〔Bold〕等牌子）、牙膏（佳潔士〔Crest〕或高露潔）、和洗髮精。而且，巴斯克發現，在小城市裡（以她的用語來說就是「每人平均零售商數較多的城市」），沃爾瑪的影響效果較大。除此之外，她還發現，沃爾瑪的影響，很有可能「壓低了沃爾瑪未開店社區的商品價格」，因爲沃爾瑪本身的影響力，及於供應商和競爭廠商。但她還沒辦法證明，所以她沒有這樣說；她只提到這個可能性。

探討工作機會

巴斯克第二項研究所挑戰的是更緊急、也更具政治爭議性的問題。即她所說的：「沃爾瑪所創造的工作機會，是否比其所消滅的還多？」

這也是一個更複雜的問題。即使只討論一個郡的層次，其就業機制也是相當複雜，會受到全國和全球景氣好壞的影響，也會受到地方上新設或關閉工廠的影響。基本上，巴斯克是經濟科學家。她不只是看一下有沃爾瑪的地區，就業會發生什麼變化——她還要證明這些變化是由沃爾瑪所引起的。

這個問題的處理方式，一開始，她特別把沃爾瑪對零售業就業機會的影響歸零。在四十八個州的區域裡，共有三千一百一十一個郡。巴斯克所看的郡，比一半多一些——一千七百四十九個郡，她選擇的條件是一九六四年就業機會超過一千五百個，而且從一九六四年到一九七七年，就業機會增加的郡（換言之，不是荒郡），而且到一九七七年，這個郡還沒有沃爾瑪，這樣她才能衡量沃爾瑪到達之後所產生的影響。她對這一千七百四十九個郡，研究二十三年來的就業資料。因爲她使用了全美這麼大的資料，涵蓋的時間是如此之長，她寫道：「我能夠對郡這個層級的零售業就業機會，檢視沃爾瑪進來前後十年的變化機制，還能將短期效果與長期效果分離出來。」

巴斯克還提出二個重要的子題：對於郡裡的其他企業，沃爾瑪進來之後是帶來助益還是帶來傷害？以及這些受影響的企業是否和沃爾瑪有競爭關係，或者連沒有競爭關係的企業，如餐廳和車商，也會受到影響？

這些都是典型的沃爾瑪矛盾：沃爾瑪是否把供應類似商品的小型零售商逐出了市場？沃爾瑪是否帶來了大量人潮，而附近的商家，只要不是正面和沃爾瑪競爭，都能得到好處？最後，也許只是因為興趣，巴斯克去檢視沃爾瑪開設之後，對於鄰郡的零售業工作機會，是否會發生可以衡量的效果。

她花了好幾頁來計算推導，得到以下論述：沃爾瑪開店後的第一年，典型的郡會增加一百個工作。「這讓我們想到，一家典型的沃爾瑪賣場要僱用一百五十到三百五十名工人。」因此，即使只是開業而已，沃爾瑪就把其他的人逐出市場。即使是以最低標準來看——一家沃爾瑪新賣場用一百五十名工人——有五十個人，在沃爾瑪來之前原本有工作的，沃爾瑪一來就立即失業（或是跑去沃爾瑪工作）。所以，在第一年裡，沃爾瑪淨增加了一百個工作機會，但這都是沃爾瑪的工作機會，而其他的零售商，面對沃爾瑪大軍壓境，則是立即裁員。

沃爾瑪賣場成立後，零售業的就業情形逐年下降，因此五年之後，一共只新增了五十個零售業工作機會，而且，還要考慮沃爾瑪賣場通常僱用數百名員工。

究竟是發生了什麼事？巴斯克在狂亂之中自有條理。她對每個郡裡的零售事業加以分析

——分成小型、中型、大型——發現小型零售業（員工人數少於二十人者）的數量減少了。沃爾瑪進來之後的二年中，有三家關門；五年之內則關了四家。因此，雖然沃爾瑪剛來時，是帶來了一陣子的興奮，但沃爾瑪的成功，有很大一部分，是以犧牲郡內既有的零售業者爲代價。也許沃爾瑪在新賣場裡僱用了三百名工人，但五年之後，附近的零售商，有二百五十人會失業——還有四家店關門。

對批發商的影響

巴斯克還檢視了批發商的工作機會，因爲批發商供應商品給零售商。沃爾瑪與中小型零售商不同，有一部分的效率來自於他們自己的配送作業。事實上，巴斯克發現，平均而言，沃爾瑪開店後五年，一個郡會減少二十個批發業的工作機會。所以，就較大範圍的零售業而言，沃爾瑪開新店的五年之後，會僱用數百名的員工，而全郡只增加了三十個工作機會。

此外，巴斯克的研究，對於零售業的例行成長以及郡裡的人口變化等變數，都有加以控制。這新增的三十個工作是實質的增加。但只有三十個。巴斯克並沒有發現沃爾瑪在工作機會上會產生外溢效果，增加餐廳或車商的工作機會，雖然這幾個地方並不是最能從沃爾瑪得到好處的地方。至於對臨郡所產生的衝擊，她這樣寫道：「很不幸，我們無法精確地估計沃爾瑪效應對鄰郡的影響，因爲估計值的信賴區間非常大。」換句話說，她分辨不出來。

巴斯克發現，沃爾瑪對於工作機會的衝擊，並不像一般人所想像的那樣單純、甜蜜。沃爾瑪會增加工作機會嗎？答案是肯定的。沃爾瑪會破壞工作機會嗎？答案也是肯定的。媒體對於這項研究的報導也是同樣的混淆不清，包括有的媒體誤認巴斯克爲男士。巴斯克所證明的是，在沃爾瑪進入標準的郡之後，的確會增加就業機會——但是五年中只增加了三十個新工作。一家沃爾瑪賣場通常可以增加數百個工作機會，但大多數是以犧牲既有零售工作爲代價。巴斯克在做結論時這樣說：「考慮大眾對沃爾瑪和零售業就業關係上的討論盛況，沃爾瑪所增加的零售業工作，我們估計出來的數字的確是讓人震撼。」

至於沃爾瑪，雖然不願對這項研究（以及任何研究）提供賣場名冊以及開店時間，但對於巴斯克的研究成果，倒是頗感高興。

該公司向媒體推薦這份報告，並且在他們的網站 www.walmartfacts.com 上表揚這份報告「爲本項議題提供最確切的觀點」，並且指出，開店五年後會增加五十個零售賣場的工作機會。在讚揚巴斯克論文的同一段文字中，沃爾瑪有點近乎無恥而公開地扭曲了巴斯克的原意，他們宣稱，「研究結果顯示，由於我們賣場的人潮爲附近帶來了新商機，也讓既有的店家，生意更爲興隆。」這句話並沒有引用其他的研究報告，而巴斯克的研究，當然也不會有這類的東西。巴斯克所證明的是相反事實：沃爾瑪進來之後，附近會有四家店關門，對附近的商家，至少是某些商家完全沒有助益。她還證明了對批發業的連帶損害效果，所以沃爾瑪開一家賣場，五年後所增加的就業量是三十名。但是，開一家大賣場，平均一年只能增加六個工作機會，實在是沒什麼好誇耀的。

消費者物價指數

從一九九八年到二〇〇一年，美國的通貨膨脹相當溫和。一九九八年要價一〇・〇〇元的商品，到了二〇〇一年只要一〇・八七元。就食品而言，這三年的通貨膨脹就更溫和了。一九九八年要價一〇・〇〇元的食品雜貨，到了二〇〇一年只要一〇・七七元。就食品而言，通貨膨脹率爲百分之二・五，就所有物資而言爲百分之二・八，只是稍微高一些而已。

這些數字的資料來源，是美國政府每月所發布的消費者物價指數（Consumer Price Index，CPI），這項資料眾所矚目，也是眾所仰賴。

但有一件事：雖然這幾年的通貨膨脹相當溫和，每年的數字還是有可能高估了百分之十五。而百分之二・五的百分之十五似乎不多——食品的通貨膨脹率降爲每年百分之二・一二五。一九九八年，十元的食品雜貨，到了二〇〇一年，實際上只有一〇・六五元，比官方估計少了十二分。但是以美國這麼大的國家來看，這十二分加起來相當可觀。如果一個家庭每週花一百美元在食品雜貨上，一年就是五千二百美元。三年之後，官方的通貨膨脹數字會產生誤導，讓我們以爲每個家庭每年比實際數字多花了六十一・二四美元。二〇〇一年，全美有一億零八百萬個家庭，這個統計上的誤差，在通貨膨脹調整上，就會在統計上多了六十六億美元的支出，實際上並未發生。而這只是食品雜貨的部分。

聯邦政府的核心經濟統計數字怎麼可能會有百分之十五的誤差？答案是沃爾瑪。一位麻省理工學院的經濟學家，以及一位美國農業部的經濟學家，在一篇或許是有關沃爾瑪的最重要經濟論文中，不辭辛勞地分析了美國政府在食品雜貨上的通貨膨脹率的計算過程，他們得出結論，認爲政府算錯了，而且還錯得很嚴重，因爲CPI竟然沒有把沃爾瑪的低價衝擊納入考量。這個錯誤實在是不小——企業、股市、銀行、國會、和白宮全都在專心地觀察這個數字。所有的事務，從預購設備、社會保險費、到抵押貸款利率，都和通貨膨脹指標有關。CPI並不是眞相；只是個統計量而已。我們實際買了什麼，付了多少——這才是眞相。但是CPI是如此重要，以至於影響了眞相，而且有時候還變成了眞相。

當然，政府計算錯誤，和沃爾瑪本身無關，而且，如果你們在沃爾瑪採購食品雜貨，不管官方所發布的通貨膨脹率是多少，你們都省下了六十六億美元（或你所分得的比率）。但是，如此重要的經濟數字，竟然會有系統地發生驚人的錯誤，這顯示出二件事。第一，這顯示出，沃爾瑪對整個經濟有看不見的影響力，而且令人難以置信：沃爾瑪不只是協助大家把通貨膨脹壓下來而已，他們還讓通貨膨脹在實際上比大家所認知的，低了百分之十五。其次，這也顯示出，要跟上沃爾瑪效應的腳步有多困難，即使把所有的時間和精力全花在此事也一樣。

如果你的工作就是統計價格，而忽略了五十年來最重要的價格現象，對於這項修正，執行起來會有多困難？——要瞭解政府本身對此事的態度，即相當複雜。麻省理工學院的傑瑞・豪斯曼（Jerry Hausman）和美國農業部的伊凡・萊布塔格（Ephraim Leibtag）二人的論文可以幫忙解釋，此外，ＣＰＩ經濟學家派翠克・賈克曼（Patrick Jackman）也會幫忙我們。但是這項說明，必須從一個駭人聽聞的爆料開始說起。雖然大家對於傑瑞・豪斯曼和伊凡・萊布塔格在論文中所「發現」的事情感到驚奇，不過，在美國勞工統計局（Bureau of Labor Statistics，ＢＬＳ）有一群人則不是那麼訝異，他們是每個月負責編製、計算ＣＰＩ的那群人。他們完全瞭解沃爾瑪，他們也知道他們忽略了沃爾瑪，而且他們是刻意去忽略的。

整件事簡直要讓傑瑞・豪斯曼發狂：「我只不過是個麻省理工學院的學者罷了，ＢＬＳ應該要解決這個問題才對。」他那篇論文的目的，不只是要把這個議題呈現出來，還故意要羞辱ＢＬＳ，迫使他們調整過來。「我跟你講，如果哪天我突然在巷子裡暴斃了，不會是黑手黨幹的。那一定是ＢＬＳ幹的。」然而，豪斯曼說這句話的口氣中嗅不到憂慮的感覺。

計算消費者物價指數會很困難嗎？你去查這個月的香蕉價格；下個月你再去查一次。一再地重複。ＢＬＳ的職員每個月要記錄八萬種不同的價格（不是八萬種品項〔item〕——同樣的物品全國有好幾個價格）。ＣＰＩ包含了二百一十一種品類（category）的物品，從水果、新車、到玉米片早餐。事實上香蕉很簡單，至少在不考慮沃爾瑪的情況下，是很簡單。一旦你要去統計香蕉之外的價格，事情很快就變得很複雜。

我們來看家樂氏洋米花（Rice Krispies）的情況。這個月的售價是十一盎司賣三・七九美元。下個月，還是賣三・七九美元——但是現在一盒是十三盎司。哇！價格不一樣了——降價了。每盒的售價還是一樣，但是裡頭多裝了百分之十八的洋米花。

接下來，我們來看看斯普林特（Sprint）的電話費價格。這個月剛好是斯普林特把長途電話的計費方式從原來的每分鐘五美分，轉變爲不論通話時間，一律每月十八美元。每個月長途電話講超過六小時的人，電話費就變少了；一個月通話時間少於六小時的就變貴了。但事實上這樣比較並不正確：不限通話時間月收十八美元的長途電話，和一分鐘五美分的長途電話，並不是相同的產品。改變價格就等於改變了產品本身，因爲新的定價方式會改變某些消費者的行爲。如果突然間，長途電話不管講多久都沒關係——就是定價所說的愛講多久，就講多久——我也許會多講很多的長途電話。你要怎麼做才能把上述這些因素都納進ＣＰＩ？斯普林特的長途電話到底是變便宜了？還是變貴了？

最後，我們來看看二〇〇六年的日本新車。汽車製造商告訴我們售價和二〇〇五年相同。但新車款有防側撞安全氣囊，這是以前所沒有的。這是新功能，雖然沒有眞皮椅套和天窗那麼拉風。然而，在ＣＰＩ的世界裡，這個新功能就像是比較大包的洋米花。新車變「便宜」了，因爲同樣的價錢，可以買到功能更多的車子。這是品質上的進步。

複雜性很快地就大量增加出來。我們再來看醫療服務的每月價格。照一次胸部X光要多少錢？是帳單上的價錢？還是保險公司理賠給付的金額？以及哪一家保險公司？

刻意被忽略

複雜性和沃爾瑪的關係，或是說，刻意忽略沃爾瑪的原因如下。BLS的查價人員看的不只是商品或服務的種類、商品的變化、以及商品的價格而已，他們還要看是在哪裡賣的。理髮的價錢在美髮沙龍和超級剪（Supercuts）連鎖店是不同的——同樣是理髮，但二者其實並不相同。場所很重要。如果你只調查唱片行的售價，你就漏掉了所有線上音樂的售價。因此，BLS的查價人員會定期監看市場，瞭解大家的購物場所，並且在納入CPI之前，對購買地點這個因素做調整，以確保CPI眞正反映了大家所買的商品和售價。你可以想像，這個程序會比市場落後。聯邦政府的官僚制度動作一定比亞馬遜網路書店慢。

過去十五年來，變化最大的市場就是超級市場。在一九九〇年，沃爾瑪基本上還沒有賣食品雜貨。今天，沃爾瑪是美國最大的食品雜貨業者（也是全球最大）。他們大約佔了美國市場的百分之十六，或者說，二〇〇四年，全美食品零售市場爲七千七百五十億美元，他們佔了一千二百四十億美元。在某些城市裡，沃爾瑪在食品雜貨上的市佔率爲百分之二十五到三十——等於是每四家或每三家就有一家在沃爾瑪採購食品雜貨。

對CPI經濟學家而言，沃爾瑪是個令人困惑的機構。

事實上他們不是傳統的食品雜貨店：供貨不是那麼成熟、購物的感覺不是那麼舒適、服務也不一樣、整個氣氛有點像個倉庫。隨著沃爾瑪在全美各地的社區裡不斷地設立，查價職員會把他們加入到價格資訊的收集來源。事實上，查價人員拿他們來取代其他的連鎖店，以保持各城市間，沃爾瑪在超級市場業者中所佔的比率相同。但是當他們拿沃爾瑪做爲替代查價場所時，問題就出來了：拿沃爾瑪來取代時，CPI並沒有把低價算進來。洋米花在克魯格賣三・七九美元；同樣的東西在沃爾瑪是二・九九美元。但是這八十美分的價差會被「刪掉」。略去不計。CPI假設所有的價差來自於沃爾瑪較差的購物品質和服務水準——那盒洋米花並沒有比較便宜，因爲整個購物環境比較糟。

豪斯曼和萊布塔格的論文對這個方法幾乎沒有輕視的意思。「雖然包裝食品這個品項，在不同的賣場裡，商品本身還是完全相同，但是BLS的程序，並沒有去承認任何賣場間的價差。這樣的程序並非基於實證上的研究。而只是建立在假設上而已。這個假設和實際的市場結果完全不能吻合，沃爾瑪已經快速地在市場上擴張……BLS假設價差是『品質差異』的補償，這項假設無法解釋我們所觀察到的消費行爲。」

換句話說，如果在沃爾瑪的消費是如此的沒有品味，而必須用低價來補償，爲什麼沃爾瑪可以在進入一個城市一、二年之內就拿下百分之二十五到三十的客戶？還有，近年來，在克魯格、喜互惠和艾伯森消費，又眞的高尚到哪兒呢？

事實上，批評只是豪斯曼和萊布塔格論文的開端。他們還處理了二件事：針對沃爾瑪或所有的超級購物中心，他們建議採用不同的方法，這種方法把沃爾瑪等賣場視爲消費者的新選擇，而不是只有替代功能。這樣就能解釋一開始的價格差異，即沃爾瑪進入到新城市所帶來的價格變動。此外，他們克服萬難，把一九九八年到二〇〇一年間，ＣＰＩ在食品雜貨上的誤差計算出來。

在他們的研究裡，不只是看沃爾瑪的價格而已，還檢視各種超級購物中心及會員制賣場的價格。他們發現，在他們所檢視的二十類食品裡，超級購物中心的價格平均比傳統的食品雜貨店便宜了百分之二十七，折價相當驚人。如果你換地方到沃爾瑪購物，所獲得的折價效果相當於在雜貨店裡購物，每個月有一星期是免費的。

派翠克・賈克曼是ＣＰＩ經濟學家，他說豪斯曼和萊布塔格的見解有道理。他說，豪斯曼認爲傳統食品雜貨店和沃爾瑪在價格上的差異是來自於企業效率。ＣＰＩ的假設則相反。「我們的假設則是認爲價格差異來自於品質的變動。」賈克曼說道：「傑瑞的觀點說，我們應該要換到一端，而我們的觀點則是在另一端。眞相應該在中間的某個點上。但是我們不知道如何找出這個點的位置。」

賈克曼進一步提出他微妙而重要的論點：即使是在沃爾瑪經營得非常成功的城市，百分之七十的人仍然到其他的食品雜貨店消費，而且付較多的錢。由於CPI有保密條款，禁止職員提及特定廠商或商品名稱，賈克曼小心翼翼地表達他的觀點：「還是有人會到A通路購物，一定是有某個理由的。」他說：「你很難主張這些人不知道有B通路，更何況，B通路是如此龐大。」不論去A通路的理由爲何，這些理由都足以對抗較高的價格，因此，這裡面一定是有某種程度的品質差異，至少對這些消費者而言如此。

CPI對於豪斯曼和萊布塔格的批評非常審慎，賈克曼說道：「我們當然瞭解這個問題，而且我們也當然在尋求調和的方法。但是我們目前還沒有做任何的改變。」賈克曼的歎息聲小到幾乎是聽不到了。豪斯曼經常批評BLS的做法，在這裡也不太受歡迎。「如果修改很容易，我們早就做調整了。」賈克曼說道。

豪斯曼和萊布塔格在結論中提到，他們所研究的那幾個年度，美國食品雜貨上的通貨膨脹情形，每年高估了百分之十五。由於通貨膨脹是大家所關注的焦點，好幾十個百分點足以刺激市場和聯邦儲備銀行採取不同的行動，所以影響相當大。誠如豪斯曼和萊布塔格在論文中以有點像代數結論的語氣說道：「從CPI的估計值來看，我們發現BLS不知道沃爾瑪的『存在』。」他們的研究——雖然談到沃爾瑪和通貨膨脹，卻得不到主流媒體的重視——從一個重要的角度來看，剛好和巴斯克相反：不是對我們所瞭解的沃爾瑪做進一步確認，而是就我們所不瞭解的重要部分加以解析。

真正令人驚訝的是：豪斯曼和萊布塔格在研究裡所探討的，只是CPI所謂的「家用食品」而已，即，買回家準備享用的食品或雜貨。但是BLS對於沃爾瑪所賣的其他商品，處理程序也完全相同。換言之，不只是食品雜貨而已：整個美國的通貨膨脹率官方數字中，都不知道有沃爾瑪。

一把通吃

肯尼士・史東（Kenneth E. Stone），一位經濟學家，也是一位教授，他是研究沃爾瑪的泰斗，現在已經從愛荷華州立大學的推廣部退休下來了。一九八八年，那時候沃爾瑪還只是現在的十四分之一，營業額只有二百一十億，史東提出了一篇論文「愛荷華州沃爾瑪賣場對於所在城鎮和鄰近城鎮企業的影響效果」（The Effect of Wal-Mart Stores on Businesses in Host Towns and Surrounding Towns in Iowa）。這篇論文的打字稿，可以從史東的網頁上下載——這真的是用打字機打出來的。在史東開始對「沃爾瑪在愛荷華州小城鎮所造成的衝擊」做有系統的研究之前，從來沒有人做過類似研究。史東只不過是盡一位愛荷華州立大學推廣部的經濟學者該做的事。

「本研究乃是應商業協會以及商界人士之建議而做，他們數次來電，關切某幾家沃爾瑪賣場對他們事業可能造成的衝擊。」他在首頁寫道：「本文的目的不在於苛責沃爾瑪公司，該公司在國內赫赫有名，風評自有定論。」這是第一篇的研究報告，所提出來的警告並沒有那麼重要，但卻有先見之明。

在一九八八年的研究裡，史東總共檢視了愛荷華州五十五個人口介於五千到三萬的城鎮。其中十個設有沃爾瑪，而另外四十五個則沒有。雖然史東只探討沃爾瑪賣場設立後的三年（愛荷華州第一家沃爾瑪賣場設立於一九八三年），對於沃爾瑪效應的基本結論卻相當明確。有沃爾瑪的城鎮，其綜合商品的營業額，和全州平均相比，急速跳升，三年之後，每單位人口的營業額增加了百分之五十五。而四十五個離沃爾瑪不到二十哩的小城鎮，三年後總營業額下滑了百分之十三，幾乎是愛荷華州其他遠離沃爾瑪的類似城鎮的二倍。

但即使是在沃爾瑪造成零售業務急速增加的城鎮，還是有面臨困境的廠商。三年後食品雜貨店的營業額掉了百分之五；專賣店——藥店、服飾店、玩具店、以及這類的店——三年後營業額減少了百分之十二。有沃爾瑪的城鎮，即使是服務業也是業績衰退——三年後業績下滑了百分之十三。史東在此小心翼翼地提出了一個有趣的猜測：「爲什麼沃爾瑪開店之後，當地的服務業會衰退，原因仍然不明。傳統的智慧會認爲在客戶『外溢效果』之下，這類型的商店應該受益良多才對。我們的解釋是，很多人也有這樣的感覺，到沃爾瑪買全新的東西，要比拿舊品去修還要划算。」

史東的研究之所以可以完成，是因爲愛荷華州提供了八百五十六個城鎮的營業稅資料，按零售品類分類，非常詳盡。史東可以利用這些資料，依零售品類計算他所研究城鎮的零售收入，並且控制人口變化和零售趨勢等變數。他用一句話來說明，他的研究「並沒有去證明原因」。但是這項研究的假設基礎是，在愛荷華這樣的州裡，「人口穩定或下滑」，消費支出相對較穩定，而沃爾瑪來了之後，勢必會奪走其他商店的業務。

「根據沃爾瑪開店營業的前幾年資料，本研究已經指出愛荷華州的贏家和輸家。」史東做結論道：「本研究的目的在於整理記錄過去所實際發生的事，俾使商業人士未來能做出更佳的營業決策。」

大學推廣部的角色就是運用大學資源解決社區的問題，基於這個傳統，史東進而提出幾點簡要的建議——諸如避免直接和沃爾瑪的商品做競爭、提供更好的服務、和吸引更高檔的購物者等。

肯尼士．史東的研究得到了認同。

沃爾瑪依然把事業建立在中小型城鎮裡，而史東的研究，首次把沃爾瑪開店對當地以及鄰近小鎮，在商業上所造成的衝擊和風暴加以透明化和量化。這項研究還改變了史東的生活和事業。接下來的五年裡，全國有好幾十個城鎮邀請史東去談他的研究發現，並且進一步對當地商人提供大量的建議，教他們如何在沃爾瑪進來之後尋求生機。在這五年當中，除了德拉威州之外，全美各州他全部都去簡報過了。由於他在實證經濟分析上的成就——即使只是對停滯的愛荷華州小鎮做研究——史東已經成為沃爾瑪對地方社區衝擊問題的專家，並且成為企業導師，提供他們遭受沃爾瑪入侵時的求生智慧。史東謙虛低調，卻能非常清楚地看沃爾瑪。早在一九九三年，他對一名記者預測說：「這家公司很有可能成為美國最大的企業。」那年，沃爾瑪比GM、埃克森美孚、福特、IBM、和奇異等企業巨人還小——但九年後這些企業就全數為沃爾瑪所超越了。

吸光附近客戶

一九九三年，史東把原有的論文加以更新和擴充成為一篇文章，發表在經濟學者同儕評論的刊物，經濟發展評論（*Economic Development Review*）上。這次，史東檢視了愛荷華州三十四個設有沃爾瑪的城鎮，而且還檢驗沃爾瑪開店後五年期間對於這些城鎮，以及鄰近沒有沃爾瑪城鎮的衝擊。一九九三年，愛荷華州的最大城市，第蒙（Des Moines）市，有二十萬人口，至少，沃爾瑪進入該市以後所帶來的衝擊相當劇烈。史東應用了一些經濟分析的技巧來控制人口變動以及該州零售業務的變動，他發現，在愛荷華州有沃爾瑪的城鎮裡，沃爾瑪進駐之後五年，綜合商品業的營業額增加了百分之四十四，而餐飲業的營業額，也許是受惠於沃爾瑪的人潮，五年後增加了百分之三。

其他的零售業，在沃爾瑪進來之後，則可以說是慘遭迫害。五年後，食品雜貨業營業額減少了百分之五，專賣店業績掉了百分之十四，服飾業則減少了百分之十八的業績——同期間，全州的營業額增加了百分之六，大部分是沃爾瑪的貢獻。

當地沒有沃爾瑪，但附近有的城鎮，沃爾瑪則把客戶吸光：五年後，服飾業業績掉了百分之十三；專賣店掉了百分之二十一。史東在第二份研究報告中特別指出二件事。一九八三年到一九九三年之間，愛荷華州的小鄉鎮，人口介於五百到一千之間，其零售業收入掉了百分之四十七，顯然大家都開車到沃爾瑪去買東西了。而同一時期，沃爾瑪在愛荷華州從一無所有到擁有四十五家賣場，但百分之四十三的男性服飾和男童服飾店則關門大吉。該州幾乎有一半產業品類的零售業被消滅殆盡。

史東在這篇研究當中，首次對於沃爾瑪進駐之後，提出他的二個經驗法則，研判贏家和輸家：「第一條：商品或服務與沃爾瑪不同的店家成爲自然受益者……第二條：賣和沃爾瑪相同商品的店家危在旦夕。」

沃爾瑪本身則花了好長的一段時期才懂得如何對待史東。史東在二〇〇四年告訴第蒙的新聞記者，在他研究工作初期，曾經接到沃爾瑪執行團隊所打來的一連串電話，態度很差，包括沃爾瑪現任董事長，羅伯・沃爾頓。這些電話，史東說道：「聽起來極具恐嚇意味。」所以他只好去請教律師。律師建議他不要去理會這些電話，史東只好向報紙說。但是到了一九九三年，沃爾瑪的態度變得比較溫和。該公司的發言人，引用一九九三年紐約時報的史東檔案，說道：

「據我所知，史東教授所告訴大家的是沃爾瑪的眞相，以及零售業和各種行業的眞相，至於其他的恩恩怨怨，就讓它順其自然吧。」

史東在二〇〇四年正式從愛荷華州立大學退休，但是他仍然繼續提供顧問服務。卡崔娜颶風（Hurricane Katrina）來襲前八週，他還在路易斯安納州首府巴頓魯治（Baton Rouge）和商家討論與沃爾瑪競爭的可能性。「沃爾瑪並不是世界末日，」他告訴他們：「如果你瞭解你的生意，你就能和他們競爭。」

當然，愛荷華州是個特例（史東後來還在密西西比州做相同的研究，該州的零售業環境和愛荷華州類似）。一直到艾梅可・巴斯克，才把史東的研究做更廣泛、更複雜的確認。史東的研究指出，不用依賴故事、印象、以及對沃爾瑪的感覺，你也可以釐清並衡量沃爾瑪效應。史東的研究還顯示出，鑽研特殊市場，並徹底瞭解的競爭價值。

對單點的影響

維薩爾・辛（Vishal P. Singh）是卡內基美隆大學（Carnegie Mellon University）行銷學的助理教授，他和二位西北大學（Northwestern University）凱洛格管理學院（Kellogg School of Management）的同仁，效法同樣的傳統，進行研究。辛和他的同仁說服了一家位於美國西北部的區域性食品雜貨連鎖店，把一個單獨的點，拿出來讓他們做研究，以瞭解附近有沃爾瑪進入時，會對該食品雜貨店發生什麼影響。

車禍發生後的現場，我們開車經過時猜測一下肇事原因並無傷大雅。但是如果你眞的想去瞭解沃爾瑪和其他企業是如何相撞的，最好能夠即時地把事故過程錄下來，再慢速播放。

這三位學者的研究從二〇〇四年開始，並且預計在二〇〇六年發表於專業的行銷科學（*Marketing Science*）期刊上。以學術上幾乎是象徵驚訝句法寫道：「儘管其成長前所未見，儘管該公司加諸於傳統食品雜貨業者的威脅甚大，吾人對於設立超級購物中心如何改變消費行爲，以及如何影響既有超市業者的獲利能力，卻所知甚少。」

辛和他的同仁所採用的策略非常聰明。他們利用受測超市發給客戶的「認同卡」，從中收集資料。這種卡是超市發給經常來購物的客戶，讓他們在結帳前先刷一下。最近這五年來，認同卡非常流行，表面上提供持卡人折扣優惠，但他們也可以用此來記錄、追蹤、和整合每一個持卡人的消費狀況，詳細到連消費的時間點也在資料裡面。這不只是觀察超市在沃爾瑪進駐之後整個變化過程的理想窗口，也是分析哪一類消費者會改變消費行爲的絕佳工具。

研究人員所選定的是一家典型的現代美國區域型超級市場。這家超市位於市郊，百分之七十的客戶擁有自用住宅。這家超市二十四小時營業，有郵寄服務、銀行、錄影帶出租、照片沖洗、藥局、麵包店、熟食區、海鮮部、以及現切肉舖等。從某方面來看，這樣的店，在定位上是和沃爾瑪競爭——如果這樣的競爭可行的話。

這個小組收集了該超市從一九九九年十一月到二〇〇一年六月一共二十個月的認同卡消費資料，這家超市一個月的營業額約一百五十萬美元，資料之龐雜，難以想像。（其中有百分之八十五的營業額來自認同卡；而且資料本身採匿名方式，研究人員要立誓絕不透露這家超市或連鎖業的地點。）在資料收集的時間區段中，二〇〇〇年八月，晴天霹靂，沃爾瑪在離這家超市二・一哩處開了一家超級購物中心。

他們發現，面對沃爾瑪的競爭時，最嚴重的問題是這家超市的營業額掉了百分之十七。「營收衰退是一項重大警訊，要知道一般超級市場的經營原則是低毛利高週轉，利潤率通常只有百分之一左右。」研究人員寫道。和營收減少百分之十七一樣嚴重的問題是：如果沃爾瑪要從社區裡的食品雜貨業手中拿走百分之十五到三十的業務，他們將會一舉奪下既有業者的一大塊生意。當然，這和其他的研究結論完全一致，包括豪斯曼和萊布塔格的研究。我們並不會因爲沃爾瑪賣得比較便宜就多買一些洋米花或牛奶——我們只會把購物地點換到沃爾瑪而已。然而，對這個衝擊，我們很少能夠這麼貼近的觀察，貼近到購物車的層次。業務流失情形相當嚴重，相當於這家店每個星期三早上八點要關門休息，直到星期四中午才再度營業。

然而，更有趣的是辛和他的同仁從業務流失分析當中所觀察到的現象——客戶流量如何改變、以及哪些客戶流失了。「業務流失主要是來自於來店人次的減少，一旦客戶來店採購，消費量並未受到影響。」研究人員寫道。

換言之，購物者不是留下來，就是跑掉了。他們不會兩邊買，把購物策略分成兩半，部分在沃爾瑪買，部分在他們所熟悉的商店買。

誰在沃爾瑪購物

另一個證明則沒有那麼驚人，卻很有趣，是誰跑掉了，以及誰會留下來。「會對沃爾瑪有反應的，是那些有嬰兒和寵物的家庭（認同卡的資料裡可以顯示出購買了尿片和寵物食品），以及那些週末購物者。」換句話說，沃爾瑪的客戶通常比較忙，而且所買的東西，量比較大。因此較便宜，可以一次購足的地方，就很有吸引力。「同樣地，購買賣場自有品牌的消費者也比較會轉到沃爾瑪去。」——反正他們要買的是便宜貨，而沃爾瑪貨的品質能差到哪裡去？——「但家庭支出大部分用來買生鮮商品、海鮮、和三餐替代食品的家庭則比較不會跑掉。」因爲，你當然不能在超級購物中心裡買到高品質的生鮮商品、海鮮、和熟食。

食品雜貨業者認爲人們會到住家附近的食品雜貨賣場購物，辛和其同仁則打破了這項迷思。他們研究發現，消費者住家到超市的距離，或者消費者住家到沃爾瑪的距離，和他們選擇到哪一家消費，關係甚少。雖然食品雜貨連鎖業者努力苦思，如何把這些認同卡資料做實際運用，他們的研究，不用煞費周章，就發現了一個重要的概念：找出反擊的方法。

這概念非同小可。誠如研究報告所述：「數十年來，二十九家連鎖（超市）業者已經走上法庭，尋求破產保護，而沃爾瑪就是其中二十五宗個案的催化劑。」這段報告，發表在溫迪西申請破產之前。

對供應商是利或弊？

二〇〇一年，零售業季刊上登出了一篇名爲「零售商的力量和供應商的福利：以沃爾瑪爲案例」(Retailer Power and Supplier Welfare: The Case of Wal-Mart) 的文章。作者爲北卡大學教堂山分校的保羅‧布倫 (Paul Bloom) 教授以及其研究生凡妮莎‧培利 (Vanessa Perry)，他們雄心勃勃，想要回答一個大問題：成爲沃爾瑪的供應商究竟是對你的事業有幫助，還是害了你的事業？「我們要問，沃爾瑪是否壓榨其供應商，要求讓步，而破壞了供應商的獲利能力。」眞是大哉問。

不幸的是，儘管布倫和培利花了極大的工夫來收集和分析數百家公司的獲利資料，這些公司包括沃爾瑪的供應商及其競爭廠商，結果，問題卻變得遠比答案還要尖銳。「我們的結論顯示，要明確地辨識出沃爾瑪對供應商獲利能力的衝擊是不可能的。」他們寫道：「其他條件相同之下，我們發現，把沃爾瑪當成主要客戶的供應商，其獲利表現遠比不把沃爾瑪當成主要客戶者還差。但是這些研究結果，並不建議供應商『應該乾脆拒絕沃爾瑪』。沃爾瑪也許會運用力量來壓榨供應商，但也有可能是供應商自願讓步，希望和沃爾瑪的關係能夠幫他們擴大市場佔有率。」

這個問題很複雜，但對生意人來說，這是和沃爾瑪往來的基本問題：和沃爾瑪做生意，究竟對我的公司是福還是禍？對消費者來說，這個問題也很重要。合理的利潤才能讓公司僱用人才，給他們不錯的薪水，做研發，並且一波又一波地推陳出新。

令人遺憾的是，不只是布倫和培利的研究沒有結論，在這篇文章出版時，他們用來分析的資料，最新的資料也已經是七年以前的了，而最舊的資料則是十三年以前的資料。在他們收集資料、做分析、並且把文章印出來的這幾年當中，沃爾瑪早就成長超過一倍了。此後就沒有人再去做同樣的研究了，至少，有一部分的原因是原本提供這些研究資料的公司，已經不能再像以前一樣，收集沃爾瑪供應商的資料以供人研究了。

其實，從「零售強權」的研究資料中，透露出最多訊息的，也許就是布倫和培利所間接提供的資料。在研究報告的附錄二，他們列出了一九九四年，沃爾瑪的前二十四大供應商，按金額排序。前十名當中，有四家後來破產了，第五家則因爲經營不善而股票下市。雖然這樣的分析完全不科學，但百分之五十的失敗率實在是很難幫羅伯·沃爾頓所信誓旦旦的「健全供應商」這句話背書。

還有其他的人也很有企圖心，想要回答這個問題。吉布·凱瑞是貝恩管理顧問公司的合夥人，負責該公司的消費性商品顧問業務，他領導一個爲期一年的研究計畫，教導客戶如何成爲成功的沃爾瑪供應商。「這件事的眞相是，沃爾瑪不斷地成長，這表示我們的客戶如果找不到方法來成功地和沃爾瑪合作，就不能跟著成長。」凱瑞說道：「我們有一些客戶並不相信這個道理，這些客戶會說，咱們可以想點辦法，把焦點放到別的通路上……但我們認爲，沃爾瑪是一家不可或缺的零售商，關於這點，無人能及。」

爲了要瞭解「不可或缺的零售商」效應，貝恩管理顧問公司的人員，對三十八家股票上市公司進行探索式財務分析，這些公司，百分之十以上的業務來自沃爾瑪，有些是貝恩的客戶，有些則不是。貝恩公司還分析了二十家類似產業但沃爾瑪不是其主要客戶的公司，做爲對照組。

這項分析得到了一致而鮮明的規律。「這些公司和沃爾瑪的業務每增加一個百分點，」凱瑞說道：「他們的營業利益率在某種程度上就會跟著下降。」也就是說，和沃爾瑪所做的生意越多，每筆生意的利潤就越薄。「這可能是壓力，」凱瑞說道：「也可能是供應商刻意犧牲毛利，企圖積極地增加沃爾瑪的生意。」

不管是什麼原因，這些數字都會讓人震驚，而且明顯地發出警告，增加沃爾瑪生意，是以犧牲公司其他業務爲代價。當公司讓沃爾瑪的生意佔了業務的一大部分時，同時也讓利潤變少了。和沃爾瑪往來，只佔業務的百分之十或以下者，其營業利益率是百分之十二・七。當公司變成凱瑞所說的「被沃爾瑪俘虜的公司」時——超過百分之二十五的營業額來自沃爾瑪——其營業利益率幾乎減了一半，變成百分之七・三。「從我們長期爲客戶服務的經驗中，我們發現，」凱瑞說道：「沃爾瑪眞的是會逼迫公司，供應商如果不好好調整，就等著滅亡。」

沃爾瑪增加了貧窮率

學術界對沃爾瑪效應的研究，最驚人、從某方面看，也是最讓人感到困擾的，莫過於賓州州立大學史帝文・郭芝（Stephan Goetz）教授和他的博士後研究生在不經意的好奇心之下所做的研究了。即使到了今天，論文差不多要發表了，郭芝本人還是對他們的發現感到不可思議。

郭芝是一位經濟學家，特別對貧窮，以及造成長期貧窮的原因有興趣。當他正要完成一項貧窮率（poverty rates）分析計畫時，他聽到有關沃爾瑪的論戰越來越多，有人認爲沃爾瑪破壞了社區，有人則認爲其所帶來的低價是無法拒絕的福利。社區之間的談論很多，不只是討論要不要讓某一家賣場進來開業而已，還有人討論要不要改善道路和稅制來吸引沃爾瑪。亦即，要不要把稅金交給沃爾瑪，請他們來開店。

由於郭芝已經研究過所有和貧窮有關的事項——教育水準、年齡、就業成長、單親家庭等——他決定要研究一下，看看沃爾瑪和貧窮是否有所關聯。這個問題，當然對地方政府具有公共政策上的意義。如果，沃爾瑪因爲某種原因，會造成貧窮，那麼郡政府和市政府，在決定以減免公司稅等優惠來鼓勵沃爾瑪開店之前，當然應該要好好的考慮一下。

郭芝仍然認爲他是基於好奇才研究這個問題，幾乎是事後才想到要做的。「我相信，如果我們把那一整串引起貧窮的其他因素加以控制，那麼剩下的，就沒有東西需要解釋了，不會有留下來需要解釋的貧窮了。」很自然地，郭芝和他的同仁發現「沒有學術研究檢視沃爾瑪對郡內家庭貧窮率所造成的衝擊。」

郭芝和他的同仁檢驗了一九八九年到一九九九年之間，全美國每個郡的家庭貧窮率的變化情形，研究報告提到，「這段期間剛好是『新經濟』爆發的十年。」他們控制所有已知會造成貧窮的因素，也和巴斯克一樣，大量地運用統計分析。新經濟對於降低全國的貧窮率有相當大的影響。根據郭芝的研究，郡的家庭貧窮率從百分之一三・一降到百分之一〇・七。新經濟讓差不多每五個貧窮家庭中就有一家脫離貧窮。

這項研究所發現的結果相當驚人，但不容易理解：他們發現，一旦你把其他因素都控制住，在美國，一九八九年之前就有沃爾瑪的郡，或是在那十年當中新設沃爾瑪的郡，其貧窮率竟高於完全沒有沃爾瑪的郡。設有一家以上沃爾瑪的郡，貧窮率並不是掉到百分之一〇・七，而是百分之十一。二者的差異——〇點三個百分點——看起來微不足道；幾乎是四捨五入的誤差。但並非如此。在那十年當中，有沃爾瑪的郡，貧窮率下降的速度比沒有沃爾瑪的郡，慢了百分之十。

「我們很訝異。」郭芝說道。誠如報告中所言：「我們發現，在一九九〇年代，沃爾瑪的出現，毫無疑問地增加了美國各郡的家庭貧窮率。」當然，問題是郭芝如何能確定貧窮是沃爾瑪所造成的，而不是兩者恰巧相關而已。「這是個很重要的問題。」郭芝說道：「我們並不是在探討貧窮率，事實上，我們所探討的是貧窮率對時間的變動。我們並不是在解釋貧窮率，我們是在解釋變動。」我們可以把沃爾瑪視爲一個因素，就如同我們看教育水準或是有小孩的家庭是單親還是雙親。把所有會引起貧窮率變動的因素都考慮進去之後，再把沃爾瑪這項變數代入統計方程式，郭芝說道：「的確存在一種效應，而我們只能用沃爾瑪的出現與否來解釋。」

這數字看起來雖小，郭芝說可以算出來，大約有二萬個美國家庭因爲沃爾瑪而陷入貧窮，大約是每郡七個家庭。值得一提的是，這個數字和艾梅可・巴斯克的研究結果相當吻合，至少在規模上相當。她發現沃爾瑪賣場開業後，有四家小商店會在五年內倒閉；店關了，員工也就失業了，很可能就讓其家庭陷入貧窮。

這篇有關貧窮的研究報告，同樣地，還是沒有得到媒體的重視。但有一名記者曾就此事詢問沃爾瑪，沃爾瑪的發言人米亞・麥斯登（Mia Masten）女士油腔滑調地辯稱：「通常，研究報告可以讓你想要怎麼說，就怎麼說。」當然，企業所委託的行銷研究，有時候會照著公司的意思來說。但是經過同儕評論的學術研究則不會有這種情形。對那些認爲這篇貧窮研究是郭芝想怎麼說就怎麼說的人，郭芝提供了方法、資料、和演算法，他們可以自己把研究重新跑一次。

「『有了數字，就可以隨你解釋了。』這就是他們的回應。」郭芝說道：「當他們告訴我們賣場的事、以及他們的員工領多少錢時，他們自己是不是就是這樣做呢？這對一個終生從事於研究工作的人來說，實在是一大汚辱。事實上，我們只是試圖把社會所發生的眞相找出來罷了。」

7 鮭魚、襯衫以及低價的意義

我不認爲美國的父母親們願意拿那些可憐的工人在惡劣的工作環境下所生產出來的東西，餵養自己和孩子。而且我也不認爲沃爾瑪應該容許這種事。

——羅德里戈．皮薩羅（Rodrigo Pizarro），大地基金會（Terram Foundation）執行董事

沃爾瑪位於賓州亞林敦（Allentown）附近的二六四一號超級購物中心，其玻璃海鮮展示箱很小，卻是全球採購力量令人垂涎三尺的見證。來自泰國的扇貝和三種蝦，來自非洲西南部那米比亞（Namibia）的橘子。從美國來的旗魚片和鮮蝦。從中國來的墨魚、扇貝、吳郭魚和小龍蝦。從俄羅斯來的阿拉斯加帝王蟹。從法羅群島（Faeroe Islands）來的鱈魚。（法羅群島位於北大西洋，在冰島和挪威之間，人口有四萬七千人。島上沒有沃爾瑪，但有一些沃爾瑪效應。）

販售的商品，每樣標示都很仔細——像是魚名和出產國——而且還標示了海鮮是養殖的或野生的，以及是否經過冷凍處理。標示本身就會讓人想起外國景象。這墨魚是「從中國抓來的野生墨魚」。眞的是野生的。

展示箱的正下方是一大盤的大西洋鮭魚切片，很長，從展示箱前面一直延伸到了後頭。上

面的鮭魚，切片或縱剖，鮮豔的橘紅色閃閃發亮。這些鮭魚，根據標示說明，是「智利養殖」的，而且很新鮮。從智利南方一路風塵僕僕地來到費城七十哩外的小鎮，路程足足有五千哩以上，甚至還不用冷凍。

鮭魚片的定價是一磅四・八四美元。幾乎每個三十歲以上的美國人都還記得，在早年，五美元還買不到四分之一磅的鮭魚。四十歲以上的美國人則都還記得當年鮭魚還是美味佳餚的年代。半磅的燻鮭魚，放在焙果上的那種，也許要十六或二十美元。但是在這裡，在沃爾瑪的展示箱上，粉紅、油亮、魅力十足的鮭魚片，一磅只賣四・八四美元。這並不是特價；這是天天低價，而且從美國的一端到另一端的超級購物中心，幾乎都有得買。這個價錢，比附近傳統超市的養殖鮭魚每磅便宜了好幾塊美元。比天食超市養殖鮭魚價錢的一半還便宜。

鮭魚爲什麼這麼便宜

一磅四・八四美元的鮭魚是食品雜貨店的精彩秀。如果價格包含資訊，如果價格不只是用來判斷貴或便宜、或是買不買得起，而是包含了所有供需、名聲、甚至於產品製造狀況的訊息（佛羅里達州冷冬，則柳橙汁就貴了；墨西哥灣沿岸颶風來襲，則汽油就貴了），那麼，一磅四・八四美元的鮭魚就是一項嶄新而意外的沃爾瑪效應。這個價格是如此之低，以致於我們所想到的不是快樂，而是警惕。

如果你有心想把一磅的鮭魚寄回智利，四・八四美元是辦不到的。這個價格太低了，你只要花點時間想一下，就會發現這太不合常理了。一磅四・八四美元的鮭魚就和一罐一加侖的華錫醬瓜只賣二・九七美元如出一轍——這個條件太好了，好到令人難以置信，即使我們消費者不這麼想，在某個地方、某些人一定會這麼想。究竟沃爾瑪是做了哪些事，才讓鮭魚賣得這麼便宜？

這十五年來，鮭魚征服了美國。在一九九〇年，全美國一天吃掉五十萬磅的鮭魚。今天，我們一天吃超過一百七十五萬磅的鮭魚。在許多家庭，鮭魚是菜單上每週必吃的主菜，和雞肉、義大利麵、及牛肉並駕齊驅。自一九九〇年以來，每人的鮭魚消費量已經增加爲三倍。就成長性而言，沒有其他魚類能望其項背。(不過，美國人在蝦子和鮪魚罐頭上的消費量仍然超過鮭魚。)

你只要到一家美國的中價位飯店，拿起菜單來看就知道了：鮭魚是你一天三餐都可以擺在菜餚中間的蛋白質，幾乎不用特別吩咐：早餐是焙果加燻鮭魚、蕃茄切片、洋葱和酸豆；午餐是凱撒沙拉加一片烤鮭魚；晚餐是嫩煎鮭魚加甜玉米和酪梨沙拉，配蒜味馬鈴薯泥。

美國所賣的鮭魚，大多數是大西洋鮭魚，是原生於大西洋的品種，但因爲魚性較溫馴且成長快速，所以就成了養殖業的首選。養殖鮭魚有百分之九十五是大西洋鮭魚。到了夏天，還有賣五種太平洋鮭魚——國王鮭（chinook）、狗鮭（chum）、銀鮭（coho）、粉紅鮭（pink）和紅鮭（sockeye）。但是野生鮭魚不只是有季節性，還比較貴；如果你吃野生鮭魚，你不只是誤入歧途而已。在北美洲，野生鮭魚已經瀕臨絕種，禁止捕撈。

食品雜貨店展示箱上，以及餐廳菜單上的大西洋鮭魚片，誠如一位業界的專家所言，是一種「工廠產品」——在淡水的孵卵所裡孵化，養成魚苗，然後在冷涼的近海裡，用成千上萬的無頂蓋懸掛式魚箱養殖二年以上，成爲成魚。而我們所吃的養殖鮭魚大多來自智利（美國有百分之六十五的養殖鮭魚是從智利進口）；其餘則主要來自加拿大。鮭魚實際上已經成爲智利南部的經濟主流，就像鮭魚能夠進入美國的菜單上，成爲我們消費得起的美食一樣，讓人感到困惑。在蒙特港附近的海域裡，聖地牙哥南方六百哩的地方，現在有八百家鮭魚養殖場，鮭魚產業提供了當地十分之一的就業機會。二〇〇五年，智利估計有十五億美元的新鮮包裝鮭魚出口，百分之四十是運到美國。鮭魚現在是智利的第二大出口物品，僅次於銅，高於水果。

「五年前，」羅德里戈・皮薩羅說道：「鮭魚並不是出口項目。智利在十二年前根本就沒有鮭魚。」皮薩羅是一位經濟學家，領導大地基金會，這是智利一家提倡永續發展的基金會。皮薩羅瞭解，鮭魚養殖場的衝擊，是當前最緊急的計畫。他說十二年前智利連一條鮭魚都沒有，並沒有誇大其詞。他是很認眞的。

大西洋鮭魚不只不是智利的原生種——當然，智利的海岸是靠太平洋——而且一如皮薩羅所說的，「大西洋鮭魚是整個南半球的外來種。」赤道以南，根本就沒有野生的大西洋鮭魚。在智利養殖鮭魚，就像是在洛磯山上養殖企鵝一樣。然而，現在智利的大西洋鮭魚不只是遠多於智利人口，它們已經有十倍甚至於百倍之多。

智利：鮭魚大國

智利所養的鮭魚比全世界其他任何地方都多，包括挪威。即使價格下滑，五年來智利每年所出口的鮭魚總值已經成長了百分之七十。在二〇一〇年以前，智利希望能把鮭魚出口再增加百分之五十。

才十年而已，鮭魚養殖已經讓智利南部的經濟和日常生活轉型，引進工業革命，把成千上萬的智利人從原本自給自足的農民或漁民，轉變爲鮭魚處理廠的時薪工人。鮭魚養殖也開始在改變智利南部的生態和環境，因爲有數千萬尾的鮭魚養在海中的大籠子裡，鮭魚吃剩的食物和排泄物，未經處理就直接掉進籠子下面的海底，而數十家鮭魚處理廠則把未經處理的鮭魚內臟直接倒進海裡。

皮薩羅深思熟慮、率直而且愛國，但不會過度激進。「任何人到鮭魚工廠就知道，那是非常工業化的系統。工廠的情形就好像卓別林的電影『摩登時代』（Modern Times）所演的。非常乾淨，非常摩登，有不錯的制服和手套。但我們所關心的不是魚的健康問題。而是員工的工作狀況。」——要求快速地操作尖銳的切割設備、工時長、工資低。至於養殖場，他說道：「我們所有的資訊都指出，環境所受到的衝擊令人憂慮。」

沃爾瑪並不只是普通的智利養殖鮭魚客戶。沃爾瑪是全美數一數二的鮭魚賣場（另一家鮭魚賣得超好的，是好市多〔Costco〕），而且，沃爾瑪所有的鮭魚都是向智利買的。事實上，智利每年賣到美國的鮭魚，有三分之一是賣給沃爾瑪。像這樣，在產量暴增的年代裡做集中採購，也是沃爾瑪能在全美的超級購物中心賣一磅四・八四美元鮭魚的原因之一。智利鮭魚需要市場；而沃爾瑪有一九〇六家超級購物中心。這種集中採購，也在遠離班頓鎮的南智利，帶給沃爾瑪和其客戶獨一無二的窗口，對鮭魚養殖、鮭魚採購和鮭魚銷售，全都產生衝擊。沃爾瑪賣一磅四・八四美元的鮭魚，在南智利峽灣海底留下了一層有毒的沉積物，又有什麼關係呢？

沃爾瑪深入到供應商，進而改變供應商的運作，這個能力是無法撼動的。而沃爾瑪專心致志地運用這種力量來壓低價格，已經讓美國經濟、以及全球經濟發生一波波的變化。但如果沃爾瑪加諸於供應商的要求，超出了成本、效率、和準時出貨的範疇，會有什麼後果呢？這會造成什麼樣的波瀾呢？

不只是經濟議題

羅德里戈・皮薩羅對於智利的鮭魚產業所帶來的衝擊和機會，有持平的評價。他對美國企業和消費文化也有成熟的見解：「我知道沃爾瑪是怎麼一回事。我對沃爾瑪的看法並不是那麼天眞。」皮薩羅擁有倫敦經濟學院的學士學位，以及北卡大學教堂山分校的博士學位。在他的想法裡，美國人應該如何來看待沃爾瑪海鮮展示箱上一磅四．八四美元的鮭魚呢？

「我記得當年我在美國的時候，你們對凱西李姬佛（譯註：Kathie Lee Gifford，美國名脫口秀主持人）系列服飾利用海外不當勞工一事有過爭論。」皮薩羅說道。一九九六年，在一次國會聽證會上，一位知名的勞工運動人士揭發了這件事，打著電視名人品牌的服飾系列，在宏都拉斯的工廠生產，而所僱用的勞工則是未成年的孩童。而凱西李姬佛系列服飾只在沃爾瑪販售。在童工事件曝光之前，沃爾瑪已經停止利用那家工廠生產。但接踵而至的醜聞則讓李姬佛和沃爾瑪大感吃驚，大眾也不斷地諷刺此事。禁止使用童工是國際經濟的絕對要求。但是有關海外工廠情況，更大的問題是，生產商品賣到美國的海外工廠，到現在還是由多國企業小心翼翼的操控著。他們未必願意在擁有獨立法令、文化、和強制機制的國家裡，承擔起所有監督工廠的責任和成本；而對於他們知名產品，爲何能夠賣得如此低價的嚴重指控和讓人不安的爆料，他們也不願加以說明。

皮薩羅所思考的並不只是童工問題，而是當美國的消費者，把他們所熟悉的服飾，以及公眾名人，和壓榨剝削的工廠連結在一起時，所普遍發出的巨大怒濤。

皮薩羅說道：「美國消費者對這類工作環境的認識越來越清楚，而鮭魚和服飾是一樣的。唯一不同的是，這些工人所生產出來的東西，美國消費者拿來餵他們的小孩。」

鮭魚商品的進化

全球的養殖鮭魚產量、智利的養殖鮭魚產量、沃爾瑪的食品雜貨業務量，如果你檢視這三者在一九九〇年到二〇〇五年的成長圖，三條曲線相互間如影隨行，幾乎是完全相符。一開始的規模都不大，但幾年後就以幾乎是垂直的方式上升。沃爾瑪並沒有創造鮭魚事業；沃爾瑪也沒有在智利南部設立鮭魚養殖場。但養殖鮭魚大幅增加，把價格拉了下來，讓沃爾瑪有能力在魚鮮櫃檯上供應鮭魚；而沃爾瑪食品雜貨業務量的急遽成長，則爲鮭魚創造出很大的機會，以及很大的胃納量，可以餵飽鮭魚養殖業。

美國在七〇年代和八〇年代時期，鮭魚之所以成爲昂貴的美食，只有在特殊時日才吃，是因爲當時的鮭魚是野生的，差不多都是從阿拉斯加抓來的，供給量極爲有限。夏季很短，鮭魚一來，不是吃掉、做罐頭、煙燻、就是冷凍起來。在美國，品質好的鮭魚不只是美食而已——還是珍品，有季節性，只有當海洋準備好了，才買得到。

詹姆士·安德森（James Anderson）是羅德島大學（University of Rhode Island）的教授，也是環境與自然資源經濟系的系主任。他的專長是漁業，特別是在全球的鮭魚與蝦類。從前，在新英格蘭的河川裡，野生鮭魚很常見，因爲鮭魚就生長在太平洋西北部。「大量補殺野生的大西洋鮭魚已經有六、七十年了。」他說道：「康乃狄克河（Connecticut River）過去曾經是大西洋鮭魚最大的迴游區，而我們在一八九〇年之前就把它給破壞了。因爲鮭魚會群集迴游至上游產卵，很容易設陷阱來捕捉。你可以在一次迴游中，把所有的鮭魚，百分之百的捕捉起來——然後隔年，完全沒有一尾鮭魚迴游回來。」人類的活動迫使大西洋鮭魚處於瀕臨絕種的狀況。「過度捕捉、水壩，和棲息地破壞。」安德森說道。

挪威人因爲有豐富的天然鮭魚資源，以及小型養殖文化，加上海岸線很長，處處受到屏障的峽灣，他們在一九六〇年代末期，開始試驗把鮭魚養在籠子裡。在美國，有一家叫做多母海（Domsea）的公司，從一九六九年開始，在華盛頓州設立鮭魚養殖場。多母海先是被聯合碳化公司（Union Carbide）買下，後來又歸入金寶湯（Campbell's）集團一段期間，根據安德森所說，該公司在一九七一年首次將少量的養殖鮭魚商業化。

鮭魚養殖因爲一些奇怪的經濟現象，有一陣子無法商業化。在美國西北部，既有的鮭魚業者以及養殖場附近的居民，都抵制養殖鮭魚。另外還有運輸的問題。「一九八〇年代，」安德森說道：「航空公司不允許鮮魚上飛機。現在看起來很蠢，但當時沒有適當的箱子。在一九七〇年代末期和一九八〇年代初期，他們只是裝在蠟製箱子，裡面放了一些塑膠袋和冰塊。這樣會漏，而且滴得到處都是。如果是在貨車後頭，誰去管它？但是在噴射機上，問題就嚴重了。其實你只要滴些鹽水在貨上……」

到了一九八〇年代，挪威人不只是增加了鮭魚商業化的數量——安德森曾在一九八四年到挪威的鮭魚養殖場參觀——他們還很希望能夠賣到國際上。「他們來到美國東岸，」安德森說道：「目標設定在高級餐廳。他們用保麗龍箱子運過來，躉售的價格是每磅五美元、六美元或七美元。」

廚師們愛極了。「用文雅一點的話來說，以前這裡的鮭魚是劣等貨。」安德森說道：「他們〔從阿拉斯加〕送到美國東部的鮭魚，有很多是已經冷凍六個月的魚排。『反正是給費城那些白癡吃的』——他們當時就是這種心態。而養殖鮭魚則好太多了。」養殖鮭魚不只是品質比較好，挪威人還可以全年供應。「挪威人把價格維持在高檔，」他說：「他們只是持續擴展市場。在波士頓、芝加哥、和克里夫蘭等地一共開發了三十家餐廳。」

全球的鮭魚水產養殖業還在嬰兒期，但是市場的空間則是越來越清楚。一九八五年，全球養殖鮭魚的產量是五萬公噸。不到二年，又增加了一倍。到了一九九〇年，產量是三十萬公噸。進入一九九〇年代沒多久，加拿大人和智利人開始積極地養殖鮭魚，而價格也開始急速下滑，因爲全球產量驟增。

智利的鮭魚養殖生意，根據羅德里戈．皮薩羅所言，是由一家名爲智利基金會（Chile Fundación）的企業培育中心所激勵出來的。「在一九八〇年代晚期和一九九〇年代初期，有許多的年輕生意人，他們是傳統企業家族的子弟，發現鮭魚這檔生意，因而紛紛跑到南部去一探究竟。」皮薩羅說道。「他們差不多跑到了邊境附近——然後就在那裡駐紮下來，建立這個產業。大概花了五到十年的時間。」此外，智利曲折粗糙的海岸線和挪威很像，上面布滿了小灣和峽灣，可以提供海中鮭魚養殖籠所需的屏障。

安德森曾經到智利去拜訪鮭魚養殖場，做學術研究。「智利以前並沒有水產養殖的經驗，」他說道：「完全沒有。但是智利有眞正的創業精神。而且還有便宜的勞工，以及便宜的環境。」鮭魚養殖因此蓬勃發展。

但是鮭魚在美國要眞正成爲大眾市場的商品還有一個障礙。「起初，」安德森說道：「養殖鮭魚在美國是連頭整隻賣。」這種方式也許適合高級餐廳，可是超級市場可沒有興趣去幫大量的鮭魚切片，而美國消費者對於購買帶頭鮭魚的興趣，不會比帶頭的雞高多少。

行銷和技術上的創新，有一部分是來自智利，安德森說道：「在一九九四年或一九九五年，智利人說，眞笨，爲什麼要把頭、骨頭、和一堆東西運到美國？」安德森稱這項創新爲「無刺鮭魚菲力」。魚刺一整排，尖銳而頑固地長在魚片肉身裡。「經由一些技術上的創新以及廉價勞工，智利人開始把魚刺取出來，其實是半人工化。」安德森說道：「然後他們把魚排切好送出來，可以選擇帶皮或不帶皮。」去頭、不帶刺的鮭魚，把美國市場整個改變了。「這項服務對超級市場來說是非常、非常的重要。他們不要自己去砍鮭魚背部。」安德森說道。這樣做，也讓鮭魚在紅龍蝦（Red Lobster）這種中級價位的餐廳中大受歡迎。

鮭魚的產量，大幅成長。事實上，挪威人大部分已經被智利人和加拿大人給趕出美國市場，而價格也持續地大幅下滑。

安德森說，現在從智利的養殖場把魚送到美國的速度，要比從阿拉斯加過來還快。「在智利，」他說：「他們很早就把魚撈捕起來，一大早天還沒亮呢。到了早上，他們就已經送到養殖場附近的處理廠了。然後送上卡車或飛機，運到聖地牙哥，再空運到邁阿密。魚從南智利宰殺後，送到邁阿密或紐約，不到四十八小時。」

一九八五年，全球養殖鮭魚全年的撈捕量是五萬公噸。二十年之後，二〇〇五年，智利光是一月份輸往美國的量就有一萬公噸。

鮭魚養殖與海洋污染

鮭魚養殖商業化其實只有二十年而已，而大規模生產，則大約只有十年。水產養殖業的成長速度，比我們去瞭解、衡量、和管理其所產生衝擊的速度還要快。

「你見過養豬場嗎？」蓋瑞・李普（Gerry Leape）問道，他是一家位於華盛頓的非營利環保團體，全國環境信託基金（National Environmental Trust）的海洋保護副總。「這些魚就是海裡頭的豬。它們活在相同的環境，差別只是在水裡面。他們把魚緊緊地一起養在籠子裡，用了很多的預防性抗生素，不是爲了治療，而是預防疾病。產生很多的高濃度養魚廢料，把養殖籠附近的海洋變成了死亡區。」

珍妮佛・拉許（Jennifer Lash）是加拿大卑詩省一個海洋保護團體，活海洋協會（Living Oceans Society）的執行董事，該協會是加拿大二大鮭魚養殖中心之一。「鮭魚通常養在開放式養殖籠裡，」她說：「水面上是金屬籠，網子垂掛而下，底部用網子圍住。」

「各國的養殖密度不同，但一個籠子可以養好幾萬尾，一家養殖場可以養一百萬到一百五十萬尾。然後，這些魚都要拉屎。廢棄物就因此大量地跑進海水裡了。有人說，這是自然的東西，所有的魚都會在海裡頭拉屎。但濃度沒有這麼高的。簡直就是讓海底窒息。」一百萬尾鮭魚所產生的廢水，李普說，相當於六萬五千人所產生的量。

海洋籠子還有另一個污染源問題——多餘的飼料。沒吃完的食物就沉到海底，在上面堆積出一層一層的殘渣。這些垃圾本身含有殘留的抗生素以及其他的化學藥品，這些藥品原是用來維持魚體長大至成魚這二年期間的健康。

這些問題都可以控制；只是，控制要花錢，但是如果沒有理由要他們花這筆錢，沒有誘因，則沒人要做。

在南智利，皮薩羅說道，養殖場對當地居民日常生活的影響，還不及做出口準備工作的處理工廠來得大。「鮭魚養殖把人們從自給自足的農村，移到工廠工作。」皮薩羅說道：「對這些人而言，鮭魚養殖業其實就是處理工廠，和養殖場無關。」

工廠本身非常現代而且衛生，部分原因是美國公司最怕進口的食品遭到污染，導致客戶生病。但衛生是衛生，和許多開發中國家的成衣廠一樣，處理工廠的問題是他們要負起剝削勞工的最大責任。

「在這裡工作的時薪工人沒有受到尊重。」皮薩羅說道：「處理工廠裡有許多的女性作業員。問題很多，包括性騷擾和長時間站立。不准她們上廁所。以及禁止工會活動。」

在討論勞工問題時，皮薩羅非常謹慎。「上面那些指控，公司大都否認。」他說：「目前，勞工法規非常弱，而且執行上也相當困難。這些工廠離聖地牙哥太遠了。」

這就是沃爾瑪的鮭魚排一磅能賣到四・八四美元的原因之一，誠如李普所言：「他們沒有把成本內部化。」污染終究還是要花錢去解決——清理、防治、和復原。但是現在，這些成本並沒有含在智利鮭魚的價格裡面。要鮭魚處理工廠像重視衛生一樣地重視勞工福利，也是要花錢——合理的工資、適當的設備、足夠的休息時間和休假等。目前，這些成本也沒有含在智利鮭魚的價格裡面。

團體共識

像皮薩羅及李普一樣關心鮭魚對智利以及其他地方之影響的團體，有二個共識。鮭魚產業不可能停掉——智利已經宣稱，計畫在二〇一〇年之前，產量還要再增加百分之五十。以及要控制養殖鮭魚的衝擊、要讓這個產業在考慮智利人和環境保護之下，長期生存下來，其關鍵並不在於業者自律，或是政府的規範。而是在客戶，那些成噸地購買的大公司。這個道理，就連那些大公司也都明白。

「只要手中拿著支票本的傢伙一開口，」比爾·賀席格（Bill Herzig）說道：「生產者就會認眞聽。」賀席格瞭解這件事，因爲他自己就是一個拿著支票本的傢伙。他是達登餐廳集團（Darden Restaurants）——紅龍蝦餐廳和橄欖園餐廳（Olive Garden）——採購部的資深副總，負責所有蛋白質類的採購，包括海鮮。「我們有一千三百家餐廳，」賀席格說道：「我們總要有些東西來餵那些客人，而且不是今年而已，是包括五年十年以後的。如果我們覺得供應不能長久持續，那麼我們就不會放進菜單裡。」

達登公司要求海鮮供應商要達到他們的標準。「我們會進到海鮮處理工廠裡面，檢查流程，我們要求工廠要按照美國的方式來操作生產設備。」——不管工廠是在哪個國家。達登在新加坡、印度、泰國、中國和拉丁美洲都設有食品檢驗員。「我們有一套正式的檢驗流程，」賀席格說道：「我們檢查處理食物的工廠，然後我們會去看蝦子和魚是怎麼養大的。我們要瞭解冷藏鍊這類東西運作的狀況。」賀席格說的冷藏鍊，就是海鮮原料在運送和處理中的冷藏過程。

賀席格記得，有一次在一節《六十分鐘》節目當中檢討美國養豬場的情形——養豬場的人沒有經常去清理排泄物，豬寮的密度太高，都擠在一起。「這樣是不行的，」賀席格說道：「應該要清乾淨。我們不希望事情沒有好好處理。而且如果要用支票本來讓他們把事情做好，我們絕不會遲疑。」

這就是爲什麼羅德里戈・皮薩羅等人認爲，像沃爾瑪這樣的企業，在改善智利的鮭魚產業狀況上，能夠有正面的效果，而且見效極快。沃爾瑪的鮭魚採購量是如此之大，因此，如果該公司針對鮭魚養殖方式和鮭魚工人的工作環境，制定一套標準並加以施行，則鮭魚養殖場和處理工廠，不管是爲了要留住沃爾瑪的生意，或是爲了保持競爭力，都必須遵循這些規定。而且因爲採購量是如此之大，也因爲智利還想進一步把養殖鮭魚的供給量再擴大，改善鮭魚和工人的狀況，並不會讓海鮮架上每磅鮭魚的價格增加多少。

「這不會多到讓你卻步。」皮薩羅說道。他正在研究的基礎上，建立一套這樣的標準規範，並計畫在二〇〇六年初，向沃爾瑪以及其他公司做簡報。「所增加的成本不會像去除魚刺那麼高。可能是百分之十、二十、或三十，如果從長期投資的角度來看，這個成本只是小意思而已。」

這樣的結果可能是一種全新的沃爾瑪效應——沃爾瑪運用其巨大無比的採購力量，不只是提升消費者的生活水準而已，還提升了供應商的生活水準。

孟加拉製的小襯衫

沃爾瑪在維吉尼亞州亞力山大市的二一九四號店，和五角大廈在同一條路上，那裡展示著沃爾瑪自家品牌，喬治牌（George）的男童服飾。其中有一件藍色牛津布做的扣領襯衫。襯衫有個口袋，袖口有折邊補強處理，帶扣子。在襯衫下擺有一個小標籤，寫著「傳統牛津」幾個字，上面還繡著小熊的五爪印。這件藍襯衫是爸爸襯衫的完美縮小版，連背部肩胛骨上一小圈的縫線也完全一樣。這是給二歲大小男童星期日上教堂穿的襯衫。很可愛。頸部上的標籤寫著，「孟加拉製」。而定價是：五・七四美元。這個價格是個直接的警訊——和華錫醬瓜以及智利鮭魚的警訊一樣，這個價格根本就不合理。

沃爾瑪怎麼有辦法用這麼低的價格賣這麼可愛的襯衫——纖維、扣子、縫線、沒有歪斜或脫線的車工、從孟加拉運過來——而售價比美國電影院的兒童票還便宜？如果你有機會看到這些襯衫工廠的錄影帶，看到這些人縫製襯衫的情形，你還能一邊幫你的二歲兒子穿上這件襯衫，一邊微笑嗎？

在世界經濟裡，店裡頭滿滿的都是我們十分熟悉的物品：利惠牛仔褲、俄亥俄藝術公司(Ohio Art)的創作畫板(Etch A Sketches)、百得的免插電電動螺絲起子、赫飛的自行車、尼爾森噴撒器、以及數不清的衣服和日用品——這些物品不只是在沃爾瑪賣而已，也在蓋普(Gap)、亞伯克朗比及費區(Abercrombie & Fitch)、家庭倉庫、和迪士尼賣。但是我們從來都沒有像現在這樣，完全不去管這些產品原產地的情形、工廠的情形、以及工人的情形。在美國，有社會規範來限制工廠裡的工作情形，以及限制工廠和環境的關係。這個社會規範，經過了一百年來的發展而達到一定的共識，而且還在持續演化，聯邦政府和州政府都把這社會規範編制成法令。這不是工資多少的問題，這是關於工作時數、安全、加班、休息和休假、適當的工具、健康法規、和火災逃生等；這是關於工廠在生產時不能排放什麼東西到水中、和空氣裡，以及排放物排放之前必須經過處理。即使在美國，工廠應該如何運作以及他們實際上是如何在運作，也是個坎坷的過程。但我們還是有個粗略的共識，而且還有整個政府在監督，確保大家都能遵守法令。

但是，如果成衣廠、玩具廠或電動工具機廠遷到海外，那會怎麼樣呢？通常機器本身會從美國工廠的地板上拆下來，打包，然後運到墨西哥或亞洲的工廠。再一次，除了工資的問題之外，其他的規範限制則會隨著每個國家的經濟而有所不同，那麼，這些成衣、玩具、和電動工具機的製造環境會是什麼樣的狀況呢？很清楚地，公司省錢的方法絕不只是工資而已。就像智利鮭魚之所以便宜，是因爲許多鮭魚的養殖成本並未反映到價格上，同樣地，設在開發中國家的工廠也會比較便宜，因爲這些廠在美國所受到的規範——工作場所、安全、和污染法規——整個頂層架構都可以拋開了。如果你可以扭扭鼻子就把一家玩具工廠從中國移開、或是工具廠從捷克共和國移開、或是成衣廠從孟加拉移開，然後放到北卡羅萊納州的土地上，在這裡，這家工廠可以符合法令規範嗎？

波卡西・瑟提（S. Prakash Sethi）是全球工廠狀況的專家，對這個問題笑著回答說：「在這裡當然不可能合法。他們甚至於在中國也不合法。」——甚或在任何你想得到的國家都不合法。這些工廠，在很多國家裡，就連當地的法令都根本不能遵守了，更不用提美國的法令。「最後，只要可以降低成本，工廠什麼事都幹得出來。」瑟提說道：「只要不必做污染防制、加班工資不必按規定的金額發、不必讓員工放假，你就可以省下很多錢。」瑟提是紐約市立大學柏魯克分校齊克林商學院（Baruch College's Zicklin School of Business）的名教授，他花了二十年以上的時間調查海外跨國企業的行爲，企圖找出能夠說服這些跨國公司遵循企業道德的方法，他在南非實施種族隔離政策期間回到企業界做生意。他幫人建立了一組特殊的外部團隊，現在他領導這個團隊，監控著爲美泰兒（Mattel）生產玩具的工廠；十年來，他已經跑遍了全球好幾十家工廠。

合法下的不合法

全球經濟裡所隱而不宣的條件是：雖然我們所熟悉產品持續地運送過來，而且還不斷地降價，但通常這些產品的製造方式，卻越來越讓我們感到陌生，離我們越來越遠，也讓我們越來越難以接受。那些工廠對待員工以及社區的方式，在美國是不合法的；但所生產的產品卻完全合法，事實上，這種毫不吸引人的生產方式可以讓產品變得更便宜，所以也就一直具有一定的吸引力了。

「因爲成本的壓力，」瑟提說道：「工廠竭盡所能地省下每一分錢，直到小數點第三位。

沃爾瑪是主角，甚至於是最大的主角，成本下降的動力來源。」

在早年，即使我們所知有限，我們還是可以跑到漁人碼頭、服飾店、或是路邊的蔬菜攤，去瞭解一下我們所買食物或商品的狀況。今天，我們則要靠法令和這些企業，但有時候卻令人失望，甚至厭惡。耐吉（Nike）、蓋普、Reebok（銳步）、迪士尼、和沃爾瑪都必須去面對、解釋、和解決這二十年來的剝削問題。

每一次，這些在開發中國家爲美國生產的工廠被破門而入時，裡頭所見到的景象總是令人不安。低價之謎突然迎刃而解，但卻不是我們所能接受的方式。凱西李姬佛和沃爾瑪都否認在宏都拉斯用童工來生產凱西李姬佛服飾。否認的說法，是事實也是謊言。在國會聽證會之前，這些服飾已經不用童工生產了。但他們曾經用過童工。

打人的褲子

二〇〇四年秋季，二名孟加拉婦人花了一個月的時間，到美國各大學校園做巡迴說明，述說她們在孟加拉首都達卡成衣廠的工作經驗。她們是由一個勞工人權團體，全國勞工委員會（National Labor Committee，NLC）帶來美國的，這個團體專門揭發全世界不人道工廠的工作條件。向美國國會舉發凱西李姬佛服飾童工問題的人，就是NLC的執行董事，查爾斯・柯納根（Charles Kernaghan）。這二名孟加拉工人不會說英語，是由陪著她們來美國的NLC達卡辦公室職員擔任翻譯。這二名孟加拉工廠女工口中所陳述的生活細節——她們一再地向耶魯、哈佛、愛荷華、和威斯康辛大學所描述的生活——似乎不是現實世界裡的生活，而是好幾世紀以前的生活。

十六歲的蘿彬納・阿克什（Robina Akther）在達卡的西方服飾廠（Western Dresses）是一名資淺的縫紉作業員，西方服飾爲沃爾瑪生產褲子，而阿克什的工作是把袋蓋縫到褲子的後口袋上。她說她每小時的工資是十三美分——一天要做十四個小時，一個月拿二十六・九八美元。一小時要縫一百二十條褲子，如果她的工作速度達不到要求，根據阿克什所說，會遭到這樣的懲罰：領班會用那些褲子甩她耳光。「如果你做錯了，或是進度落後，他們就會打人。」阿克什透過翻譯說道，這段報導公布在ＮＬＣ的網站上。「他們用褲子狠狠地甩你耳光、鞭打你。就像家常便飯。他們打人很狠。這可不是開玩笑的。」

如果阿克什所言屬實——沃爾瑪並未對校園報紙上的報導提出質疑，也沒有質疑ＮＬＣ公布在網站上的報導——那麼沃爾瑪客戶從展示架上所買到的褲子，很可能就是拿來打生產工人的褲子。這些褲子現在穿在誰的身上？

根據阿克什的描述，在西方服飾廠的生活，就是永無止境地做衣服，從早上八點，一直做到晚上十點或十一點，一週七天。一年有十天休假——平均一個月還不到一天。在縫紉桌上不准講話，也沒有水喝。除非得到允許，不能上洗手間，而且，「洗手間很髒，沒有衛生紙和肥皂。」

儘管工作無奈，阿克什告訴大學生說：「我用手指頭沾著灰來刷牙。我買不起牙刷和牙膏。」美國人有必要把成衣的價格壓到那麼低，讓生產工人買不起牙刷嗎？

根據蘿彬納．阿克什所說的工資——典型的孟加拉成衣工人工資——如果照她過去二十個月在西方服飾廠的情形，工作了五十年，如果她還能活五十年，她這半世紀工作所賺到的薪水是一萬六千二百美元。沃爾瑪二〇〇四年的盈餘——是盈餘不是營收——每分鐘是一萬九千五百九十七美元。

如今，蘿彬納．阿克什的陳述，有了新舞台：二〇〇五年九月，她向美國法院控告沃爾瑪，宣稱她在一家沃爾瑪基本上能夠控制的工廠裡，連孟加拉法令所規範的基本工資和加班費都沒拿到，並受到身體上的虐待，而這家工廠主要是根據沃爾瑪的設計、價格、和需求進度，為沃爾瑪生產產品。事實上，在本案中，阿克什只是以無名式三號的名義，和其他五個國家的十四名起訴人一起控告沃爾瑪。這十五名工人——來自中國、印尼、瑞士、尼加拉瓜和孟加拉——都是在為（或曾經為）沃爾瑪生產商品，而且幾乎一致指控遭到剝削等不當對待。在本案中，無名氏三號（蘿彬納．阿克什）主張沃爾瑪不只是和西方服飾廠簽訂成衣採購合約而已；沃爾瑪還有和她，以及其他工廠同事簽約，她們所受到的有系統虐待，是沃爾瑪的責任。不是沃爾瑪的道德責任，而是沃爾瑪的法律責任。也許蘿彬納．阿克什可以從孟加拉出發，讓沃爾瑪效應的觀念有所改變。

沃爾瑪的回應

沃爾瑪對這項剝削控訴的最直接辯護，和每隔幾年在媒體上受到指控時的辯護完全相同。該公司對於供應商應該如何對待勞工，訂有一套行爲規範，而且嚴格要求，這套規範不只是靠沃爾瑪可以撤銷生意或以其強大的力量來迫使供應商遵循而已，他們還設有全球工廠稽核小組，每天四處去查核這些工廠爲沃爾瑪生產時的工作狀況。「在查核供應商工廠狀況上，我們獨步全球。」沃爾瑪在一份與工人訴訟的答辯書上說道：「而且如果我們發現供應商的工廠不願意改善問題，我們就會終止雙方的關係。」這份事先給供應商的約定標準，以凱西李姬佛案的簡短說明（沒有提到凱西李姬佛的名字），來提醒工廠負責人，爲什麼沃爾瑪要對這種事，要求如此嚴格，這套標準之所以如此重要是因爲「沃爾瑪供應商的行爲可能會被視爲沃爾瑪的行爲，也會關係到沃爾瑪的聲譽。」沃爾瑪現在每年出一份報告，說明工廠的稽核情形以及所謂「道德標準」小組之工作成效。

乍看之下，這份報告以及道德標準小組似乎嚴格而可靠。事實上，這正是沃爾瑪的訴求：沃爾瑪嚴格要求不只是爲了生產狀況而已，而是因爲我們的要求如此嚴格，所以你可以放心。你可以放心地去買四・八四美元的鮭魚和五・七四美元的兒童襯衫，不用擔心。

二〇〇四年，沃爾瑪的商品，直接向全球六十個國家五千三百家工廠購買，沃爾瑪在報告中表示，每一家工廠至少檢查過一次。沃爾瑪的稽查員也查核了二千三百家的廠商——這些工廠，技術上而言，是爲其他公司而生產，但其產品最終還是送到沃爾瑪賣場的貨架上。

沃爾瑪在上海、深圳、杜拜、新加坡、班加羅爾（譯註：Bangalore，印度第七大城）、及宏都拉斯的車羅模（Cholomo）都設有道德標準辦公室。在這些地方，沃爾瑪的稽查員每天要查核三十家的工廠——二〇〇四年查了一萬二千五百家。其努力令人印象深刻。

而且沃爾瑪要求生產廠商把這套標準規範張貼出來，以促進責任感和安全感。這套規範已經翻譯成二十五種語言。

結果如何呢？二〇〇四年，有一〇八家工廠因違規情事嚴重，沃爾瑪下令禁止再和其往來。另外還有一二一一家工廠違規，導致其爲沃爾瑪生產的資格，必須暫停一段時期；其中有二六〇家的違規情形已經改善，得以恢復供應商的資格。

蘿彬納．阿克什及其工廠同事向加州州立法院控告沃爾瑪一案，是由美國另一個勞工人權團體，國際勞工人權基金會所安排。這件訴訟得以成立，開啓了新的法律理論，特別是外國公司的員工，在外國的工廠裡工作，有權向加州州立法院提出告訴。四十七頁的訴狀裡指陳了各種不當行爲，從當代常見的行爲到中古世紀才有的行爲：有系統地違反工資和加班規定、還有把工人鎖在工廠裡，強迫他們徹夜工作以完成訂單、扣留數月的工資以防止員工離職。這裡所指控的每一項，都是沃爾瑪行爲規範所禁止的行爲。換言之，這件訴訟的核心事實上是：沃爾瑪的行爲規範怎麼說是一回事，實際上的運作則是另一回事。

事實上，這個訴訟還有進一步的主張。問題不在於麻木、貪婪、而不人道的工廠經理人。「沃爾瑪本身就是不人道狀況的原因。」訴狀裡指出：「該公司運用其龐大的市場力量，堅持要壓低單價，在這種低價之下，只能依靠極度壓榨勞工，強迫他們必須忍受低薪超時工作以勉強維持生存，才能達成。」沃爾瑪堅持低價商品，據訴狀所言，「造成供應商在營運上連最基本法令要求，包括工資和工作時間上的法令要求，都無法遵循。」

黃金標準

沃爾瑪對於該公司在道德外包上的努力，陳述詳盡，似乎和原告的主張，完全不同。但如果你對沃爾瑪自己所發表的報告做進一步的探討，一部分的答案就呼之欲出了。是的，該公司的工廠稽查小組的確做了一萬二千五百件調查，但其中只有百分之八是採無預警方式。這表示在調查前沒有事先通知的有一千家，而一萬一千五百家的查核，則是事先規畫好的。但是根據沃爾瑪的報告，有九千九百家違規，必須凍結往來或給予警告。即使你假設所有的無預警檢查都包含在這九千九百家裡頭——也就是你假設每一次的無預警檢查都發現嚴重的弊端——那就可以導出一個驚人的結論：在二〇〇四年裡，有八千九百家的工廠，事先知道沃爾瑪要來查核，但在檢查時，仍然有嚴重違規情事。

如果，這份行爲規範必須由工廠經理人簽署，如果，這份規範要張貼在工廠的牆上，如果，檢查之前都會事先通知，而沃爾瑪的供應商，卻還有好幾千家得到了紅燈或黃燈的警告，那麼，工廠對沃爾瑪的行爲規範到底能有多認眞呢？而且，如果工廠經理人知道沃爾瑪要來檢查，檢查那天都只能做到這樣的程度，那麼，工廠裡，典型的一天又會是什麼樣的狀況呢？如果百分之九十的檢查採無預警方式，沃爾瑪所發現的，會是什麼狀況呢？

其實，沃爾瑪也許會說，這項道德外包計畫已經有十四年了，他們也很認眞地在執行，但是，和波卡西・瑟提這樣經驗豐富的外包專家所謂的「黃金標準」相較，至少有三個重要地方，實在是相差甚遠。

第一，黃金標準採用無預警檢查。

第二，黃金標準在廠外和員工面談，以得到最大程度的坦白。沃爾瑪說他們的面談採私下方式進行，但工廠的經理人卻知道他們和哪些人談過。

第三，黃金標準用獨立的第三單位稽查人員，以避免工廠績效和公司對工廠的要求，二者之間產生利益衝突。沃爾瑪則由自己來制定行爲規範，也由沃爾瑪自己來督導實施這些規範。有一家專門衡量企業社會責任的外部組織，KLD公司，爲股票上市公司的社會責任狀況，編製並且維護著一套多米尼四〇〇社會責任指數（Domini 400 Social Index）。KLD公司在二〇〇一年把沃爾瑪從投資責任名單中刪除了，白紙黑字地寫道，沃爾瑪「在確保其國內和國際供應商之工廠運作，以符合適當的勞工和人權標準上，其作爲仍嫌不足。」KLD總裁彼得・金德（Peter D. Kinder）當時這樣說道：「沃爾瑪獨霸市場的力量，讓該公司可以站在無與倫比的位置，領導零售商，共同掃除剝削惡行。但是，到目前爲止，該公司仍拒絕這樣做。」

從更大的沃爾瑪全球運作範疇上來看，工廠稽查計畫似乎不是很努力在做，倒像是勉強之下才不得不做的事。稽查小組在二〇〇四年全職人員的人數由一百一十四名增加爲二百〇二名。但是沃爾瑪一家典型的超級購物中心，就僱用了五百人以上，而且每週新開五家。整個全球道德標準和工廠稽查小組的人數還不到一家超級購物中心所僱用人數的一半。

把沃爾瑪的運作狀況，和另一家同樣也宣稱認眞看待工廠狀況的公司相較，會得到更鮮明的對比。

蓋普公司和沃爾瑪一樣，有一套公開的行爲規範，以及遍及全球的公司內部稽查小組，並且把自我稽查結果發表在年報上。蓋普公司的工廠標準小組有九十人。雖然蓋普公司在商品的外購和銷售運作上，和沃爾瑪非常相似，但其年營業額和沃爾瑪比較起來，仍是小巫見大巫：二〇〇四年，蓋普的營業額爲一百六十三億美元，而沃爾瑪的是二千八百八十億美元。即使你把沃爾瑪的食品雜貨部分拿掉——如果你假設鮭魚養殖場和牛肉處理工廠不需要稽查——如果沃爾瑪按照蓋普的方式僱用人員，那就應該有九百名稽查人員，而不是二百名。

事實上，一方面沃爾瑪對一萬二千五百家工廠做過稽查，而另一方面蘿彬納・阿克什卻被所生產的沃爾瑪褲子毒打，這二者可能同時存在。因爲，正如每磅鮭魚的價格裡告訴我們一些資訊，同樣地，孟加拉製的藍色牛津男童襯衫，其價格也透露出一些資訊。

跟沃爾瑪同行

二〇〇五年七月，四名沃爾瑪職員悄悄地到智利視察，瞭解鮭魚產業的狀況。這並不是沃爾瑪所組的團；這個團有二十人，沃爾瑪人員只是其中的一部分而已，包括採購人員、產業代表、環境保護主義者、以及其他人員，他們花了四天的時間和智利人交談、參觀鮭魚養殖場、和巡視處理工廠。

全國環境信託基金的蓋瑞・李普派了二名職員參加這趟行程，同行的還有加拿大卑詩省幾個海洋保護團體的代表，因爲卑詩省在鮭魚養殖和處理的法令上，比智利還先進。羅德里戈・皮薩羅則在智利和該團會面。

這趟行程的目的之一在於集合各種不同團體，針對智利養殖鮭魚在永續經營上所必須採取的做法，取得共識。而沃爾瑪的職員也參加，有幾個理由，根據李普、皮薩羅、和其他人的說法是：從各個層面瞭解產業和問題，並且讓他們親自聽取智利人的聲音。

根據李普的說法，沃爾瑪瞭解，智利的鮭魚養殖問題可能是個引爆點，一觸即發，重創沃爾瑪，是凱西李姬佛事件的食品版。沒錯，二〇〇五年多數時候，沃爾瑪持續保持低調地與幾個環保團體對談，企圖瞭解應該制定何種標準，採取何種措施，才能解決鮭魚外購的問題。對談，是個高招，特別是那一年，美國的山岳協會（Sierra Club）結合了二個主要工會成立新組織，公開質疑沃爾瑪在許多業務上的問題。

和沃爾瑪對談的環保團體希望能讓沃爾瑪瞭解，該公司有能力，也應該運用其力量，來解決該公司和這些產業往來時所產生的環保問題和勞工問題。他們認爲，沃爾瑪最終應該可以扮演企業環保監督者的角色，就如同該公司在企業生產力和效率上所扮演的一樣。沃爾瑪則希望在接受嚴厲批評時，能讓社會大眾知道，沃爾瑪是肯負責的公民。但環保團體則不想在沃爾瑪的宣傳當中，被愚弄或被利用，而且，沃爾瑪所做的結果，卻是公共關係多於實質成效。還有，沃爾瑪眞的也不是那麼瞭解，把商品來源和製造過程的「外部效果」納入管理的意義是什麼。如果鮭魚糞便必須加以清理並妥善處置——那並不是讓鮭魚更便宜的做法——基本上，這個做法可能讓鮭魚變得更貴。當然沃爾瑪會擔憂，除了法令規定、改善效率和節省成本的因素之外，沃爾瑪一旦敞開大門，去考慮其他因素——那麼，這些要求考慮得完嗎？大家還有什麼事不來找沃爾瑪幫忙的？

事實上，很多人也許會認爲智利的鮭魚養殖問題根本就不是沃爾瑪的責任。保護智利海洋和保護智利工人，是智利政府的責任。沃爾瑪的責任在於遵守法律，並提供低價。事實上，這正是班頓鎮這四十年來的想法。但全球經濟已經變得相當複雜了。

在智利這趟行程中，根據其中四位團員的說法，沃爾瑪的職員非常謹慎而謙謙有禮，不談他們自己的想法。他們注意聽，但很少發言。

羅德里戈・皮薩羅在一場會議中必須直接向沃爾瑪代表發言。「我非常堅持，要求他們對勞工的社會狀況表示意見。」皮薩羅說道：「我的印象是，他們認爲所參觀的處理工廠，衛生狀況令人印象非常深刻。但他們也對勞工問題的主張感到訝異。話又說回來，他們很有禮貌，也願意去瞭解問題。」

沃爾瑪的代表在那裡見識到勞工問題的重要性。會議開到一半，工會的人闖進來，把會議打斷了，在建築物裡聚集，抗議鮭魚處理工廠的工作環境。皮薩羅說，工人的訴求不容輕忽。「我跟沃爾瑪的代表說，」皮薩羅說道：「我相信勞工的狀況就是這樣，如果美國的消費者在鮭魚排裡發現了釘子或刀子，我不會感到意外。一旦沃爾瑪瞭解到生產食品的人也會破壞食品，那麼，當然，基於自身利益的考量，他們將會樂於見到勞工問題得到改善。」

「當我把這些話告訴他們之後，」皮薩羅說道：「很淸楚地，他們對這個問題更有興趣了。」

全國環境信託基金的李普並沒有直接參與沃爾瑪在鮭魚標準上的會談，但他認識參加的人員。「沃爾瑪將會採用一套標準規範。問題是這到底會有多少效力？」李普坦白地說道：「他們經常向供應商要求許多的條件——如何生產、要放什麼東西在裡面、他們會出什麼價格等。但如果他們希望這個商品能夠持續下去，他們就必須負起責任。」

皮薩羅也同樣樂觀。「我們不必爲了大幅改善工人的生活，而把條件定得太高。」他說：「我的想法是，在全球經濟裡，我們都有責任。我認爲沃爾瑪會做出一些改變。他們不得不如此。」

改善措施，站在外部看，似乎比實際執行要容易多了。這可不是簡單地增設幾項要點，就可以叫公司依照沃爾瑪所規定的交期、價格、和包裝方式來交貨。想要動用沃爾瑪的採購力量來改善商品生產時的環保條件及工作條件，就必須讓總部的人在基本思想上做重大調整，讓他們願意接受，壓低成本，並非全都是好事。但是，沃爾瑪四十年來的紀律和文化，從班頓鎮的採購人員到每一家賣場上的特賣走廊，再再都和羅德里戈・皮薩羅以及蘿彬納・阿克什的希望相違背。

皮薩羅知道有一股力量沃爾瑪絕不敢忽視：購物者。他更認爲，如果美國的消費者知道，生產一磅四・八四美元的鮭魚要付出什麼代價，他們就不會認爲這個價格可以和成本相配。「我不認爲美國的父母，願意拿那些可憐的工人在惡劣的工作環境下所生產出來的東西，餵養自己和孩子。」皮薩羅說道：「而且，我也不認爲沃爾瑪應該容許這種事。」

8 一分錢的力量

客户不是傻瓜。客户就是你太太。

——凱文・羅伯茨（Kevin Roberts），上奇廣告全球執行長於阿肯色大學沃爾頓商學院演講「零售業新興之趨勢」

星期四早上八點不到，沃爾瑪位於賓州溫科特（Wyncote）的五二二九號店，就在費城北邊，才開門不到一小時。這是個涼爽的夏日早晨，停車場大部分的地方還曬不到太陽，而且是空蕩蕩的。這很反常。

五二二九號店是沃爾瑪的城市店，二〇〇四年一月利用先前凱瑪特所關掉的賣場開設的，以沃爾瑪的標準來看，規模算小，只有十一萬二千五百平方呎。如果你夠仔細，就會發現大多數的沃爾瑪賣場都會有各自的特色。五二二九號店常常是生意興隆，近乎混亂，而玩具部、嬰兒部和牙刷區經常像是被洗劫過似的，不是排得好好的。

五二二九號店的客戶在結帳時通常要等很久，購物車隊排成一條長龍，擋住了賣場大門前的主要走道。結帳所花的時間常常要比把東西放進購物車的時間還要久。

這家店過去因爲購物袋常常用完而出名。消費者從大門進來經常找不到購物車，而這天早上也不例外。好幾十台的購物車長龍窩在汽車入口處——很明顯，這些購物車整個晚上都是散落在停車場各個角落裡，山姆・沃爾頓看到這景象可是會發怒的。然而，這個早上，五二二九號店卻是反常地安靜，幾乎可以說是安詳了。你很容易就可以穿過走道，各區都是貨品齊全擺放整齊。不知道爲什麼，沒有人打開電視監視器，聽不到一再反覆聒噪的叫賣聲，「快來看沃爾瑪有什麼新東西！」

沃爾瑪效應，透過購物和購物者，從賣場開始，也在賣場結束。沃爾瑪所有的影響和力量，都是從我們的身上，從我們打開錢包的意願上，所衍生出來的，而且一次只要幾塊美元就行了。在消費性品類裡（包括食品雜貨、健康與美容、以及綜合商品等，佔了沃爾瑪一半的營業額），我們在沃爾瑪購買的平均單價低於三美元——眞的，甚至最常採購的前十五項商品中，沒有一樣超過三美元。這表示有好幾個意義。這表示小東西很重要：這家公司會變成有史以來最大最強悍的公司，並不是因爲該公司是軍隊的特約商，他們也不是汽車製造商，他們並沒有找門路到華盛頓去關說，或突然抓住機會控制汽油的供應量，更沒有用其他一般人所無法理解的陰謀。這家有史以來最大、最強悍的公司，它的生意是建立在我們每個人一次又一次地交出三張一美元的鈔票上。

事實上，沃爾瑪眞正的力量來源，並不是靠把消費性商品賣三美元——力量的來源是更小的數字，只有〇・〇三美元。沃爾瑪神奇之處在於總是能用二・九七美元的價格賣三・〇〇美元的東西——這是山姆・沃爾頓天才的地方。他靠本能就知道，爲了用二・九七美元買三・〇〇美元的東西，美國人願意改變習慣，特別是在每天都是二・九七美元的情況下。而且他也知道，怎麼樣靠放棄那三美分來讓企業賺錢。

評估這些幾分錢的力量，再也沒有什麼地方，比去溫科特的沃爾瑪五二二九號店裡頭，逛逛貨架，買一些東西更好的了。首先我們來看一瓶普通的沐浴油，肌麗牌（Alpha Keri）的滋潤沐浴油，放在健康美容區，山姆・沃爾頓本人認爲這區是沃爾瑪取得力量的關鍵。這沐浴油用細長的透明塑膠瓶裝著，可以看到裡面藍綠色的油。這瓶肌麗是個高級享受。就每盎司的價格來看，比一瓶二十四美元的梅洛紅酒（Merlot）還貴。如果汽油——光是油本身——用肌麗沐浴油的價格來賣，一加侖的汽油要賣一二七・五二美元。八盎司裝的肌麗沐浴油在沃爾瑪賣七・九七每元。在其他地方，同樣的商品，都超過八美元，北部通常是九美元以上。從貨架上取下一瓶肌麗，有一種安全感。沃爾瑪站在我們這邊：既然沐浴油每噴一次都很貴，沃爾瑪是你所能找到價錢最低的地方了。

這就是沃爾瑪的特點，也是整個公司的核心價值。對購物者而言，這就是沃爾瑪效應：不管沃爾瑪怎麼變，選沃爾瑪準沒錯，這是你能找到最低價的地方。你可以毫不猶豫地把那瓶肌麗放進購物車裡。

在沃爾瑪購物

但今天在沃爾瑪購物最有趣的地方，在於每一區的感受都不一樣；同樣的保證，在某一區覺得很舒適，但在另一區可能會讓人感到不安。雖然沃爾瑪五二二九號店不是超級購物中心，但和現在大多數普通的沃爾瑪賣場一樣，有五、六條走道上提供基本的大包裝食品雜貨：牛奶、蛋、麵包、義大利麵、穀片早餐、汽水和蔬菜罐頭。我們來看一罐切好的無鹽四季豆。蔬菜罐頭是大生意——在沃爾瑪，只有七種消費性商品的銷售量超過蔬菜罐頭。在典型的郊區食品雜貨店裡，一罐台爾蒙（Del Monte）無鹽四季豆要價〇・九九美元。賣場品牌（store-brand）的四季豆一般是〇・七九美元一罐。打折時，二罐賣場品牌的四季豆賣一・〇九美元，或是一罐〇・五五美元。

在沃爾瑪，一罐自有標籤，沒有品牌，不加鹽的切片四季豆賣四十四美分。天天低價。四季豆在沃爾瑪的架子上比其他地方打折時的價格還要便宜百分之二十。平常時候，其價格比一般食品雜貨賣場裡，有品牌四季豆的半價還便宜。

離四季豆二步遠的地方是雪牌碎蚌，也是罐裝。如果你想做細扁義大利麵加白醬蛤蜊，你可能就會用到雪牌碎蚌。在超級市場裡，一罐的價格從一・二〇美元到一・四〇美元；低於一・二〇美元就算便宜了。在沃爾瑪五二二九號店，從來不會超過一・一二美元。偶爾賣得非常便宜，一罐〇・九八美元，就像有一天，在北卡羅萊納州維明頓（Wilmington）的沃爾瑪一三四八號店一樣。

以一般價格的一半買到四季豆，以便宜百分之十、二十、或三十的價格買碎蚌，並不會讓人感到舒坦。如果你注意到四季豆或是碎蚌的價差，你一定會感到奇怪，他們是怎麼辦到的？而如果你去想他們是怎麼辦到的，你就會感到渾身不自在了。

是什麼樣的田生產這些四季豆（標示上說是在加拿大）？

由誰採收？

採收後剩下什麼東西？

還有，四十四美分的四季豆，品質到底如何呢？

大家很容易就會想像新澤西州的海底，所有生物都被搜刮一空，因爲雪牌的漁船，賣力地把大量的蚌類撈上岸，以滿足沃爾瑪龐大的胃口。

現在，在沃爾瑪裡購物不能算是無辜了，也許以前曾經是無辜的。在沃爾瑪購物的感覺，混合了滿足、好奇、疑惑和內疚。當然，惶惶不安的感覺也是沃爾瑪的隱藏成本，不包含在那罐四季豆的四十四美分裡。

沃爾瑪每年幫我們省下了多少錢？

我們從簡單的開始，只考慮食品雜貨，保守估計，一整台典型購物車的食品，沃爾瑪可以幫購物者省下百分之十五。

二〇〇四年，沃爾瑪的客戶在食品雜貨上一共花了一千二百四十億美元。同樣的食品，如果在其他超市買，要花一千四百六十億美元。因此，沃爾瑪光是在食品雜貨上，就讓消費者省下了二百二十億美元。

如果沃爾瑪的其他商品只比同業便宜百分之五，那又幫客戶省下另外的八十億美元。所以，保守估計，去年在沃爾瑪購物的人一共省下了三百億美元。相當於全美國每一個家庭每年收到了沃爾瑪二百七十美元的退款支票。

但是沒有人以「平均值」去採購，而且這數字直接關聯的單位是家庭。所以讓我們考慮一個四口之家，二個大人二個小孩，年收入五萬二千美元。像這樣的家庭，一個禮拜很容易花一百二十五美元在食品雜貨上，或是一個月五百美元。如果沃爾瑪來到鎮上開店，他們就能在食品雜貨上省下百分之十五，即每月七十五美元。這些七十五美元一年加起來就有九百美元——相當於多拿一個星期的薪水；比七個星期的免費食品雜貨還多。而這只是食品雜貨而已。

省下的15%

爲什麼你要多花錢？誰能夠負擔得起多花錢？誰會去拒絕九百美元的紅包？

單純從經濟上來看，所省下的三百億美元，直接來自沃爾瑪（這並不含其他零售業者因效率改善，降價競爭，所省下的錢），從某個觀點來看，這三百億美元就是史帝文・郭芝所發現的，沃爾瑪把二萬個美國家庭，推落到貧窮困境的原因。就算這些家庭在陷入貧困之前，年所得有五萬二千美元（不太可能），而且，就算這些人此後即全無收入，靠社會接濟，他們這些家庭在所得上的損失，全部加起來是一億美元——是沃爾瑪幫大家省下金額的三十分之一。市場經濟總是在做資源重分配，而且，通常所謂的資源，就是指活生生的人，有人失業，有人找到新工作。

事實上，眞正的人並不是活在「總體」經濟裡頭；眞正的人也不活在「長期」裡頭。郭芝的研究，讓這些重大妥協，產生鮮明的對比，這個問題就是：是否應該讓某些人失去生計，好讓大家買到的電動工具機、內衣和洗衣精能夠更便宜？在市場經濟裡，在民主制度中，答案總是加強語氣的「是」。這種效率是進步的來源，而這進步，則是淘汰原先不適任的人，以創造新的工作和新的機會。但妥協的殘酷面——我們在沃爾瑪購物，卻讓他人犧牲工作——卻經常安穩地隱藏在複雜的經濟裡，除非你鄰居所服務的工廠要關門了。

你在沃爾瑪購物時，不會去注意裡面員工的薪水，也不會去注意被沃爾瑪淘汰出局的商店，更不會去注意沃爾瑪對供應商所施加的壓力，或者是供應商爲了應付這些壓力所採取的各種措施，包括好的和壞的。在現代世界裡，這種隔閡很平常；我們也不會去注意麥當勞員工的薪水，還有，大多數人根本就不知道一條牛如何變成「大麥克」漢堡。但是沃爾瑪的所做所爲，有些就活生生地呈現在賣場裡；我們身爲購物者，不是視而不見，就是已經習慣了，因爲我們的期望，已經被沃爾瑪改變了。

購物是一種挫折

在沃爾瑪購物並不能讓人心曠神怡；通常像是在工作，很容易就變成在做苦工而且讓人感到挫折。賣場廣闊無垠而且非常吵雜——從視覺上、心理上、和形式上來看——你需要專心、紀律和精力才能循序漸進，找到你所要的東西，然後再向下個目標前進。如果你需要幫忙，很少能得到回應。如果某個東西賣完了，但你已經花了那麼多的時間和精力，好不容易才來到那個走道的那個貨架前面，那種感覺上的落差，絕不只是失望而已；倒像是憤怒。在那裡買衣服是一大考驗——服裝區通常是雜亂不堪；貨架上的商品擠成一團，根本就很難挑選；貨架和貨架之間的空間很窄，如果你想要把購物車推過去，一定會把一堆的上衣和褲子撞到地上。成衣部幾乎是不能逛的。等候結帳時，你通常會有很多時間來思考，花了這麼多力氣所省下來的錢，到底值不值得。如果商品上面缺了條碼貼紙，或掃瞄器讀不到你的折價券，結帳人員通常會把結帳程序暫停下來，打電話尋求協助，然後雙手交於胸前，呆呆的耗著，等主管慢慢地走過來。如果你還拖著一、二個小孩子，那就更讓人不堪了。沃爾瑪唯一能讓你感到愉快的是價格。事實上，那眞的不是讓你逛的地方，到那裡就是買東西——帶一張明細表，照表逐項買齊，然後離開。找齊你要的東西是一項使命，感覺上眞的就是這樣。

有一項數字，或者說是比率，完美地掌握了各家賣場的購物感受，以及各家的對比情形：賣場每名員工的售貨金額。

沃爾瑪每名員工的售貨金額是一七八一二五美元。

塔吉特每名員工的售貨金額是一五六五〇六美元。

天食超市每名員工的售貨金額是一二一八七五美元。

隨著這項數字變小，購物時的愉快感受就隨之增加，這並非意外。當然，你會認爲，沃爾瑪每名員工的售貨金額比別人高很多，是因爲我們在沃爾瑪買的東西比較多，而且他們總部的作業非常精簡，以及他們的配送系統效率很高。但大多數的員工在賣場，而沃爾瑪，賣場裡的員工人數的確是不夠。這就是爲什麼你常常找不到人來開珠寶櫃，讓你看一下鎖在裡頭的手錶。這也是爲什麼即使客戶在結帳時要等十或十五分鐘，但半數甚至三分之二的櫃檯卻沒有結帳員。沃爾瑪在算計自己的成本時永不懈怠，但幫客戶算計成本，他們就不是那麼感興趣了。

DIY

結果，我們所得到的，通常就正好是我們所付出的，即使我們沒有注意到這點。沃爾瑪一張金屬骨架椅子賣二四・八七美元，固瑞克（Graco）的小熊維尼兒童餐椅是七二・四四美元；

健身腳踏車賣八八・八八美元；而一套餐桌椅，含一張桌子四張椅子是一七四・八六美元。但你拿到的不是一張金屬骨架椅子、一張兒童餐椅、一輛健身腳踏車、或是一套餐桌椅。你所拿到的是一箱笨重的零組件，你必須自己在家裡的工具間，把練習用腳踏車或是餐桌椅組起來。沃爾瑪已經把許多簡單的組裝工作外包給客戶來做，就像他們熟練而嚴厲地把許多工作推給供應商一樣。當然，沃爾瑪並不是唯一這樣做的公司，但沃爾瑪一直很熱衷於採用這種方式，就和該公司在其他領域裡採用許多先進的技術如出一轍。該公司的賣場快速地擴充家具商品。許多沃爾瑪賣場有大型的家具展示場——梳粧檯、書桌、書架、老時鐘和床等——但是唯一組合好的商品卻是以鍊子拴住的那套。難怪東西會那麼便宜。我們要自己動手做。

節儉VS.奢華

美國人對金錢的態度很複雜。一方面，富蘭克林的教條「省下一分錢，就是賺到一分錢」已經比美國的歷史還要久遠。(富蘭克林在一七三七年的說法其實是：省下一便士，相當於得到二便士。）節儉和小氣，深深地根植於美國人的性格裡，這可以追溯到殖民時期和墾荒期，在大蕭條時期以及二次世界大戰的配給制下，又再度強化。通常，湊合著過活已經成了一種必要條件，也是巧思和創新的刺激來源；當生活條件可以不必那麼將就時，節儉和小氣依然是令人自傲和有面子的美德。

但美國也是一個信用卡卡債每戶每月餘額超過九千三百美元的國家——而這項平均數，在統計上包括百分之四十的家庭每月付清卡債。如果把這些付清卡債的人去掉，有卡債的家庭，平均一家的卡債餘額是一萬四千四百美元。同時，雖然我們在沃爾瑪購物可以省錢，但實際上我們幾乎是沒有把錢省下來。去年的家庭儲蓄率不到百分之一。一個典型的家庭年所得是五萬二千美元，也許可以靠沃爾瑪一年省下九百美元，但他們卻花掉了，一年下來，所存的錢還不到五百美元。儘管有沃爾瑪，我們支出增加得比所得還快。而且，雖然想省錢的慾望已經創造了沃爾瑪這家世界最大的公司，我們想要奢華的慾望卻也創造了全世界最受歡迎的咖啡店。星巴克的全球開店總數幾乎是沃爾瑪的二倍。星巴克所持的客戶哲學恰恰和沃爾瑪相反，他們一杯咖啡的售價是二十年前的人所無法想像的。星巴克的菜單看板上有一半的飲料價格超過三美元。

對於企業代表著節儉或奢華的產品，美國人的態度也是同樣的矛盾。西南航空公司（Southwest Airlines）是航空業的沃爾瑪，但我們喜愛西南航空。西南航空的票價一如沃爾瑪的售價，經常低到讓人難以置信。美國東西兩岸間直飛，西南航空的票價還不到一百美元——來回票哩。坐到機場的計程車錢，經常比單程的飛機票還貴。西南航空所提供的是陽春服務。他們甚至於連畫位都省了，結果大家爲了要在飛機上搶到自己喜歡的位置，只好在登機前大排長龍，煞費苦心。西南航空的員工，服務非常親切。而且西南航空很賺錢，儘管市場競爭激烈、油價上漲、以及九一一攻擊事件，該公司已經連續三十二年獲利。

但西南航空也是一家剽悍無情的競爭者。二〇〇五年五月，正當美國航空公司（US Airways）在第二次破產中掙扎時，西南航空在美國航空的中樞點匹茲堡開辦新航線。二〇〇四年九月，美國航空申請第二次破產的幾個月前，該公司在美國航空的另一個重要市場，費城，推出新航線。事實上，當二〇〇五年行將結束之前，美國的四家主要航空公司都破產了，包括聯合航空（United）、美國航空、達美航空（Delta）和西北航空（Northwest），而且只有一家主要航空公司賺錢：西南航空。在二〇〇四年，西南航空每週獲利六百萬美元；其他的主要航空公司每週要賠一億七千萬美元以上。西南航空從不裁員；其競爭同業自二〇〇〇年以來，已經裁員十三萬五千人。航空業會這樣騷動和痛苦，原因很多。但其中一項原因就是西南航空。這家航空公司的標誌上有個迷人的紅心（該公司的總部位於達拉斯的愛田〔Love Field〕機場），他們改革了整個民航事業的經濟原理、成本結構、客戶感受、定價策略和競爭環境。和沃爾瑪一樣，西南航空所做的不只是便宜的機票而已：該公司改變了我們對飛行成本的要求。花二百四十美元從紐約飛到佛羅里達州的羅德岱堡（Fort Lauderdale）似乎太貴了。事實上，這就是西南航空效應。

儘管市場解體之後，只留下橙色和藍色的西南航空七三七客機在空中翱翔，該公司打進新城市時，卻沒有人抗議。儘管其他航空公司的機師、技工、空服員和地勤人員，總計有數萬人失去了高薪工作以及各項福利和退休金，卻沒有人請願，或要求機場不要開放登機門給西南航空。雖然在西南航空管理下，每架飛機的員工人數大約比其他主要航空公司的機隊少了百分之二十五，西南航空開新航線那天，不會有人在登機門前站崗監視他們。每當西南航空開發新航線，或是在既有航線增加班次，該公司總是以一則令人愉快的廣告標語來促銷：「現在你可以自由（譯註：free，雙關語，免費）地飛往全國各處。」而美國人也認同。西南航空二〇〇五年的載客人數高於美國其他的航空公司。我們喜愛西南航空。但我們不愛沃爾瑪。

西南航空比一比

這二者的差異很重要，也絕非偶然。其中一部分的原因只是風格而已，即西南航空小心翼翼所建立的企業特色。西南航空有幽默感，希望我們也跟著幽默起來。西南航空職員的裝備包括卡其短褲，他們的登機門服務人員在進行牧牛式呼叫（譯註：不畫位，旅客像牛群般進入登機門）時，會貼心的眨眨眼睛，表示他們也知道，這種登機方式給人感覺不是很舒服，而機上的空服員則毫不客氣地嘲諷美國聯邦航空總署在起飛前那套可笑的安全宣導，這套安全宣導也不過就是用來教旅客綁安全帶的高深藝術。事實上，空服員用歌唱或蘇斯博士（Dr. Seuss）的童謠來做安全宣導，反而更能夠吸引大家的注意力。西南航空的員工不只是和顏悅色而已，他們的薪水也相當不錯。在他們的經營模式裡，提供客戶低廉的價格，並不需要客戶同時也默默地成爲壓榨服務人員的共犯。他們沒有壓榨供應商的黑暗世界，在西南航空，我們買他們所提供的商品。而且，多年來，旅客並不喜歡那些競爭不過西南航空的業者。西南航空努力地扮演下人的角色——幽默感很有用——即使他們已漸漸地稱霸整個產業。同時，其他幾家主要航空公司荒謬怪誕而讓人捉摸不定的定價結構，加上他們十年來完全不重視客戶服務，使得西南航空輕易就可以成功，笑傲航空業。

西南航空不只是便宜而已，還很有趣。而沃爾瑪不只是便宜而已，還很無趣，甚至讓人非常生氣。沃爾瑪對低價太過嚴苛，以致於不管是對我們或對他們，除了責任之外，完全沒有空間來容納其他的態度。沃爾瑪從頭到尾就只是做到簡樸這個了不起的成就而已，就算我們不去質疑薪水、供應商、地方上的小生意、美國的就業狀況和品質等缺失，剩下來的沃爾瑪，還是只有簡樸。總之，這就是爲什麼該公司會有個聰明的行銷德性，商品還堆在運輸用的棧板上，就大刺刺地擺在賣場的走道中央來賣。幹麼還要上架？反正一下子就賣掉了。

在沃爾瑪裡鬧不起來。沃爾瑪就像個嚴厲而專制的八年級數學老師，突然在放春假之前的那一天，講了個笑話——一個冷笑話，這種舉動顯得唐突而缺乏誠意。沃爾瑪對自己沒有幽默感，而我們對沃爾瑪也沒有幽默感。

但我們還是很尊敬沃爾瑪，就好像沃爾瑪是我們的八年級數學老師一樣，我們有相當多的人，非常感謝沃爾瑪所提供給我們的服務。可是任何一家沃爾瑪賣場，都有辦法讓客戶感到驚訝，而且有時候，這驚訝還眞是不小。

在二二四七號店運動用品區寬敞的走道上，有一棧板的火藥，堆到胸口這麼高。一盒又一盒的雷明頓十二口徑獵槍子彈，每盒有二百五十發子彈，賣二九・八〇美元。平常放幫寶適的棧板，無緣無故地擺了這麼多的火藥，似乎有點怪異。

二八三六號店，靠近電子區，那裡的棧板上放了好多的思科（Cisco）路由器，這是用來建立家庭無線上網系統的產品。看到二百盒思科路由器隨意堆成一堆，賣給大家六九・六九美元，思科系統公司神話般的形象——網際網路上，大多使用該公司的產品——似乎就此破滅。

二一九八號店，從自動門進來，就是一大堆待售的鮮花束放在棧板上。讓人驚訝的是：當時才只是二月中旬，而二一九八號店離明尼亞波利斯（Minneapolis）很近，就在往美國購物中心（Mall of America）的路上。停車場四周還堆著雪；外頭是華氏二十五度（譯註：約攝氏零下四度），而你一踏進門，二一九八號店就用一束束的鮮花來幫你接風。

有時候，讓我們驚訝的只是廠商間的低價合作專案。在沃爾瑪賣場很裡面，有一項百分之十四的價格回饋：二十八美分的商品只賣二十四美分。在閱讀中心，山姆・沃爾頓自己所出版的自傳，定價是七・九九美元，只賣七折價，五・六二美元。

而有時候這驚訝是一小扇窗子，讓我們瞭解，沃爾瑪裡的人是如何工作，以及想法如何，才有今天的成就。在某天下午，有一個賣場的男裝區隔出一塊空間，擺滿了好幾箱的襯衫和褲子，準備卸貨。每個紙箱上都印著一道對處理員工的指示：「退回十六號配銷中心可獲得點數。公司每個紙箱的平均成本爲○．八五美元。」在另一家店裡，嬰兒用品部的一個待拆封紙箱上寫著：「本紙箱成本爲三．六六美元。請立即送還沃爾瑪配銷中心。」紙箱的另一邊印著：「光榮地退回。」

很多的沃爾瑪賣場都有天窗。不是零零星星的幾片，而是非常多，不管你站在哪個位置，抬頭一看，至少可以從三片天窗看到天空。在白天裡，天窗讓沃爾瑪的賣場充滿了自然的光線；讓整個賣場逛起來有一種安詳的感覺。湯姆．席伊（Tom Seay）從一九七四年到一九九六年負責沃爾瑪的不動產作業，相當於負責在美國從七十八家店拓展到二千七百四十家，談到天窗一事淡淡地笑著。有天窗的賣場，其燈光都設有電腦控制的調光器。天窗不只是讓賣場更具吸引力，還因爲省電而幫沃爾瑪省下不少錢。二十八美分的商品折價回饋成二十四美分、山姆．沃爾頓的智慧結晶打七折出售、重複使用的紙箱打上價格、以及運用可愛的天窗來降低營運成本——這就是最純正、最簡單、也最有力量的沃爾瑪DNA。但也是沃爾瑪事業發生問題的原因。

二○○四年十月，上奇廣告的全球執行長凱文．羅伯茨，在阿肯色大學沃爾頓商學院零售卓越中心所舉辦的零售業趨勢會議中，擔任開幕發言人。這所大學位於阿肯色州的法葉特城，離班頓鎮只有三十哩，出席聽講的來賓將近五百人，大部分都是殷實幹練的沃爾瑪供應商團隊成員，來自黛兒、盛美家（J. M. Smucker）和3M等公司。

羅伯茨的公司也爲沃爾瑪服務，他曾經對沃爾瑪的狀況做了一次生動而具破壞性的分析。「當前零售業者和製造廠商所面臨的問題是什麼？」他問聽眾。「商品化。現在，你買東西，比以前任何時期都划算。而沃爾瑪在這方面功不可沒。但消費者會心存感激嗎？不！他們只會要求。」

沃爾瑪讓客戶身心疲憊。「走進沃爾瑪，」羅伯茨說道：「完全沒有神秘感。走進沃爾瑪，根本就沒有感官上的興奮之情。」他沒有提到塔吉特，卻讓人想起塔吉特。沃爾瑪讓人身心萎靡，塔吉特讓人身心振奮。「消費者已經對交易一事感到厭煩。」羅伯茨說道：「沃爾瑪當前的目標是把錢省下來給消費者。幫他們省錢。但他們並不愛沃爾瑪。就像你不會和你所尊敬的人結婚一樣。沃爾瑪已經是無可取代。但應該變成令人無法抗拒的公司。」

這就正是西南航空和沃爾瑪的差異。「讓人喜愛，」羅伯茨做結論：「你必須讓人喜愛。」

風格對抗價格

在時尚雜誌（*Vogue*）二〇〇五年九月號上，沃爾瑪首次刊登八頁的廣告，和迪奧（Dior）、古馳（Gucci）、比爾布拉斯（Bill Blass）、普拉達（Prada）等並列一起。沃爾瑪的版面製作時髦，也令人震撼。每一頁展示了眞正的沃爾瑪客戶——女演員、母親、和大學教授——巧妙地拍出她們從沃爾瑪買來穿在身上的服飾。每一頁都列了品名和價格：喬治牌的毛呢套裝上衣

（九・八七美元）、佐丹詩（Jordache）束腰外衣（十二・八八美元）、無疆界（No Boundaries）女襯衣（九・八七美元）。當然，在迪奧和普拉達的廣告裡，常常看不出來他們賣什麼商品；當然也不會有價格。

同一期的時尚雜誌上還有另一家廣告也把價格登出來。塔吉特的那八頁廣告比較能融入時尚雜誌流行世界的怪異精神——包含伊薩克・米茲拉希（Issac Mizrahi）所設計服飾的報價，而且這八頁之中還有一頁，上面放了一匹白馬的照片（沒有附價格）。但沃爾瑪登出這則類似塔吉特風格的廣告（登在發行各處的時尚雜誌上）是沃爾瑪發現問題的訊號，他們發現「天天低價」終於也是個問題了。

如果你賣東西要靠價格，不管什麼時候都靠你可以提供較低的價格，最後，你總是會把所有的降價空間都用完了。不論做什麼，總是有成本。而且，我們對於紙巾、牙刷、尿片、玩具、電視機、廚房用品、食品雜貨、甚至於廉價服裝的胃口總是有個自然限制。我們的購買量會受我們的需求所限制，很少會在一時的衝動之下買這些東西。

風格和設計，構成了「價格」這條死路的解藥。你不能老是壓低價格，你可以提供客戶一點時尚的樂趣，然後把價格拉高一些。這就是塔吉特的做法——在他們的商品以及他們的賣場上都是如此。這不只是好玩而已，這還是很好的事業。健康的零售商，其特徵就是營業額成長，不是整體的成長，而是開業滿一年的店，業績的成長。「同店銷售額」（same store sales）這個數字可以用來衡量既有賣場的牽引力、吸引力、和成長力。

儘管讓人難以置信，沃爾瑪的同店銷售額數字顯示，「天天低價」的力量正日益消退。一九九八年，沃爾瑪的同店銷售額成長了百分之九。一九九九年，成長百分之八。而二〇〇一年，則成長了百分之六。從此之後，就是百分之五（二〇〇二年）、百分之四（二〇〇三年）、和百分之三・二（二〇〇四年）。二〇〇五年上半年，同店銷售額只成長了百分之三・二。二十年來，沃爾瑪的賣場，從來沒有哪一年，成長力道是這樣貧血的。（雖然，如果考慮沃爾瑪把許多商品的價格大幅殺下來，則百分之三・三的成長率本身就是一項成就，因爲很多商品都變便宜了。）

同一時期，塔吉特在同店銷售額成長率上則把沃爾瑪打得潰不成軍。二〇〇四年，塔吉特成長了百分之五・三，而沃爾瑪則只有百分之三・三。二〇〇五年上半年，塔吉特的成長率爲百分之六・三，比沃爾瑪同店成長率的二倍還高。

理由很簡單：風格。風格對抗價格。

沃爾瑪瞭解這點，因而在時尚雜誌上刊登廣告——沃爾瑪這次的廣告，是該公司預計刊至二〇〇七年共一百一十六頁廣告的首次刊登。華爾街日報在時尚雜誌刊出沃爾瑪廣告的那個月，做了一則頭條報導，描寫沃爾瑪首次把服飾業務化妝爲塔吉特風格的情形：賣場的服飾陳列區變得更寬敞、更易於選購；貨架也放低了；整頓服飾採購人員等。該公司現正逐步把許多服飾部門翻修，鋪上硬木地板，讓該區看起來更讓人覺得溫馨，也更有購物的感覺。

但純就沃爾瑪的情況而言，瞭解問題，甚至著手解決問題，也許還無法發生作用。以時尚雜誌上的廣告來說，在執行上很不錯——廣告上的女士看起來很快樂、很時髦，衣服看起來很可愛、很有特色，而且，每一頁上的沃爾瑪標示還用了不同的色彩。但輕鬆自在地在住家附近的沃爾瑪逛女裝部門，選一套時髦的衣服，這個想法，卻和實際上沃爾瑪賣場的日常採購感受，完全不符。

沃爾瑪沒辦法去考慮風格問題，也沒辦法把時尚有效地融入節儉的模式。考慮風格問題就像考慮鮭魚或海外工廠的作業環境。這牽涉到爲了虛幻而不可測的事物，增加系統的成本。爲了考慮風格，就必須把錢花在時髦的東西上。爲了鮭魚或工廠作業環境，就必須增加成本來改善鮭魚以及工人的生活，只是，這對沃爾瑪來說，也是完全沒辦法量化的效益。即使沃爾瑪的資深領導人在原則上同意這些是很明智的做法——明智的事業、明智地塑造形象、明智的長期策略——他們還是要經過一番掙扎才可能實現。這就好像西南航空突然增加商務艙一樣。

成長將近飽和

沃爾瑪的同店銷售額成長率嚴重遲滯（成長率只有五年前的一半），是另一個問題的跡象。很久很久以前，沃爾瑪把自己放進一個籠子裡。其實，這個籠子以前是很大的，大到讓人無法想像。但是現在很清楚地，美國人對沃爾瑪的需求已經接近飽和了，不是政治上或道德上的飽和，而是實質上的飽和。美國就是不須再向沃爾瑪買更多的東西了。

以二〇〇五年秋季而言，沃爾瑪在美國有三千八百一十一家賣場。相當於每七萬八千名美國人就有一家沃爾瑪。我們可以這樣想：每六十八萬名美國公民可以選出一名國會議員；而一名典型的沃爾瑪店長所負責的區域，只有國會議員選區的九分之一。

美國幾乎已經到處都是沃爾瑪了。但有些地方還有成長空間——加州有一百九十一家店，單以人口來算，容納四百六十家店是輕而易舉的事。而紐約這個全國最大的城市則完全沒有一家沃爾瑪。沃爾瑪只拿下食品雜貨市場的百分之十六；也許將來有一天可能拿下百分之三十。但對沃爾瑪而言，這完全是塡充式的成長。

最驚人的是下列這些數字：百分之五十三的美國人，住家五哩以內有沃爾瑪；百分之九十的美國人口，住家十五哩以內有沃爾瑪；而百分之九十七的美國人口，住家二十五哩以內有沃爾瑪。從地理上看，美國眞的到處都是沃爾瑪。

然而在世界上大多數的國家裡，沃爾瑪卻是疏疏落落的。所以，即使該公司無法稱霸美國的時尚領域，仍然還可以持續成長，甚至於持續快速地成長。該公司在人口十三億的中國的開店數比人口四百五十萬的阿拉巴馬州還少。沃爾瑪在人口十億的印度沒有賣場。如果單就市場規模來看，沃爾瑪的營業額每年只要成長百分之十二（這個估計，未來五年的成長率，比過去五年的平均數還要保守），就可以在二〇一〇年之前，輕易地達到五百億美元。沃爾瑪整體成長，已經要靠國際擴張來帶動了，但該公司在國際市場上卻不是那麼得心應手。沃爾瑪很快就拿下加拿大和墨西哥的零售市場；但是在德國和日本卻陷入苦戰，目前連獲利都還談不上，更遑論稱霸了。

未來數年或數十年，沃爾瑪仍然可能繼續稱霸美國零售業。但很可能在二十年後，我們再回過頭來看二十一世紀初的這段時期，沃爾瑪正在打一場艱苦的戰爭。沃爾瑪和他們的客戶一樣，耽溺於低價。有人認爲沃爾瑪終究會擺脫其低價精神，認爲該公司會在每小時計算結帳櫃檯績效的文化上，逐漸注入風格和其他非實體的概念——但這種轉變，完全和沃爾瑪過去所建立的本能相逆。

在撙節成本、壓低售價上，沒有任何一家公司比沃爾瑪更專注、更有紀律。如果成本不再是最高指導原則，那麼還有什麼原則是重要的呢？這些不同的原則到底有多少種呢？你在什麼情況之下會採用哪一種原則呢？這好像教一個慣用右手的成年人用左手寫字；也好像強迫你只有三度空間概念的頭腦，去想像四度空間的情境。所有沃爾瑪的本能都和其他的原則格格不入。調整人性最困難之處，在於爲了將來的成就，而要你揚棄以往讓你功成名就的原則，接納完全相反的途徑。

而且，即使沃爾瑪可以找出方法，不再以成本當做事業決策的最高原則，卻仍然還有另一個難關。那就是我們，消費者。沃爾瑪花了四十年的時間來教導消費者，商品應該是什麼樣的價格、價格應該往哪個方向調整、以及爲什麼便宜就是好貨。這點，我們已經耳濡目染，完全學到了。

酷愛便宜商品

南希・李德琳（Nancy Ridlen）不應該去沃爾瑪購物。她和她先生，唐（Don）多年來經營一家膠水公司，稱爲李德琳接著劑公司（Ridlen Adhesives）。李德琳公司生產膠水賣給客戶：工藝膠水、木膠、和膠水筆。「膠水、膠水、膠水。」南西・李德琳說道：「我們生產膠水，裝罐，然後出貨。」李德琳的膠水賣給伍爾沃斯（Woolworth）、塔吉特、和凱瑪特。當然，還有沃爾瑪。「那是我們最大的客戶。」南希・李德琳說道。

唐・李德琳定期去班頓鎮，而李德琳公司每次出給沃爾瑪的膠水筆有好幾棧板。沃爾瑪的訂單一來，通常，南希說道：「我們必須在四十八小時內出貨。所以我們會放一些庫存以預作準備。你必須先準備好。」而價格壓力則持續不斷。

南希・李德琳說，在一九九一年某日，沃爾瑪告訴他們：「這些膠水筆我們不想再以五十美分的價格買了。我們要改成四十五美分。你如果不接受，我們就找別人了。」

「他們不是在問你意見。」南希・李德琳說道：「老實說，根本就是霸王硬上弓。」對唐・李德琳來說，那五美分是最後的五美分。這膠水筆，他沒辦法賣沃爾瑪四十五美分，因此沃爾瑪就把整筆生意給撤了。「只是爲了五美分的爭議，他們就閃人了，」南希說道：「確實如此。」當她再次談到十五年前的往事，眼淚幾乎要奪眶而出。

李德琳還留下好幾棧板的膠水筆沒賣掉。唐・李德琳再也撐不下去了，所以李德琳接著劑公司就此破產。南希・李德琳說，持續降價加上沃爾瑪撤單，是破產的主因。沒多久唐・李德琳就過世了。但是他曾經把這個故事告訴工藝界的人；而後來買下李德琳接著劑公司的琳達・哈理森（Linda Harrison）女士也曾經聽過這個故事，她現在和沃爾瑪沒有往來。

但這則故事的目的，並不在說明沃爾瑪怎麼把膠水筆殺價五美分，以造成李德琳接著劑公司怎麼出問題。儘管南希・李德琳認爲是沃爾瑪讓這家家族式膠水企業破產。然而她說：「我還是去沃爾瑪購物。」即使這位女士認爲沃爾瑪破壞了她的家庭生計，即使她說沃爾瑪「是個怪獸，要不停地用低價去餵它」，即使是南希，也要在沃爾瑪購物。她停頓一下道：「我不時要去面對這個現實。」

大師鎖的故事

蘭德爾・拉瑞摩（Randall Larrimore）的遭遇和唐・李德琳一樣，只不過影響的規模更大。拉瑞摩是生產大師鎖（Master Lock）公司的執行長，在一九九七年該公司宣布此後部分產品將從亞洲進口之前，該公司在密爾瓦基（Milwaukee）從事各種鎖的生產業務已經有七十五年了。

沒多久，大師鎖在墨西哥的諾加利斯（Nogales）成立自己的工廠；從此不在密爾瓦基生產大師鎖。其三百名員工只生產零件，再送到諾加利斯，由八百名工人把鎖組裝起來。現在，該公司百分之四十的鎖則是外包給中國的工廠去生產。

拉瑞摩在一九九七年離開公司，但他很清楚大師鎖的後續發展。「我想，『天天低價』才剛開始而已。」他說。

他說，多年來，雖然在美國生產的成本一直在增加，大師鎖還可以安然處之。但到了一九九〇年代，在某一時點上，亞洲的製造廠開始生產，「非常便宜，而且利潤還不錯。」如果價格只差一美元，像沃爾瑪這樣的零售商寧可選擇有品牌的掛鎖、水龍頭或榔頭。

「但當價差不斷地擴大，我們的掛鎖賣九美元，而進口貨只賣六美元時，那麼，他們就可以二者兼賣，提供消費者相當優惠的折扣。到最後，他們可能只賣其中一種。」

拉瑞摩在大師鎖進行第一次裁員。他親自和大師鎖的工會談判。他還跑去班頓鎮。「我喜歡和沃爾瑪打交道，也喜歡和家庭倉庫打交道。」他說道：「他們都是很明理的人。也沒有什麼談判空間。他們的說法很有意思。每個人都願意用比較高的價錢買大師鎖，但價格可以高到多少還算合理呢？如果他們可以用比較便宜的價格買到他們認爲品質差不多的鎖，那麼，他們就會拿來賣給消費者。」

拉瑞摩本身也會去逛街購物；他瞭解消費者碰到相同物品、價格不同時的心理感受。儘管拉瑞摩已經擔任過二次大公司的執行長，他還是經常要為幾分錢天人交戰一番。

「就在今天，」拉瑞摩說道：「我到我們小鎮上的加油站去加油。如果我開車到一哩外靠近公路的加油站，一加侖可以少花六到八美分。我一想起來，就對自己很懊惱，覺得自己很蠢；我竟然多花了二．五美元的不必要支出。後來我又想，反過來說，我真的很感謝這傢伙把加油站開在小鎮上。我確定他的成本比較高。而我也願意多花二．五美元來讓他留在鎮上。」

大師鎖在密爾瓦基的數百名員工到沃爾瑪購物以節省支出，卻也在購物當中，把自己的工作機會移轉給中國和諾加利斯。不是有意的，也不是直接的，但卻是無可避免的。

「我們身為消費者，是否瞭解我們自己在做什麼嗎？」拉瑞摩說道：「我不認為我們瞭解。但即便我們瞭解，我想我們會說，大師鎖賣九美元，另一個鎖只要六美元——就讓別人去買九美元的好了。」

就這點來看，山姆．沃爾頓對美國人的瞭解真的是完全正確。我們願意放棄便利、服務、和享樂，放棄時尚和品質，只為了更優惠的價格。價格對我們有如此深遠的影響，其理由，似乎讓人難以捉摸。

事實上，沃爾瑪所激發出來的最強烈感受，以及對消費者的地心引力來源，可以追溯到富蘭克林在節儉上的教誨。在沃爾瑪購物，表示你花的錢比在任何地方都少。完全相同的東西，你所花的錢，就是比較少，而你也知道這點。在沃爾瑪購物代表個人在財務上的節制。也代表精明。

你可以把裝滿袋子的購物車推出來，到停車場上，心中盤算著，同樣的東西，只因爲你明智地選擇在沃爾瑪購買，竟省下了五美元、十美元、或二十美元。低價是一種美德，而他們把這美德頒發給我們。這也是一種沃爾瑪效應。沃爾瑪不只是幫我們省錢而已；還讓我們對自己做正確的選擇而感到高興。一旦你踏出賣場，裡面的任務也可以就此抛諸腦後——在大賣場裡從一端殺到另一端、有疑問找不到人幫忙、對價格太低而感到疑慮的時候、及結帳時大排長龍——一旦你拿起購物袋放進你的汽車之後，在沃爾瑪購物就讓人感到舒暢無比。你可以爲你自己感到驕傲。在沃爾瑪購物簡直就是一種美德。而唯一可以破解低價魔力的（改變沃爾瑪或是我們消費者），就是，那些低價似乎不再是很正當的事。

9 沃爾瑪和正派社會

如何確保美國資本主義可以創造出正派的社會，這個問題，需要我們大家在新紀元裡共同參與。

——李斯閣，沃爾瑪執行長，二〇〇五年二月

二〇〇三年夏季，全球最大廣告公司，博達廣告（Foote Cone & Belding）的研究員到奧克拉荷馬州的奧克拉荷馬市，想要有系統地深入瞭解，什麼人到沃爾瑪購物，及其原因。

他們選擇奧克拉荷馬市，是因爲該市在人口統計特性上和美國差不多，而且有沃爾瑪的四種店（超級購物中心、山姆會員商店、沃爾瑪和鄰里市場〔Neighborhood Market〕）。這些研究人員的研究範圍非常廣泛：購物習慣、到各種商店的次數，以及沃爾瑪成長之後，競爭的變化情形。

沃爾瑪的觸角幾乎遍及所有美國人的日常生活，對此感到懷疑的人，不妨看看研究結果，沃爾瑪在奧克拉荷馬市食品雜貨市場的佔有率爲百分之二十七，而且，去年有百分之九十三的奧克拉荷馬市市民，曾經到沃爾瑪購物。另外百分之七的人不管是在哪些店購物，這些店必然

已經調整其本身的業務，以面對沃爾瑪競爭。

研究人員所做最有趣的事，也許就是問奧克拉荷馬市民對於沃爾瑪有什麼感覺，並且把沃爾瑪的購物者以所謂的態度區間（attitudinal segments）加以區隔。他們發現，沃爾瑪的購物者可區分爲四種基本類型：冠軍型（champions）、熱心型（enthusiasts）、矛盾型（conflicted）、和排斥型（rejecters）。

冠軍型佔了奧克拉荷馬市購物者的百分之二十九，可以說是沃爾瑪的傳教士。他們喜愛沃爾瑪；他們大多每週去沃爾瑪二次（四週去了七・三次），而且每週在那裡消費一百美元以上（四週消費了四〇二美元）。

矛盾型購物者佔奧克拉荷馬市的百分之十五。他們因爲沃爾瑪對社區、薪資和工作機會上的衝擊，主動地討厭沃爾瑪。但因爲沃爾瑪的商品便宜很多，他們是第二頻繁的購物者。他們一週去一次以上（一個月去五・六次），而且他們在沃爾瑪的消費和冠軍型相近，每個月二八九美元。

沃爾瑪的矛盾型購物者，消費金額是研究報告中所謂的熱心型購物者的三倍，而且去沃爾瑪的次數也是熱心型的六倍。這些矛盾的老鄉們，他們「對沃爾瑪非常反感」，實際上卻比熱心型的購物者還要熱心。（而即使是排斥型的沃爾瑪購物者，平均一年也還會去沃爾瑪購物九次，一年花超過四五〇美元。）

博達廣告公司的研究，在二〇〇四年初發表，幾乎沒人注意。但該報告提出了二項值得注意、相互關連的觀點。首先，是美國人對於這個基本上只是個購物場所的感覺深度。

電路城有「排斥型」客戶嗎？西爾斯有「冠軍型」客戶嗎？超級塔吉特有「矛盾型」客戶嗎？當然有，人們就是會有各種偏好——像天食超市這樣的公司，有明顯的生活風格定位，經常會有熱情的追隨者。但博達廣告公司對於沃爾瑪購物者的分類方式，似乎比較適合政治人物、社會爭論議題、乃至於意識型態，而不是賣場分析。

這項研究所提出來的另一個重要論點是，沃爾瑪效應是如此強大，該公司加諸於我們的地心引力是如此難以抗拒，以致於沃爾瑪的第二大重要客戶群組並不喜歡沃爾瑪。也許，我們已經習慣聽到有關沃爾瑪的嘈雜公開爭論，或許，會讓我們很容易就把這點的重要性給忽略掉。有多少家公司能說他們的客戶群中，來店頻率第二高、消費金額第二大者，對公司「非常反感」？老海軍公司（Old Navy）會有一大群對公司「非常反感」的客戶嗎？從消費關係的另一端來看、從我們消費者的角度來看，我們有多少人會討厭某家餐廳，卻依然每週去那裡吃一次？

沃爾瑪不只是改變了事業的經濟原理、全球製造的運作機制和美國城市的交通模式——沃爾瑪還改變了我們本身的行爲。事實上，奧克拉荷馬市的研究發現，有百分之六十二的人寧可忍受不便，經常去沃爾瑪購物。

因此，即使我們問自己：「沃爾瑪是好還是壞？」我們掙扎了半天，還是很難回答。這個問題的答案出乎意料的簡單、明顯，而且強而有力：

沃爾瑪是全新的東西。

沃爾瑪小心翼翼地裝扮成讓人覺得平凡、熟悉、甚至於無聊的東西。其營運模式建立在購物車之上。但事實上，沃爾瑪是一種全新的機構：摩登、進步、力量之強大，是我們前所未見。是的，沃爾瑪按照規則在營運，但也許沃爾瑪效應最重要的部分，就是這些令人熟悉的規則；這些規則源自不同的年代，當時，還不知道會有沃爾瑪。

這就是該公司得以全面壓制美國通貨膨脹的力量來源。也是該公司獨自把生產工作移往海外的力量來源。

沃爾瑪已經太大了，原來的規則已不適用——但沒有人注意到這點。目前，我們這個社會沒有能力去瞭解沃爾瑪，因爲我們還沒準備就緒以管理沃爾瑪。這就是我們矛盾心理的原因：感激而厭惡、敬畏而焦躁或困惑。

汽車和沃爾瑪

在汽油引擎還沒發明之前，你不必爲汽車制定規則。當每二十五人就擁有一輛汽車時（一九一七年），你就必須有道路交通規則，但你不必去煩惱汽車廢氣對遙遠天空所產生的影響。但是當國內每二人就擁有一輛汽車時（一九七五年），你一定要實施排氣管制——事實上，這件事看起來非常緊急。但福特開始賣T型汽車那一年，和汽車必須加裝觸媒轉化器的那一年，二者已經相隔了六十七年。

汽車和沃爾瑪對比，具有啓示作用。

汽車對國人是有益的嗎？絕對是。我們喜愛我們的汽車——我們喜愛汽車所帶給我們的自由，滿足我們對控制、獨立和快樂的需求。當然，汽車也帶給我們空氣污染、市郊四處發展、無目的漫遊、地方文化均質化、稅率調高、依賴進口石油、破壞自然景觀以及事故死亡增加等問題。美國每一年有四萬人死於車禍。（現在我們大多數人會遵守規則，在車上繫上安全帶，但我們花了九十年才達成共識。）

當然，我們並非由依靠馬、馬車、或偶爾依賴火車的農業社會，直接轉變爲完全需要汽車來運行的社會。我們花了好幾十年——用好幾十年來瞭解汽車所帶來的衝擊，也用了好幾十年來瞭解機會、成本、和這股力量的性質和規模。

對汽車加以限制（不只是污染和安全控制，還有時速限制、燃料經濟、都市區畫和公路資金籌措等）並不是一個安靜或簡單的過程。那是一系列全國性和地方性的抗爭，牽涉到各方面的資訊、優先順序、利潤、權力、和惡意指控。事實上，限制汽車的努力，經常還牽涉到美國是個怎樣的國家，以及美國未來是個怎樣的國家等論戰。我們只能持平的認爲：在美國的經濟和領土裡，過去這一百年來有關生活的改變上，我們很難找到比汽車還重要的單一元素。

全國對於沃爾瑪的輿論，從許多方面來看，就和汽車的情形完全一樣。這些輿論談到優先順序、談到價值、也談到我們現在是哪種國家和未來會是哪種國家。這些輿論也談到權力，以及對未來看法的論戰。

我們是否認爲，便宜的商品比食品業的工作機會重要？

我們是否認爲，一個地方，可以方便地採購各種商品，包括雞蛋和眼鏡、利惠牛仔褲和割草機，比本地大街上由當地店員看顧的迷人小店還重要？

我們是否認爲，商業上的自由，選擇開店位置及服務客戶方式的自由，比地方政府維護小鎮風貌和特性的責任還重要？

在民主制度下，我們願意看到沃爾瑪這麼一家力量強大到無須向任何人負責的企業嗎？但是，這家企業，是建立在美國普通老百姓每天用消費金融卡根據自己的意願採購，所選擇出來的結果。還有什麼方式比這更民主呢？（譯註：消費金融卡，debit card，除了具有一般金融卡轉帳和提款功能，還能用於消費付款，但和信用卡不同，當消費刷卡時，銀行直接在持卡人的存款餘額上扣帳。）

我們對沃爾瑪，以及沃爾瑪的企業行爲感到如此激情——但沃爾瑪和塔吉特、家庭倉庫、西爾斯、及百思買又有什麼差別呢?我們眞的認爲這些公司比沃爾瑪「正點」嗎？

沃爾瑪已經是史上最大的非石油公司，而且該公司坦言，在二〇一〇年規模將會成爲現在的二倍大。這個均衡會因此而有所改變嗎？如果沃爾瑪再成長一倍——而其他的五、六家公司變得和今天的沃爾瑪一樣大，又會發生什麼問題呢？

我們是否認爲，既有的經濟競爭規則，比我們對全新經濟強權的認知和管制能力更重要？對於沃爾瑪的信守承諾「天天低價」，我們爲什麼不能給予更高的肯定呢？沒有一家公司能像那樣信守核心價值——從這個觀點來看，沒有一家公司能夠比沃爾瑪更值得信任。沃爾瑪的規模，已經相當於二十世紀初的績優公司，包括標準石油（Standard Oil）與美國鋼鐵（U.S. Steel），但這些公司累積力量，是爲了代表公司、經營團隊以及企業政策的利益——普通老百姓，以及其他各行各業，則非所問。這也是我們不准他們繼續生存下去的原因。沃爾瑪的做法卻完全相反：該公司累積力量，代表我們普通老百姓的利益。該公司在執行使命時就和ＡＴ＆Ｔ在你拿起電話機撥號時總可以是順暢通話一樣，那樣地堅定和可靠。

當然，我們也不允許ＡＴ＆Ｔ生存下去。

成功的根本價值

山姆·沃爾頓一開始並沒有打算建造出一家史上最大的公司，沃爾瑪開始時也沒有影響力。沃爾瑪在阿肯色州哈利生的二號店，位於班頓鎮東方九十哩處，起初只是開在雜草叢生的條形賣場裡，這樣做是因爲萬一沃爾瑪的構想沒有成功，這家店就可以分割，把不必要的空間圍出來，再轉租給其他的商店。那是一九六四年的事了，二號店只有八千平方呎。後來二號店在哈利生搬遷了二次，現在已經成爲超級購物中心，佔地是原本的二十倍。

有時候班頓鎮的局外人很難理解，但山姆・沃爾頓謙虛、不做作、節儉的故事是千眞萬確的。你可以謙虛、不做作、節儉，同時還主動積極、孜孜不倦、意志堅定地把價格壓到很低的程度。這些就是山姆・沃爾頓灌輸給公司的價值——融入他的店、他的幹部、他的職員、和他每天做生意的方法之中。而如果今天，在沃爾瑪的權力巔峰時期，你再去檢視沃爾瑪，該公司仍然保有這些價值：謙虛、不做作、節儉、主動、活躍而堅定地把價格狠狠地壓下來。

這也是沃爾瑪讓人感到困惑的部分原因——如果在企業總部的辦公室裡，副總用的辦公家具是人家丟棄的折疊椅，這地方會糟到什麼樣的程度呢？

這些價值就是沃爾瑪成功的根本。史上最大的公司，遠離大城市的誘惑、喧囂、競爭和價值混淆，而在阿肯色州的鄉間成長茁壯，這並非偶然。只有當你從未去過班頓鎮，才會隨便去取笑這個老舊小鎮。

但沃爾瑪已經大到不適合待在班頓鎮了。不是在實體上，而是在心理上、政治上和社會學上。就像沃爾瑪已經不適用過去五十年來的管理法則一樣，該公司也不再適用四十年來，治理公司飛快成長、並促成公司成長的價值。而且就如同我們不能退一步來看清楚沃爾瑪和其他公司的基本差異，沃爾瑪自己也看不清楚。

沃爾瑪做了什麼

幾乎所有沃爾瑪的麻煩，並不是來自總部的邪惡陰謀，而是來自印在購物袋上的標語「天天低價。天天。」第二個天天以斜體字加底線來表示，如此就不會把使命搞混了。

沃爾瑪的工資是不是很低？絕對是。他們這樣做是爲了我們（也就是客戶）的利益，好讓沃爾瑪可以提供天天低價。我們之前提過，沃爾瑪的全部利潤不足以支應員工一小時十二美元（也就是一週還不到五百美元）。因此，如果沃爾瑪的工資變得比較好——提供較佳的健保條件——他們就必須提高商品價格。而這樣做，卻違背了公司的基本使命。

沃爾瑪是否會壓榨供應商以提供最低的商品價格？沃爾瑪對於過份講究，而無法達到降低成本的供應商，是否會祭出海外廉價品這張王牌？絕對會。這就是沃爾瑪之所以存在的原因，而且這根本就不是秘密。如果有供應商不能配合，那就請你到別的地方去賣。沒什麼大不了的。

沃爾瑪是否會在開設新賣場時，要求地方政府在道路、財產稅和土地畫分上給予優惠？絕對會。少要求一項就是浪費——浪費客戶的錢。

沃爾瑪進入一個小鎮之後，是否會在生意上和當地的五金行、服務店、大型連鎖食品雜貨賣場及全國折價店進行嚴厲的競爭？絕對會。我們常常聽到地方上的小店抱怨，他們的商品，去跟沃爾瑪零買散貨的價錢，根本就比大盤商給他們的價錢還低。但問題是這樣的：不管當地的競爭環境如何，沃爾瑪從來都不會去考慮周邊的狀況以提高售價。當地的小生意或是大賣場同業，不管是想辦法要在小鎮上競爭或退出市場，沃爾瑪絕不會在勝利之後剝削客戶。沃爾瑪是無情的競爭者，但不是技術上的掠奪者。他們不會「只在勒死對手前保持低價」——他們是「天天低價」。承襲自山姆．沃爾頓那種奧林匹克式、近乎嚴厲的無情競爭力，這讓沃爾瑪變得難以匹敵。沃爾瑪絕對不會停下來喘口氣。如果你停下來喘口氣，也許你就要把價格提高了。

他們對於使命的要求是如此的專斷，以致於現在偶爾會有脫離常軌的作為，沃爾瑪裡的人會做出低劣、不道德、甚至於違法的事。其動機——天天低價——不能拿來當藉口，或是做為合理化的理由。但卻可以解釋他們為什麼會這樣做。

沃爾瑪是否會把員工徹夜鎖在賣場裡？絕對會。員工沒有嚴格管制就可能去偷竊，而偷竊最終還是增加成本。把員工鎖起來，就不會在賣場裡晃來晃去，覬覦那些商品了。

是否有某些幹部會強迫員工打卡下班，卻接著繼續工作呢？絕對有。店長層級的幹部有一定程度的自治空間，但責任也相當大。其中最要緊的責任就是控制他們的薪資預算。獎金和賣場的績效連動，而賣場的績效，事實上就建立在二大項目上：營業額和薪資成本。談到控制人事成本，有什麼方法比強迫時薪人員下班後接下去做該完成而未完成的工作更好呢？

沃爾瑪到最後是否會用數百名的非法移民在半夜裡清理賣場？絕對會。沃爾瑪僱用最便宜的清潔公司——結果，他們之所以便宜是因為有不得已的原因。

天天低價

甚至於連沃爾瑪無法和新聞界維持冷靜、理性和建設性的關係，也直接和「天天低價」有關。沃爾瑪的工作就是建立賣場，找到人們需要的商品，並送到貨架上，以便大家來購買。其他的東西都是次要的、不相干的、甚至於是有害的。和新聞記者談話是浪費時間——而浪費員工的時間就是浪費金錢。過去這四十四年以來，沃爾瑪內部的看法是，記者所問的問題，以及所寫的報導，對於沃爾瑪賣東西完全沒有幫助，而且看起來似乎只有反效果：造成客戶緊張、不悅、和「矛盾」。如果你有二十名公關人員，那不只是浪費了二十份薪水而已；而是有二十個人在爲外界的壓力團體服務，而這壓力團體——媒體——對沃爾瑪達成「天天低價」完全沒有幫助。

此外，沃爾瑪內部一直在懷疑，認爲即使是一篇「友善」的報導也是有害的，甚至於對沃爾瑪會造成危險。即使是表面上看起來完全無害而甜美的報導（例如，關於沃爾瑪如何運籌帷幄，每週開五家超級購物中心），也會把沃爾瑪辛苦得來的機密，教給競爭者。最壞的情形是新聞界對沃爾瑪的使命、願景和價值產生敵意。最好的狀況則是新聞界成了間諜，幫對手刺探沃爾瑪。

值得注意的是所有沃爾瑪的行爲——甚至連壞行爲或近似邪惡的行爲——都可以用沃爾瑪

自己的話來解釋。其實就是「天天低價」。這是一個由理念發展成爲企業強權的見證，沃爾瑪已經被這個理念給迷惑了，幾乎可以稱爲企業崇拜。而且這也是沃爾瑪文化在一致性和紀律上的見證。

沃爾瑪每天的行爲簡直就像山姆·沃爾頓還在進行好奇的實驗，如果你砍成本，也砍價格，只要微薄的利潤，看看會有什麼結果。沃爾瑪的行爲就好像他們還只是三十家店，或是三百家店的公司，而不是擁有三千家店的公司。

沃爾瑪不貪心、不浪費、也不複雜，而且沃爾瑪不會不誠實。走進賣場或沃爾瑪總部，實際的情況和你看到的完全相同。這也是爲什麼沃爾瑪的「矛盾型」客戶、競爭對手、甚至於沃爾瑪的領導人會感到沮喪的原因。一家如此謙虛、節儉、不做作的公司，一家如此主動積極、努力不懈、而且意志堅定地把價格殺下來的公司，怎麼可能會是壞公司呢？

由於乍看之下，沃爾瑪給人的感覺很怪異，所以，該公司可能在實質上已經不再適合過去的那些價值了。規模的影響很大——我們單靠直覺就可以瞭解這點——但有時候在緩緩遞增的規模當中，我們卻很容易把這點給忽略掉了。

四歲小男孩的動作很可愛，至少不會有殺傷力，但同樣的動作，在十四歲時也許就不妥了。如果這個小男孩長大了，成爲二十四歲的美國橄欖球聯盟的後衛球員，從他的塊頭和力氣來看，四歲時的動作可能不只是不妥而已，那可能是危險的，甚至於是不懷好意的。

在美國中部有數百家店，拚命地找最便宜的東西來賣，隨時去查看誰願意提供好條件，那是一回事。但如果你的採購力量超大，不只是找便宜貨和供應商而已，還可以決定供應商的作業方式甚或決定他們的作業地點，則完全是另一回事。這個演化過程之所以讓人感到困惑是因爲基本作業原則——提供廉價商品的決心——完全沒變。我們甚至可以認爲沃爾瑪採購人員的動機完全沒變。而貨架上的商品也就跟著沒什麼變化。

發生變化的是規模。發生變化的是無形的東西——規模所帶來的力量和衝擊。

一個四歲的小男孩，如果出其不意地跳到你背上玩騎馬遊戲，你除了嚇一跳之外，會覺得可愛極了。但如果一名二十四歲的美國橄欖球聯盟後衛球員也這樣出其不意地跳到你背上，那會讓你粉身碎骨。

輿論與監督

泰瑞・英力士這位沃爾瑪的區長現年四十九歲，他在沃爾瑪工作了三十二年，於二〇〇四年初退休，他以沃爾瑪內部員工和店長的日常運作經驗，提供了一個完美的例子，來說明規模所產生的影響是全面性的。

在一九七〇年代末期和一九八〇年代早期，當時沃爾瑪還只有數百家店，一家典型的沃爾瑪賣場一星期營業六天，每天從早上九點到晚上六點，員工人數是五十人到七十五人。如果你抓對時間，在星期四午後不久去看，則幾乎每名員工都在現場工作。「當沃爾頓先生還在的時候，」英力士說道：「他會跑來賣場和所有的員工開會。」當然，店長並不是只知道員工的名字和長相而已——店長每天和這些員工一起工作，他眞正地認識每一名員工。

英力士指出，今天很多沃爾瑪的賣場是全年無休，每天二十四小時營業。一家超級購物中心的員工也許就有八百名；一週排了好幾十班在工作。「你也許可以一天和員工開個二次、三次或四次的會。」英力士說道：「但你很難把所有的員工連結起來。你會碰到卸貨時間，而有的員工只在半夜裡工作。」即使是再勤快的店長也不可能全部都認識這八百名員工——更不用說叫得出名字、瞭解他們的個性等事情了。

「當你的店是五萬平方呎大時，你這個店長可以全天候大小事親自處理。」英力士說道：「當你的店是二十萬平方呎的超級購物中心時，你這個店長所管理的就是幹部。」

就像一九六六年時，沃爾瑪位於哈利生的二號店有一名店長，二〇〇六年時，該店也只有一名店長。同樣的工作，內容卻完全不同。因爲規模完全不同了。

最近這五年來，大眾對於沃爾瑪的批評和憂慮急速增加。在地方上有關沃爾瑪賣場地點的論爭之中——包括賣場的位置、大小和土地區分等——通常沃爾瑪的對手準備相當充分，不會輸給沃爾瑪在當地的律師；而且他們還會引用其他社區對抗沃爾瑪的多年經驗。有一個位於華盛頓，名爲監督沃爾瑪（Wal-Mart Watch）的組織是由全美五十個團體所聯合設立的，並獲得工會團體及環保團體數百萬美元的經費支助，該組織以質疑沃爾瑪的營運方式爲目的，企圖要沃爾瑪爲該公司對全球經濟所產生的衝擊，負起責任——沃爾瑪則常常堅稱這些衝擊不是該公司所造成的，或是其所無法控制的。監督沃爾瑪的嚴肅性正如其血統一樣清楚，董事成員來自上游團體，包括山岳協會的執行董事、共同理想（Common Cause）總裁、和國際服務業工會（Service Employees International Union）總裁。監督沃爾瑪的執行董事是前民主黨參院競選委員會（Democratic Senatorial Campaign Committee）主席。

公關與形象

沃爾瑪已經注意到批評日益增加的問題，因而推出自己的公關活動。即使是小報，上面的批評文章也常常會接到來自沃爾瑪官方的投書澄清；該公司積極地打形象廣告，用員工在廣告上說沃爾瑪是個理想的職場，會照顧員工的家庭；沃爾瑪的執行長李斯閣比以前的執行長更勤於接受媒體採訪——也許以前各任的執行長，全部的採訪加起來還沒有他一個人多。當沃爾瑪證明，他們在提供卡崔娜颶風受災戶物資上，遠比聯邦政府更有效率時（當然沃爾瑪的本業就是配送物資，全世界無人能及），該公司還煞費周章地提供資料給新聞記者去報導。沃爾瑪設立了一個名爲 walmartfacts.com 的網站，裡頭有很豐富的數據，以及文章。

李斯閣本人到處說明二件「事實」，讓人覺得在一定的程度上，公司不是在蓄意誤導，就是完全與美國的日常生活脫節。李斯閣一再地在演講中、電視訪問上、甚至於還在二〇〇五年一月某日用了一百頁的全版報紙廣告指出，沃爾瑪賣場的員工有百分之七十四是全職人員，和其他同業的情形比起來，實在是相當出色。他把這項傲人成就和另一項他所堅持的主張連結在一起：沃爾瑪的時薪人員工資一點兒都不低，他們的工資「大約是每小時十美元，接近聯邦最低薪資的二倍。」

然而，沃爾瑪對「全職」的定義是一週工作超過三十四小時。即使用每小時十美元的工資來算，在班頓鎮總部山姆沃爾頓大道對面的超級購物中心裡，每週工作四十小時處理貨架的人員，扣稅之後每個月可以拿回家一千二百八十美元。這數字還沒扣除健保等費用。即使在班頓鎮，一個月要靠一千二百八十美元生活也很拮据。(而且，當然，如果沃爾瑪的「平均」時薪「大約」是十美元，這表示還有數十萬名的沃爾瑪員工一個月還拿不到一千二百八十美元。)

然而，李斯閣所一再強調的事，有一點是正確的：關於沃爾瑪對美國、乃至於對全世界所帶來的好處，沃爾瑪的對手完全不給予肯定。

正反兩面的意見

有關沃爾瑪的論戰，正反雙方激辯得相當厲害，但之所以如此，並非因爲論戰可以帶領大家對沃爾瑪的衝擊、好處、或壞處等，有更深入的瞭解。其實，如果你仔細去聽一下爭論的內容，你就會感到大惑不解，甚至於還會感到忿怒。你很容易就可以寫一本關於沃爾瑪好處的書，也可以寫一本關於沃爾瑪壞處的書。爭論「沃爾瑪是好是壞」是個錯誤的問題。就好像問汽車對世人是好還是壞一樣。

我們喜愛沃爾瑪，就像我們喜愛汽車一樣肯定。過去這二年來，正當沃爾瑪論戰打得火熱之時，該公司又成長了相當於塔吉特的規模，當然也包括塔吉特在這段期間的成長。沃爾瑪對美國究竟是好還是壞？這是個錯誤的問題，因爲，和汽車一樣，沃爾瑪就在我們的心裡面。

我們必須改變對沃爾瑪的看法——而且不只是沃爾瑪而已，而是加以延伸，包括所有的超大型企業。沃爾瑪只不過是其中最極端，也最鮮明的例子。對於沃爾瑪的批評，有些人的反應最輕鬆，他們聳聳肩說道，美國是個資本主義社會，以市場經濟爲基礎。沃爾瑪之所以會大到無所不在——而且還很強悍——那是因爲他們把工作做得很好。沃爾瑪之所以會贏，除了個人的選擇之外，沒有其他因素：客戶用他們的荷包投票給沃爾瑪；供應商用他們的商品投票給沃爾瑪。任何一個消費者，任何一個商人，如果不喜歡沃爾瑪做生意的方式，都可以毫無拘束地到其他地方去買或賣。

問題是，現實再也不是這樣了。一家和沃爾瑪有往來的知名消費性商品公司的執行長在一段四十五分鐘的訪問當中談到爲什麼他沒辦法好好地談他和沃爾瑪的關係，他說道：「他們已經把美國資本主義的自由市場消滅掉了。」

沃爾瑪在其所銷售的品類當中，有很多品類都成了全國第一，包括一些讓人感到意外的項目，諸如：寵物食品和耗材、家具、及居家服飾等。在許多品類中，現在沃爾瑪一家就佔了百分之二十以上的市場。美國的玩具，有百分之二十一是在沃爾瑪買的，另外，百分之二十三的健美產品及百分之二十七的家庭工具是在沃爾瑪買的。以德州的食品雜貨業而言，沃爾瑪的銷售佔奥斯汀（Austin）的百分之十四，佔達拉斯（Dallas）的百分之二十五，佔沃思堡（Fort Worth）的百分之三十。

這種橫跨整個領域二端的市場優勢（在各種商品銷售上的優勢以及消費者市場的地理優勢），表示市場的資本主義精神好像是被大蟒蛇緊緊勒住，慢慢地窒息。這不是資本主義的自由市場，市場的運作根本是由沃爾瑪所主導。選擇，只是一種幻象。沃爾瑪的供應商，不論是供應狗食、體香劑、火雞或牙膏，除非他們和沃爾瑪往來，否則休想成爲業界龍頭。但是，一旦他們和沃爾瑪往來，他們就得按照沃爾瑪的規矩來玩，因爲不管他們要打進去的是哪個商品領域，沃爾瑪早就完全掌控了。

令人恐懼的龐大

即使是超大型企業也面臨相同的狀況。寶鹼最近才和吉列合併，一年的營業額超過六百八十億美元，它目前不只是全美最大的消費性商品公司，也是美國第十七大的上市公司。新寶鹼將會是二〇〇六年財星五百大的第十七大公司，大概是這個位置。但請注意：沃爾瑪不只是寶鹼的第一大客戶而已；沃爾瑪的採購量相當於寶鹼其他前九大客戶加總起來的規模。儘管沃爾瑪和顏悅色地和寶鹼談合作，寶鹼業務的主控權仍然掌握在沃爾瑪手上。或許寶鹼和沃爾瑪在現實上有建設性的合作關係——但這種合作關係是建立在寶鹼刻意討好沃爾瑪的基礎上。如果雙方的關係變差了，對沃爾瑪也許不太好。對寶鹼可是個大災難。

這就是爲什麼商界人士如此害怕沃爾瑪的原因。他們是應該感到害怕。如果像寶鹼這樣有規模、有活力、而且獨立自主的企業，碰上了沃爾瑪都要委曲求全，我們就很容易想像沃爾瑪加諸於開發中國家小工廠的影響力了，這些工廠只想靠沃爾瑪做點生意罷了，完全沒有能力去奢談運用沃爾瑪或者運用沃爾瑪的供應商。

現在我們可能很難理解，規模帶給沃爾瑪什麼樣的優勢，以及帶給沃爾瑪在市場支配力上的廣度、速度和機會。在一九九一年十一月以前，沃爾瑪還沒有國外據點。當山姆・沃爾頓於一九九二年四月過世時，該公司只有二家國外據點——在墨西哥。

現在沃爾瑪是墨西哥最大的企業雇主。十五年前沃爾瑪在墨西哥還是一無所有，現在已是墨西哥最大的零售商和最大的食品雜貨業者——比其他前三大對手的規模全部加起來還要大。沃爾瑪是加拿大最大的零售商，也是英國第二大的食品雜貨業者。

在沃爾瑪特有的經營方式之下，更進一步地強化了商界人士對於沃爾瑪的恐懼，也進一步地讓他們遵從沃爾瑪的規範行事。沃爾瑪並不貪求利潤；嚴格說來，沃爾瑪也不貪求權力。沃爾瑪所企求的是控制力。沃爾瑪已經建立了商業史上最精密複雜的生態系統。這個生態系統並非只是個象徵；這是全球經濟眞實存在的事物，所有商業上的新陳代謝完全由沃爾瑪來決定。對沃爾瑪的害怕，並不只是害怕失去一個客戶而已。而是害怕和沃爾瑪的生意做得越多，最後你就在沃爾瑪的生態系統裡陷得越深，導致你可以按照自己的意思去經營事業的自由度也就越低。

沃爾瑪的領導人從未承認這樣的控制，但很清楚地，該公司瞭解這種控制，甚至於還有一種詭異的驕傲感。沃爾瑪已經聰明地掌控了資本主義下的市場。他們非常專注於價格，並嚴格地要求自己和供應商，因而能夠不斷地成長。現在，沃爾瑪的規模，經常可以讓該公司快速地把控制領域做進一步的延伸，橫跨新的事業領域，橫跨更寬廣的地理區域，深入到供應鍊裡所有公司的工廠、辦公室和決策機構。這是非常明顯的沃爾瑪效應：按照沃爾瑪規則辦事的商業領域擴大了，讓沃爾瑪得以繼續成長。而成長又回饋到這個生態系統，導致這個生態系統的力量更為強大。

這就是我們認為沃爾瑪不受控制的理念。事實上該公司完全控制了所有事務——包括沃爾瑪本身、環境、供應商、以及一般營業的景氣好壞。沃爾瑪是新種的超大型企業，其經濟力量的規模前所未見，若沃爾瑪不受控制，則其嚴重性遠超過時薪或童工的法令問題。資本主義公平競爭所賴以維繫的市場力量，已經漸漸地被沃爾瑪所超越了。沃爾瑪並不受市場力量所限制，因為沃爾瑪正在創造市場力量。

看不清的事實

二〇〇五年四月，費城詢問者報（*Philadelphia Inquirer*）報導了當地一家人人喜愛的公司，可口烘焙（Tasty Baking）公司，從一九一四年開始，該公司的可口糕點（Tastykake）就一直是當地著名的美食。該篇報導所談的，主要是可口烘焙起死回生的努力過程。該公司已經連續五年業績沒有成長了，最近這二年來的年營業額為一億五千九百萬美元。報導中還以下面這段文字來評論全美整個糕餅點心產業：「根據芝加哥一家專門統計結帳資訊的公司，資訊資源公司（Information Resources Inc.）的資料，以〔二〇〇五年〕三月二十日為截止日的五十二週來計算，美國消費者花在糕餅點心上的支出是八億五千萬美元，和前一年相當。」

美國經濟數字經常暗藏玄機，對於不瞭解這點的人來說，這一小段的糕餅點心資料實在值得特別關照：誰會知道，竟有人去統計所有食品雜貨店結帳櫃檯的資料，還分析到個人消費糕餅點心的層次？誰會知道，美國人每天吃掉二百三十萬美元的糕餅點心？而且，對糕餅點心的消費並沒有增加，這可能是一件好事吧（對我們的腰圍而言，暫且不管可口烘焙）？

那一段文字還暗示，可口烘焙正面臨一個有趣的挑戰，因為根據資料顯示，美國的糕餅市場已經停滯，而該公司幾乎已經佔了這個市場的百分之二十。

但有個問題：那一段文字完全搞錯了。從二〇〇四年三月二十日到二〇〇五年三月二十日的那五十二週，美國的消費者在糕餅點心上花了八億五千萬美元——但這數字並不包括美國人在沃爾瑪所購買的糕餅。八億五千萬美元這個數字裡，沒有任何一塊錢是來自沃爾瑪所賣的糕餅。因爲沃爾瑪已經不再參加全國消費者銷售資料交換所活動，也不再把他們的銷售資料提供給資料交換所。他們在二〇〇一年七月就停止了；現在他們自己以機密的方式保存一套自己的資料。

即使是在美國經濟裡，像糕餅這樣奇怪的領域裡，沃爾瑪的秘密可一點兒都不容忽略。沃爾瑪在食品雜貨上大約佔美國的百分之十五。如果沃爾瑪在糕餅上也大約佔全美國的百分之十五，那麼這一年，美國人花在糕餅上的總金額就是十億美元，而沃爾瑪賣了一億五千萬美元。

市場調查機構，包括IRI，採用勞力密集技術，從沃爾瑪購物者的實際採購樣本中去分析，去推論這項資訊缺口。另一家機構，AC尼爾森（ACNielsen）認爲在差不多同一段時期，沃爾瑪所賣出稱爲「點心」的項目就有二十四億美元。另外沃爾瑪所賣的麵包和烘焙食品爲二十五億美元。

不管糕餅點心屬於哪一類，沃爾瑪都可能賣非常得多。也許沃爾瑪輕輕鬆鬆地，一年就賣個二億、三億或四億美元的糕餅點心。而且沃爾瑪所賣的糕餅點心很有可能在增加當中——A

C尼爾森說，和前一年相較，沃爾瑪的糕餅點心成長了百分之十二，麵包和烘焙食品則成長了百分之二十三。

因此，不只是數字本身——全美在糕餅點心上的消費為八億五千萬美元——是錯誤的，對數字的解釋也是錯的。沃爾瑪在點心上的營業額非常大，所以全國的糕餅點心銷售額，事實上可能還在成長，甚至於單靠來自沃爾瑪的成長，就足以讓整個產業顯示出巨大的成長。其實，從沃爾瑪在食品雜貨上的成長情形看來，八億五千萬美元這個停滯的數字，很有可能並不是因為我們在糕餅點心上的消費趨緩，而是因為另一個完全不同，但卻同樣重要的理由：我們過去習慣去購買糕餅點心的商店和食品雜貨店，他們的業務被沃爾瑪搶走了。

由於沃爾瑪退出了資料合併分享計畫，因此該計畫所發表的產業營業數字，無論從糖果業到美容業，都經常在產品類別項下，將年度營業額和營業增減額等打上星號「＊」並括號附註「不包括沃爾瑪」。這相當於在全球經濟定期而權威的統計數字上打上星號，註明「不含美國」。

缺乏透明性

這只是個小例子，背後所代表的問題更大：沃爾瑪不只是改變做生意的方法，不只是改變經濟行為、和我們的行為方式而已，沃爾瑪還改變了我們認識世界的方式。而且不像其他受到沃爾瑪衝擊的領域——工廠作業、剛好及時交貨管理——在這些領域裡，我們可以很容易瞭解到沃爾瑪效應所帶來的福利，沃爾瑪刻意隱藏營運資訊，將會扭曲現實。一位大學教授想研究沃爾瑪衝擊的基本問題，卻連沃爾瑪賣場名單，包括開店時間這樣無關痛癢的資料都無法向沃爾瑪索取。其實，因爲沃爾瑪缺乏透明性，我們現在幾乎已經不可能對美國經濟和美國職場環境再做精確的瞭解了。

當然，在資訊的時代裡，一如在其他的時代，沃爾瑪的做法在技術上並沒有錯。該公司是股票上市公司，也遵照聯邦政府的規定，發布基本財務資訊。沃爾瑪已經把每月發布營業毛額當做行禮如儀的例行工作，而CNBC這些財經新聞頻道則經常仔細地檢視這項數字，企圖和美國消費者的氣氛以及未來的經濟展望連結在一起。此外，沃爾瑪也沒有義務去參與任何的學術研究，或者參與消費者營業額資料合併共享計畫（該公司在退出這項計畫時曾經表示，爲了保護該公司認爲有相對優勢的資訊）。

我們對於沃爾瑪規模、力量和各種神秘事務的瞭解，只能建立在我們對一家股票上市公司所要求發布的過時、瑣碎而量化的資料。當該公司的市場優勢日益明顯之後，這個問題也就跟著日益凸顯出來了。

沃爾瑪已經大到我們必須問一連串的問題，而這些問題在二十年前，根本就是愚蠢或毫不相干的。

沃爾瑪的工資，對於整個小鎮或整個產業工資，會產生什麼樣的衝擊？我們所關切的，並不只是工資對其員工的衝擊而已。

沃爾瑪對於消費性產品的多樣性和供應能力產生什麼衝擊？

沃爾瑪把美國的製造工作移往海外會產生哪些直接衝擊？

沃爾瑪放棄老舊賣場，會對地方上的經濟產生什麼樣的衝擊？雖然沃爾瑪公開宣布新開賣場的明確數字，但有多少賣場關了之後，附近就人去樓空了呢？

沃爾瑪對環境會造成什麼樣的衝擊呢？

沃爾瑪的供應商對環境會造成什麼樣的衝擊呢？

這些都是重要的問題——之所以重要是因爲沃爾瑪的規模——而且答案可能很複雜，也可能會揭發出許多的問題。答案還可能是有爭議的或是矛盾的。但是，就國家的立場而言，我們有權問這些問題；我們有能力問這些問題；事實上，我們有義務問這些問題。

但是關於沃爾瑪，即使是最基本的問題，我們仍然還離解答很遠，因爲沃爾瑪機密，把最嚴謹的學術和經濟研究給吹熄了，也因爲公開資訊的規定，讓這家複雜的公司在資訊發布上嚴重落後。

我們來看看沃爾瑪在健康保險上的例子。連有意義的資料都很難取得。例如沃爾瑪宣稱，他們對全職工人和臨時人員都提供健康保險，而且堅稱保費合理，員工有能力負擔。但沃爾瑪並沒有說臨時人員——一週工作少於三十四小時者——必須工作滿二年才有資格加入健保，也沒有說滿二年之後，臨時人員的健保只及於本人，其家人並不能納入健保計畫。姑且不論員工是否「負擔得起」沃爾瑪的健保費用，在二〇〇五年以前，其健保甚至還不包括許多基本項目，例如兒童常見疾病的抗生素藥品費。

即使當沃爾瑪開始把健康保險等員工福利當成塑造形象的公關工具，不斷地透過該公司的報紙廣告、電影錄影帶、和李斯閣的公開演講加以強調，仍然有一系列的報導顯示出令人難堪的現象，有數萬名的沃爾瑪員工或其家屬，其健康保險實際上是依賴著政府的醫療補助保險(Medicaid)，或是靠州政府對貧戶的保險救助計畫。

這些報導當中，最嚴重的也許是喬治亞州有一〇二六一名登錄爲貧戶，接受州政府保險救助的兒童，其父母親中至少有一人在沃爾瑪工作。這項數字第二高的雇主也是零售業者，大眾超級市場(Publix Super Markets)——有七三四名參加喬治亞州政府補助計畫的兒童，其父母親至少有一人在大眾超級市場工作。即使考慮沃爾瑪的規模因素，這數字也是令人髮指。沃爾瑪在喬治亞州裡，每四名員工，就有一名兒童接受喬治亞州政府的補助計畫。大眾超級市場則是在喬治亞州，每二十二名員工才有一名兒童加入此計畫。在田納西州，有九六一七名沃爾瑪員工接受該州低收入人員健康保險補助計畫。

沃爾瑪在處理健保的問題上，似乎是特別的不知所云。二〇〇五年四月在班頓鎮的一次記者會上，執行長李斯閣在回答問題時，說道：「政府的補助計畫條件非常優厚，我們很難和其競爭，而且競爭起來也是所費不貲。」這就是有史以來力量最強大的公司，其執行長在說明爲什麼該公司的健保條件比不上田納西州提供給窮人的保險條件時所說的話。

是問題，也是機會

我們發現問題、瞭解問題、然後找出方法解決問題和適應問題的能力，和問題本身相比，必然會存在落差。

當工廠變成了人間煉獄、危險的工作環境時，我們會針對工時和安全訂立相關法規。當都市發展人員證明沒有辦法合理地整合成果時，我們會立法設定土地區分。當航空業——因爲競爭的關係——沒辦法隨時讓人信賴其飛航安全時，我們引進了一套實際上的技術官僚制度，對民航業者的安全做詳盡的規範，從最基本的保養表，到機組人員編制，到座墊的材料。當我們證明汽車製造商不願意製造更有效率的汽車時，我們就實施燃油效率標準。

儘管開始會有抗爭，這類的努力，大多數到最後，不只是對於受問題直接影響的人有幫助，而且還對受到法令規範的人有所助益。安全的工廠通常效率比較高，也比較能夠節省成本。土地區分讓各類型的不動產增值。今天的航空業受到許多問題的困擾，但還是能以安全自豪，這是產業繼續繁榮的重要基礎。因爲，我們常聽人說，搭飛機最危險的部分，是在開往機場的車子上。在原油一桶六十美元的世界裡，我們或多或少都受惠於國會所通過的燃油經濟標準——而汽車製造商受惠最多。

從這個觀點來看，沃爾瑪既是個問題，也是個機會。

美國的前五大上市公司，總營業額爲一兆一千億美元，這個數字佔了經濟整體的百分之九。前二十大公司佔了經濟整體的百分之二十。這些數字相當引人注意，因爲集中度不斷地在增加。在十年前，二十年前，你必須把財星五百大企業的前三十家的營業額全部加起來，才可能超過經濟整體的百分之二十。

從更長期的角度來看，整個趨勢偏向於高度集中在少數強權的手中。在五十年前，美國前五大企業只佔全國經濟的百分之六，今天，這個數字增加了百分之五十。在五十年前，一九五四年，即使把前六十大企業的營業額加起來，也佔不到全國經濟的百分之二十。我們並沒有經常去討論企業強權集中度的問題，但管理這二十家公司的人，只是聊聊幾位男士和女士，竟操控了全美百分之二十的經濟活動，實在很難讓人理解。（美國有七千五百家股票上市公司，而且各行各業共計有五百萬家公司。）

沒有責任感、不受約制、缺乏資訊，沃爾瑪正是個鮮活的例子。但沃爾瑪只是現代超大型企業紀元的象徵而已，而我們或許已經在這個紀元裡生活了五十年。對這個等級公司所產生的衝擊，我們的瞭解並不夠充分。埃克森美孚、通用汽車、奇異、威瑞森（Verizon）、ＩＢＭ、寶鹼、西南航空等……這些公司的作業是如此龐大，在某些產業或某些地區裡，具有如此強大的支配力量，就像沃爾瑪一樣，我們想用市場力量來駕馭他們，而他們卻反而騎乘在市場的力量之上。

超大型企業的資訊缺口，往往讓人感到震驚，然而奇怪的是，我們竟然已經習以爲常了。沃爾瑪是全美最大的企業雇主，總計雇用了一百二十萬名美國員工。事實上，沃爾瑪在美國五十大州中的二十餘州裡，也是最大的企業雇主。不過這未必足以做如下的論斷：每一州，第一名和第二名的雇主也許各有不同，但沃爾瑪如果在每一州都是第三大雇主，仍然可以成爲全國最大的雇主。但事實上，至少在十六州，很有可能是二十四州，沃爾瑪是該州最大的雇主。我們幾乎無法確定沃爾瑪在多少州裡是最大的雇主。

我花了好幾星期來研究還是找不到答案，因爲許多的州政府都聽命於這些大企業，不肯把眞相說出來。沃爾瑪爲了公司聲譽（也把提供工作機會，當成回饋社區的展示方式），在他們的walmartfacts.com網站上公布該公司在每一州的雇用人數，每三個月更新一次。有好幾個州，其州政府很樂意把前幾大的雇主名單公布出來，包括上市公司和未上市公司。另外至少有十五州的州政府，以這些資訊不是公開資訊爲由，不願意把前幾大的雇主名單公布出來。不知道他們憑什麼說一州裡面前幾大企業名單和其雇用人數不是「公開」資訊？在瞭解事件的影響力上，還有什麼方法比簡單的測量大小還要更基本呢？

當務之急

有二件事是當務之急：就公共政策的角度，對一千萬美元的企業、一億美元的企業、以及一百億美元的企業加以區別。我們必須去瞭解規模所產生的影響。而且我們必須開始以全新的程序來瞭解問題，堅持要這些超大型企業把他們嚴加控管的資訊，提供出來。我們堅信，就如同其他的企業責任所帶來的轉變一樣，一旦超大型企業透明化的紀元來臨，受益的將不只是我們而已，這些企業本身也會受益。事實上，在一個企業不斷收集分析吾人資料的年代裡——雖說是爲了吾人的利益，但是，當然沃爾瑪才是最大的獲利者——這些企業早就應該把他們本身的資料更仔細地提供給我們了。

我們要向哪一種公司要求什麼層次的資料呢？這是公共政策的問題，不過，已經迫在眉睫了，卻沒人準備去談。一個簡單的解決方案是，也許過於簡單，超大型企業就是非常大的公司——不管是從營業額、對某些市場的操控力、或是在某些地理區域的市場裡具有操控力、或是從員工人數來看——這些企業有能力改變市場。然而，哪些公司必須提供進一步的資訊，以及必須提供到什麼樣的程度，完整的解決方式是應該經過仔細的研究、分析、和公共辯論。但很清楚的，不應該再讓這些公司自行決定要釋出什麼資料了，就像我們不應該讓汽車製造商自行決定工廠的安全法規以及汽車廢氣排放的污染法規一樣。你只要看一下安隆（Enron）和世界通訊（WorldCom）這二家地雷公司的欺瞞和崩潰就可以瞭解，股票上市公司所發布的公開資訊，實在不足以讓人瞭解這些公司根本就是有問題。

來自企業的反彈很大，這並不單純是因爲他們希望對營業機密加以保護而已。他們眞正感到害怕的是，一旦有關他們在營運上所造成的衝擊，透過全新的資訊要求散播出去，會有很多的抗爭活動，要求他們爲這些衝擊負責——不是透過群眾壓力，就是透過立法規範。

二〇〇五年，明尼蘇達州的國會議員想要瞭解沃爾瑪和其他大型企業的員工及家屬中領州政府的補助情形，卻發現明尼蘇達州政府各單位並沒有這份資料。他們想要立法來取得這份資料，卻遭到沃爾瑪嚴厲的反對，甚至於怒斥，該公司派了二名代表到聖保羅市去遊說，表達反對之意，而且還遞給每位國會議員一份二頁的反對意見書。該意見書裡指陳，這項新的明尼蘇達州法案——現在已有好幾十州擬定類似草案——不可能「提供任何人健保」，而且簡直就是「完全誤導，對一家努力地想在今年提供十萬個就業機會的企業，做破壞性的攻擊」。

一位支持這項法案的明尼蘇達州代表，謝爾登・詹生（Sheldon Johnson）說道：「大家都在說，這些跨國大企業把健保責任外包給納稅人來負擔，如果這個說法並非空穴來風，那麼我們最好對這件事有個整體的瞭解，看看是哪家企業這樣幹。而我們所要求的只不過是資訊而已。」

只不過是資訊而已。然而，被要求提供營運規模及所造成影響的資訊的公司，他們的抵制程度，可以從以下的例子中略知一二：沃爾瑪想盡辦法所要反對的明尼蘇達州法案，根本就不會增加沃爾瑪的負擔，也不會增加沃爾瑪班頓鎮總部任何員工的負擔。那只會增加明尼蘇達州政府公務員的工作而已，也許，最後還會增加沃爾瑪公關人員的工作吧。

二〇〇五年一月，沃爾瑪執行長李斯閣在一百家報紙上刊登了一份給美國人的公開信，他寫道：「每個人都有權表達他們自己對本公司的看法，但他們無權去捏造事實。」當然，這家企業把機密當成企業文化不可或缺的一部分，被這樣的公司指責「捏造事實」，實在是極端的諷刺。這份公開信發表之後一個月，李斯閣在對洛杉磯的商業團體演講時說道：「要如何確保美國的資本主義可以創造出正派的社會？這個問題，在未來的紀元裡，關係到我們每一個人。批評我們的人認爲，爲了追求這樣的社會，美國人對於沃爾瑪以效率經營所帶來的美好生活標準，必須加以揚棄。這種想法看似追求美國人的理想，其實是在嘲弄美國人的理想。」

當然，依照同樣的說法，我們也可以說，要如何確保美國的資本主義可以創造出正派的社會？這個問題，如果有人認爲可以在缺乏有關沃爾瑪衝擊的資訊和瞭解之下，充分地討論和解答，這簡直是在嘲弄美國人的理想，同時也嘲弄了自由經濟和民主價值的最基本原則。

沃爾瑪是由我們、以及我們的錢所創造出來的。沃爾瑪效應從我們的身上，以及我們的消費上，發展出強大的力量。從某個層面來說，沃爾瑪是民主制度的最終形式——每次去沃爾瑪買東西，我們就投下了一次贊成票，而且這一票被記錄在龐大的資料庫裡，讓沃爾瑪可以好好地分析，做進一步的瞭解，以使我們買更多的東西。但我們是在資訊缺乏的情況之下投下贊成票——當我們投票贊成低價時，我們並沒有能力去瞭解我們所投的是什麼。

在洛杉磯那場演講當中，李斯閣起先是這樣說：「我認爲我們的批評者的目標過於高遠，而且也讓人感到困擾：他們想在辯論當中，扭曲我國未來幾年裡正當的商業角色和政府功能，而這些正當的角色和功能，是確保資本主義創造正派社會所不可或缺的。」

當然，要避免扭曲的辯論，最好的方法就是讓每一個人都有充分的資料、資訊和分析。市場、市場經濟、民主制度、甚至於像糕餅點心這樣的小產業，在運作上都需要資訊。對每個人而言，如果有更多的資訊，就能運作得更好。

沃爾瑪不只是一家店、一家公司、或是一個強大的機構而已。沃爾瑪還是一面鏡子。沃爾瑪是典型的美國企業。沃爾瑪這面鏡子反映了我們的精力、我們的目標感、以及我們對事業、多元文化、和創新的野心。而且，沃爾瑪所反映的不只是美國社會和價值而已。沃爾瑪還是我們每一個人的鏡子。在民主制度之下，我們個人對於這麼集中的經濟強權感到矛盾，這就是一種訊號，即使在表面上，這個經濟強權是爲了我們的福利。關於沃爾瑪，不管是爲了個人或爲了社會，我們都有義務來回答這些沒人回答的問題。否則，我們就是自願放棄，把我們的社區、我們的經濟以及我們的命運，交給班頓鎮的人來決定。

後記　皮若亞，二〇〇五年九月

沃爾瑪效應就像一艘大船行經海面時所激起的漣漪——在你察覺到漣漪所帶來的晃動之前，激起漣漪的船早就已經消失了。事實上，沃爾瑪效應發生時，我們很少能夠掌握住，即時地觀賞整個發生過程。

尼爾森噴灑系統公司從一九九一年開始就在皮若亞生產草坪噴水器，二〇〇五年夏季，該公司把僅存的工廠工人都幾乎解雇了，使得公司裡美國的時薪工人從一九九八年的四百五十名（甚至銷售旺季時還有一千名員工生產噴水頭），如今遽降爲一百二十名。

不論尼爾森是否爲知名廠牌，他們所生產的噴水頭，本身就具有代表性。通常這些金屬製的噴水頭和卡特彼勒的推土機一樣，是鮮艷的黃色，而且品質優良，所以經久耐用。

尼爾森公司總裁，戴福．艾格靈頓在宣布結束美國製造部門的原因時，以前所未有的坦率方式指出，裁員以及工廠移往中國，這都應該要怪沃爾瑪。「沃爾瑪曾經說過，他們喜歡跟我們進貨，因爲我們有一部分的生產是在美國完成的，但是成本上的差距太大了，所以他們說，除非我們能在中國生產，否則我們就會被淘汰掉。」

沃爾瑪有效地命令尼爾森公司把美國的工人裁掉；而尼爾森公司爲了和沃爾瑪做生意，也爲了求生存，只好照辦。

在尼爾森公司工作的員工幾乎都是女性。這幾位女士很清楚沃爾瑪效應是如何發生的，也很清楚沃爾瑪效應的感覺如何。她們離這艘大船非常近，大船後頭所激起的漣漪，讓她們的生活陷入困境。

莎莉・史東（Sally Stone）現年五十一歲，在尼爾森公司工作了二十年。

瑪莉・菲爾（Mary Fail）被裁員時只有三十七歲，在尼爾森公司工作了十九年，她的人生，有一半以上是在尼爾森公司任職。

蘿絲・敦柏（Rose Dunbar）現年六十，在尼爾森公司工作了十五年。

泰莉・葛拉漢（Terri Graham）三十二歲，一九九七年加入尼爾森公司。

薇姬・布拉克（Vickie Black）現年四十一，也在尼爾森公司工作了半輩子以上——二十一年——並且她和她先生是在廠裡認識的。

這幾位女士的聲音，提供了沃爾瑪效應最生動的第一手資料。

製造噴水頭

莎莉·史東：他們總是表現得好像沃爾瑪就是我們的英雄似的。他們會說，我們喜愛沃爾瑪。我們和沃爾瑪做了不少的生意。

泰莉·葛拉漢：一九九七年我剛到公司時，我們的工作時間其實有三種選擇——因爲工廠裡的人實在是太多了，停車場裡，車子停得亂七八糟的，所以他們把上班時間錯開，早上六點、六點半、和七點，當然，下班的時間也錯開。

我工作的部門稱爲渦輪部，負責生產噴水頭裡震盪的渦輪心臟。那一小片東西叫做凸輪，外型有點像心臟。這就是渦輪心臟這個名稱的來源。渦輪部是我的家。

只用生產線的一邊，一班八個小時做下來就可以生產五千個噴頭。如果生產線的二邊一起生產，一班的時間我們就可以生產一萬個。沃爾瑪是這些噴頭的最大客戶。頭一、二年，沃爾瑪一個星期的訂單就有十萬件，大家忙壞了。你必須把訂單趕完。那時候總是到處聽到喊加油的聲音。有時候一個星期要工作六到七天。

莎莉·史東：那時候，我們所生產的噴頭，品質和現在的比起來，實在是好太多了，至少我自己的感覺是這樣。就拿震動噴頭來說吧。我們全部用金屬製成。上面有螺絲，你可以自己取出來，自己修理。你也可以寄回工廠來，讓工廠幫你修。這不是塑膠製的。這些噴頭就是有四十美元的價值。我的車庫外頭還有一組這種噴頭。如果噴頭有點問題了，我知道要怎麼拆，也知道怎麼裝回去。

泰莉・葛拉漢：公司過去一直告訴我們一件大事，我們是美國生產這種噴頭的最後一家公司。我覺得很驕傲。我是在老式的美國價值觀之下長大的。你要努力工作，以自己的工作為榮，你所生產的東西品質很好，可以用很久。

蘿絲・敦柏：我最後離開公司時的單位是虞美人生產線，我在那個單位待了好幾年。虞美人是小型的草坪噴頭，三支快速轉動的尖頭就是小型的震動器。

我喜愛這個工作。這是我有生以來最好的工作。那正是我想要做的事。這就是我以前的感覺。我迫不及待地想去那裡工作。我認為我自己是個百分之百的工人。不管是高興、生氣、還是悲傷，我都一樣去工作。我在工作上，百分之百地努力。

我的朋友非常多，我真是喜歡到那裡去上班，把工作做完。

憂患意識

莎莉・史東：到最後，你就會看到，他們在哪些部分採用便宜的材料了。有一種噴頭叫虞美人，因為外型很像虞美人的花。這種噴頭的基座，上面有三個小噴嘴。可以一邊噴水一邊旋轉。原來還附上橡膠輪子；你可以把輪子掛在水管上，然後拖著到處走，從這邊走到那邊。後來他們改用塑膠輪子。因爲塑膠輪子遠比橡膠輪子便宜。他們還把螺絲、底蓋等東西換掉——全都是爲了要更便宜。

通常，材料就這樣換掉了。如果你向主管反映——嘿，這是便宜貨——他們會說，這樣做是爲了省錢。

泰莉·葛拉漢：震動器上面有個噴水的管子。原先，我們需要加工這些管子。管子的長度已經是裁好的了——只是一根直直的管子。我們用好幾種機具來加工。有的是打一排洞，以做爲噴水用。有的則是把管子彎成適當的形狀。還有一台機器把噴嘴放進管子裡。好幾年前，我們就不用自己彎管子了。他們在中國就把管子彎好了，然後送到這邊來。後來，管子裡的噴嘴也裝好了，送過來的是帶噴嘴的管子。還有尾蓋。這些都在中國就做好了。這些東西很差勁。漏水很嚴重。如果你灌水進去，就會把噴嘴給沖出來。記得當時我還跟別人說，如果這些東西是我們做的，我們早就被開除了。

他們後來的確有慢慢改善。最後幾年進步很大。但是在這段期間裡，我們的名聲早就被這些爛貨給破壞殆盡了。這是多麼令人不堪啊。我們的產品一向是非常精良的啊。

蘿絲·敦柏：這些年來，品質的確走樣了。一大堆的材料全改成塑膠。而塑膠的品質變差，工人的品質也變差了。

我是我們那條生產線的領班，在某種程度上我可以控制線上的工人。但情況變得讓人沮喪

——如果他們不做事，如果他們不好好地做事，根本就沒人想聽。沒人想要盡點心去改善。最後那幾年，我根本就沒辦法好好地做，因爲根本就沒人在乎。這是我的感覺。我好像自己一頭就往牆上撞去一樣。我最恨早上醒來去上班了。

這是他們的工作，而我的榮譽心竟然還比他們重。

莎莉・史東：他們在二〇〇二年進行了一大波的裁員。當時我們還不知道中國那邊進行到什麼樣的程度。他們只說，公司必須把人力需求降下來，他們打算讓一些人離開公司。

就在星期五，他們給你一張單子——要你去餐廳或是到訓練教室。單子上如果是寫訓練教室，表示你被解雇了。

我們留下來的人則是在餐廳，有個傢伙，大概是業務經理吧，他站起來對我們說話。他說，我們很抱歉，必須讓一部分的人離開。今年的業績不是很好。因爲氣候的關係。他們竟把責任賴到氣候上了。他們卻不怪中國或是沃爾瑪。因爲我們的產業有季節性，所以他們總是喜歡把問題賴到氣候上。他們就是不把中國的事情告訴我們。

正當那傢伙在說話的時候，另一間房間裡的人魚貫地走出來了，他們是被裁掉的人。你會看到某某人走過，然後心裡在想，我的天啊，我不敢相信他們竟然把某某人給解雇了。當這些人經過時，有些人對正在台上講話的傢伙比出中指手勢。

薇姬・布拉克：我當時認爲這些裁員是個嚴重警訊。我想，伙伴們，我們得開始準備了。

再過個十年，我們都不在這兒了，不能在工廠裡工作了。我開始去進修——生物學、心理學、英文、和演講課。只要是可以申請副學士學位（associate's degree）的課我都修。

泰莉．葛拉漢：他們說，爲了競爭他們必須到中國，爲了沃爾瑪必須把我們的成本壓下來。他們說，其他的那些噴頭，全都是在中國生產的。他們說，中國工人的工資一個月只要一百美元。還不到我們一星期薪水的一半。我們一個人的薪水，可以請十個中國工人。

莎莉．史東：有一條生產線幾乎所有的人都被解雇了——那是旅行家生產線。旅行家這種噴頭看起來像台小型的牽引機。如果你的後院有陡坡，這項產品就很不錯。機器會開過去，像一列火車。這項產品移到中國生產了。他們先在中國把零件做好，運到這裡組裝。他們決定了——我猜零件是在中國生產的——他們也可以在中國組裝。

那時候，我知道他們開始派很多的職員到中國工作。手槍式噴頭——最早是送到這邊噴漆和組裝。後來他們就在中國組裝完畢，我們做的只是包裝而已。用氣泡式包裝盒或是放在硬紙板上。我們知道我們以前所做的東西。

蘿絲．敦柏：在這件事還沒影響到我的部門以及我的工作之前，我有一點點懷疑。我並不擔心中國。當時大家常常開玩笑說，每個部門最後都要淪落到中國去。我卻不信。

我們要如何知道中國那邊的情形呢？當生產線消失你就會知道了。渦輪心臟，多年來我們在沃爾瑪賣得最好的產品——那些生產線全都撤掉了。機器設備差不多全搬光了，連桌子也搬走了，他們把所有的東西都搬走了。渦輪心臟有四條生產線，三條搬走了。還剩下一條，根據他們的說法，留下一條生產線的理由是怕萬一沃爾瑪臨時有緊急需求。

泰莉．葛拉漢：今年，有一次開會時他們對我們說，一般人不瞭解沃爾瑪的「價格回饋」是什麼意思。那並不是沃爾瑪把價格調下來，而是沃爾瑪跑來找我們，要求我們把我們產品的價格往下調。

沃爾瑪的價格回饋——是的，我們每個人在沃爾瑪的電視廣告上都看過了，也知道那是一堆笑臉，在賣場裡跳來跳去那個。

瑪莉．菲爾：我知道這是無法避免的，我們註定遲早要丟掉工作的。除非你讓所有的消費者不再去沃爾瑪，對沃爾瑪說，我們再也不要買這些垃圾了。

「這些垃圾」——我的意思是說，這些東西根本毫無品質可言。我已經看過許多中國製的零件，送來的時候就是壞的，根本就不能用。才從盒子裡拿出來而已。從包裝盒裡拿出來就不能用了。我個人絕不買任何中國製的東西。甚至連食品，我都要看一下產地，看一下製造國，才決定要不要買。橘子——小罐的橘子罐頭？是中國製的。

泰莉．葛拉漢：今年年初，他們派了幾個中國人在廠裡頭到處走來走去的，而且還用錄影帶拍下我們工作的情形。

那眞是讓人感到厭惡，而且很可怕。就在我們的面前。他們硬是把我們的工作搶走了。我們並不恨中國人。但很多人痛恨我們的政府，也痛恨他們的政府。

莎莉・史東：尼爾森派了一些人到中國去，像小組長、維修人員等，他們去中國訓練工人以及幫他們把機器設定妥當。

裁員

泰莉・葛拉漢：我們在六月三日接獲解雇通知——六月三日星期五，我做到七月二十二日。在我離職前一星期，他們把我們生產線的機器給撤走了。那眞是心如刀割啊。你就眼睜睜地看著工作飛了。

莎莉・史東：我丟掉工作那天，我從早上六點半工作到下午三點。那天是六月三日星期五。這次他們不是用整批通知的。他們覺得個別通知比較有人性。我和一個主管面談。她說，非常不幸，你在裁員名單當中——你可以做到本季結束。

我說，不，我今天就不幹了，我現在馬上就走人。我不願意再待在這裡幫你們做事了。

我拿到五個星期的遣散費。我被裁掉那時，一小時的工資是十一・一五美元。他們留下比我資淺的人。我在那裡做了整整二十年——他們想要留的是五年資歷的人。

泰莉・葛拉漢：我最後的工資，如果在一般生產線上是每小時十・五五美元。如果做測試工作，每小時工資是十二・〇五美元。我先生現在在城外的鋸木廠上班。他八月才到那裡工作。

他賺的錢還沒有我在尼爾森賺得多。

蘿絲・敦柏：我很幸運，沒有裁到我——我待得已經夠久，可以領取五千美元的激勵獎金再離開。我對人事部的人說，我不要開會，我不想知道我被裁員。我自己會做到結束，然後走人。我這樣對她說。

我的最後一天是八月十八日。我回到家裡整整哭了一個禮拜。我受不了了。我不知道該怎麼辦。我剛到尼爾森的工資是每小時四・五美元，十五年後，我離開時的工資是每小時十・八五美元——我能接受，也靠此收入生活，我做到了。這是我這輩子賺最多錢的地方。我不可能再有這麼高的工資了。我現年六十。現在退休還太年輕。但我在職場上沒人要了。我離過婚，和我女兒以及二個孫女住在一起，我女兒賺的錢並不多。

但一個星期之後，我就拍拍屁股站起來，不再無所事事了，馬上去申請幾個工作。我在護理之家找到一份工作。我在餐飲區，也就是廚房裡的工作。負責洗碗和一部分的食材準備工作，每週工作四十小時。時薪是八・五美元。

我沒事了。

瑪莉・菲爾：我四處找工作，從零售業到製造業。我到好幾家公司去面談，甚至於還到沃爾瑪去面談。他們都拒絕了。我申請臨時人員的工作，但他們說，他們要的臨時人員是隨叫隨到的，不是一般的臨時工。他們拒絕了。

爲什麼我要到沃爾瑪找工作？即使你只是沃爾瑪的臨時人員，你買食品雜貨時也能享有員工優惠折扣。這是我能幫我先生持家的方法之一。

我到沃爾瑪找工作完全不會覺得尷尬。那只不過是個工作罷了。如果我符合他們的要求，我就會到那裡上班。

莎莉．史東：他們說他們願意協助我們回到學校去學習——如果經過他們核准。我對園藝這類的東西很有興趣。這附近也有一些工作，因爲附近有不少的苗圃，以及賣花苗，可是他們不願幫你付學費。我想，我是恨透尼爾森公司了。

至於沃爾瑪，你會覺得你是活在共產主義社會裡。不用多久，除了沃爾瑪，你找不到其他地方可以買東西了。除非萬不得已，我不會到沃爾瑪買東西。如果我去那裡買東西，就會覺得自己像是個叛徒。

蘿絲．敦柏：我會不會去沃爾瑪買東西？不，不像以前那麼頻繁了。食品方面，我會去阿迪（Aldi's）買。其他東西我儘量去大商場（Big Lots）和一元商店（the Dollar Store）。他們已經變大了；他們也開始在冷藏櫃裡賣牛奶了。

沃爾瑪讓我生氣。最主要的是，我眞的不想去支持他們。而他們也沒有支持我們。我再也不會支持他們了。我眞的不覺得尼爾森和沃爾瑪有盡到任何一點心思來設法保住我們的工作。這點讓我很生氣。

泰莉・葛拉漢：我會不會去沃爾瑪買東西？非常不幸，我有時候必須去那裡買。他們的東西比別人便宜。同樣的東西，我實在沒有能力多付二美元。

我已經有十年沒有裝有線電視了，直到今年才裝。我們很少去麥當勞這類的地方吃飯。我最大的消費是看電影，我經常去沃爾瑪買東西，因爲他們比其他地方便宜。

一般人沒辦法瞭解這些低價的成果。有一次我去沃爾瑪買支小鏟子。他們有六到八種小鏟子。每一種我都拿起來看；只有一種是美國製的。這種鏟子比別種的貴了一美元。我買了。我盡力就是了。

莎莉・史東：我先生是個農夫。他和他弟弟種了一些玉米、大豆，也養了幾頭的黑安格斯牛（Black Angus）。當然，這賺不了多少錢。

我在尼爾森時，我們有健保。我一星期要爲我先生和我自己支付五十美元的健保費。那是按照八十／二十的條件來付的。我們現在已經沒有健保了。

薇姬・布拉克：我在尼爾森公司做了二十一年。一九八四年我開始到尼爾森公司上班時，才十九歲。我先生現在還是尼爾森的製造工程師——我們在工廠裡結識的。我們是尼爾森夫妻，我們也有尼爾森小孩，我們一家子都離不開尼爾森。我對尼爾森的感覺還不錯。

我不認爲尼爾森能夠拒絕沃爾瑪。如果他們拒絕沃爾瑪，沃爾瑪就會把生意轉到別的地方去，事情只會這樣發展。

也許我們現在要裁掉一百一十人。或者我們在一年半之內要裁掉二百五十人。也許選擇現在裁掉一百一十人——也許那些留下來的人還可以再待個十年。這是值得一試的機會。

這就是這個世界運作的方式。也是我的想法。那是一個很大的惡性循環。這件事必須要由其他的人來幫忙解決。我覺得光靠消費者是無法改變這一切的。

泰莉．葛拉漢：我知道我只是這個大難題裡頭的一小部分而已。

蘿絲．敦柏：我不知道這個循環什麼時候才會結束。

謝詞

由於許多人的幫忙，本書才得以完成。

提姆・高金斯（Tim Calkins）本身並不是新聞從業人員，但對於尋找曾經在沃爾瑪裡工作過的人，有許多奇妙而富有創意的想法，而且，他還幫我執行這項工作。

羅伯・歐海樂（Robert O'Harrow）是我在華盛頓郵報的老同事，二〇〇四年一月的某一天突然打電話給我，和我談了三十分鐘，在電話中，他使我下定決心寫這本書。

拉菲爾・撒加林（Raphael Sagalyn）幫我簽到一份合約，使我可以好好地寫作。他所做的，遠遠不只是經紀人的事而已——他常常鼓勵我，而且他對於文字和人的判斷，精準無比，無懈可擊。

艾蜜立・盧斯（Emily Loose）是企鵝出版社（The Penguin Press）負責我這本書的編輯，她竟然有辦法在連我自己都想不到要怎麼寫的情形之下，把這本書給榨出來。大家謠傳書籍不再需要編輯，我們的情況正好相反，她眞的完成了本書的編輯工作，從寫作之前一直到寫完以後，而且我很慶幸由她來編輯。

書中提到了許多人。在班頓鎮以及全國各地的朋友，他們非常慷慨地把他們和沃爾瑪一起工作的經驗、或是在沃爾瑪工作的經驗，說出來和我們分享，而且還提供對沃爾瑪的各種想法。

我的兄弟姊妹：安德魯（Andrew）、貝希（Betsy）、馬修（Matthew）提供了喜悅的心情，讓我得以將之融入本書，他們的熱忱令人永難忘懷。

比爾‧泰勒（Bill Taylor）和艾倫‧韋伯（Alan Webber）創立了高速企業雜誌（*Fast Company magazine*），提供給我一個專業上的「家」，他們多年來在高速企業雜誌上的編輯經驗以及友誼，給了我專業上的指導以及不可思議的發揮空間。約翰‧伯尼（John Byrne）和馬克‧瓦莫士（Mark Vamos）支持我，並且給我時間來完成本書。我在雜誌上的專題報導「你所不知道的沃爾瑪」（The Wal-Mart You Don't Know）就是由他們負責編輯的，是這本書的前身。

還有許多人給我各種不可或缺的支援，我非常感激，在此雖無法一一寫出，但他們都知道：約翰‧朵南（John Dornan）、麥爾特‧奇爾斯（Myrtle Kearse）、茱莉‧柏金斯（Julie Perkins）、齊始‧漢蒙德（Keith Hammonds）、安迪‧哈契曼（Anndee Hochman）、查克‧麥克米倫（Zack McMillin）、以及魯思‧席漢（Ruth Sheehan）。

齊爾里諾（G. D. Gearino）證明了他不只是一位偉大的作家和一個非常棒的朋友而已，他還是一位了不起的編輯。

海倫‧辛諾特（Helen Sinnott）花了六個月的時間來擔任我的研究助理，精力充沛地追查我所要的資料，她堅忍不拔，幾乎從不拒絕我對資料的要求。

盧卡斯・康立（Lucas Conley）詳細地檢查了本書裡的每一段和每一句是否和事實相符，讓本書得以更保險、更可信賴，否則，像這樣的一本書是無法成功的。當然，本書如果還有錯誤，責任應該由我來負，但如果沒有盧卡斯，錯誤將會更多。

尼可拉斯・強納森（Nicolas Jonathan）和瑪雅・梅西迪斯（Maya Mercedes）不管再怎麼忙都不會忘了過來看看我，帶給我輕鬆歡樂，或是用樂高玩具來啓發我的新鮮創意。

還有二位很特別的人要特別提一下。

吉奧夫・高金斯（Geoff Calkins）是最難得的人了，他是我二十五年的好朋友。他不只是讀這本書和編輯這本書，他還耐心地聽我大聲唸完整本書，很多地方還重複唸了好幾次呢。當然，這也是另一個優點。

最後是我的太太，崔希（Trish），在本書寫作期間的那幾個月裡，雖然寫作佔了我們生活的一大部分，她卻從未因此而沮喪或消沉。她的支持、她的熱忱、以及她的愛，似乎讓每個早上都充滿了朝氣。和我有生以來所遇到最好的編輯結婚，這是我這輩子最明智的抉擇。二年前，她問了我第一個問題，點燃了我後續一系列有關沃爾瑪的問題。她在我的工作中，以及我的生命中，加進了音樂。

資料來源

關於資料來源

本書所採用的資料，大多數爲第一手資料——來自文中所提到或引述的人。除非特別註明，本書所直接引用的談話都來自於我的採訪。下面這些註解，目的在於提供進一步的導引，以及表達我在引用他人作品時的敬意。

現有已出版的書籍當中，有二本最能表達沃爾瑪的誕生、成長和衝擊。一本是《Wal-Mart創始人山姆・沃爾頓自傳》（*Sam Walton: Made in America*），由山姆・沃爾頓和財經記者，現任時代雜誌社總編輯的約翰・惠依（John Huey）合著。另一本書是《我們信任山姆》（*In Sam We Trust*），由巴布・歐特嘉（Bob Ortega）所著，一九九八年出版，作者詳述沃爾瑪的崛起過程及其所帶來的影響，令人信服。

我好幾次詢問沃爾瑪，請他們以任何他們喜歡的方式，參與本書的報導部分，也許是幫我確認細節，也許是提供我採訪現任店長和高階主管的機會、也許是幫忙安排到現場參觀。但一直爲該公司所拒絕。

沃爾瑪分別在二個網站上提供各州沃爾瑪的財務績效、開店數、員工人數及採購狀況，這二個網站是：www.walmartstores.com 和 www.walmartfacts.com。

我拜訪過全美二十三州好幾十家的沃爾瑪賣場，有時候我的身分是購物者，有時候則是記者，但不論如何，我總是一名觀察者。

1 誰會料到購物竟如此重要？

止汗劑「不用盒裝」，這故事的基本架構來自麥可・羅斯，他曾經在普雷特、露華濃和華納蘭伯特等三家公司工作了十五年，負責服務沃爾瑪。

羅斯從一九九四年開始，在露華濃擔任止汗劑部門的行銷經理，那時候露華濃旗下的二個品牌，米契（Mitchum）和雅梅（Almay）都還是以盒裝的方式供應。雖然羅斯很小心地表示，「不用盒裝」並非影響露華濃和沃爾瑪關係的主要因素，但沃爾瑪很清楚地要求露華濃，請他們把旗下所有品牌止汗劑的包裝盒拿掉。羅斯的經驗，在二位從事止汗劑紙盒包裝的業者證實之下，變得更爲生動，雖然這件事已經十五年了，這二名業者因爲顧慮目前的客戶仍然直接或間接與沃爾瑪有往來，要求不要透露其眞實姓名。沃爾瑪並非唯一主張把紙盒拿掉的零售商，而且部分的止汗劑生產業者也比其他人更急於把產品的紙盒拿掉——爲了節省成本，也爲了環保因素。

超級市場新聞（Supermarket News，網址 www.supermarketnews.com）每年會列出全美前七十五大食品零售業者和全球前二十五大食品雜貨業者。有關美國食品雜貨業破產家數的數字，係採用華爾街日報於二〇〇三年五月二十七日一篇名爲「沃爾瑪以超級購物中心一舉攻上食品雜貨業龍頭寶座」（Wal-Mart Tops Grocery List with Its Supercenter Format）的報導，作者是派翠西亞・卡拉汗（Patricia Callahan）和安・席默曼（Ann Zimmerman）。她們這篇報導引用了紐約一家顧問公司，策略資源團隊（Strategic Resource Group）伯特・弗利金傑三世（Burt Flickinger III）對美國破產食品雜貨業者所做的分析。弗利金傑後來把資料進一步更新以反映二〇〇三年經營大熊（Big Bear）食品雜貨店的賓州交通（Penn Traffic）以及二〇〇五年溫迪西這二家公司申請第十一章破產事件。弗利金傑的專長是零售策略，他指出，在沃爾瑪進入食品雜貨業的好幾年之前，溫迪西的經營人戴維斯（Davis）兄弟曾經邀請山姆・沃爾頓進入溫迪西的董事會擔任董事。「他竟把溫迪西當成學校了。」弗利金傑說道：「溫迪西是山姆・沃爾頓決定跨入食品雜貨業的最大激勵因素。」一九八一年，沃爾頓擔任溫迪西的董事，直到一九八六年。

有一家美國大型市調公司優雅地分析了沃爾瑪和美國家庭及居民的親密性。這家公司害怕激怒沃爾瑪，特別交代不要提到該公司的名稱。但光是數字本身就很具震撼力了：

・住處五哩以內有沃爾瑪：一億五千五百萬名美國人，五千九百萬個家庭。

・住處十五哩以內有沃爾瑪：二億六千五百萬名美國人，九千九百萬個家庭。

・住處二十五哩以內有沃爾瑪：二億八千五百萬名美國人，一億〇七百萬個家庭。

研究當時的美國人口爲二億九千三百萬，共有一億一千萬個家庭。

沃爾瑪說，有一億的美國人每個星期到沃爾瑪採購，而全世界則有一億三千八百萬個人每星期到沃爾瑪。沃爾瑪行銷長約翰・弗萊明（John Fleming）告訴華爾街日報，每年美國有百分之九十三的家庭，一年當中至少有一人到沃爾瑪購物，這是引用華爾街日報二〇〇五年八月，安・席默曼所做的報導「沃爾瑪要證明該公司也趕得上時尚」（Wal-Mart Sets Out to Prove It's in Vogue）。

沃爾瑪在該公司網站 www.walmartfacts.com 上，不只每三個月更新一次該公司在全美各州的員工人數，也會發表前一年度該公司往來各供應商所僱用的人數，名爲「供應商工作機會數」(supplier jobs)。三百萬個供應商工作機會這個數字，是從沃爾瑪報告裡各州數字加總而得。

文中提到一百家日報媒體在報導中提及沃爾瑪，這數字是根據二〇〇五年使用律商聯訊(Nexis) 系統搜尋至少二次以上所得到的。

音樂貿易月刊（自一八九〇年開始即連續出刊）可以在 www.musictrades.com 取得。有關沃爾瑪及其他大賣場販售樂器之長篇報導，刊登於二〇〇四年十月號，標題爲「大賣場會讓人擔心嗎？」(Are Mass Merchants Cause for Concern?)

羅伯・史派克 (Robert Spector) 二〇〇五年的書《品類殺手》(*Category Killers*，哈佛商學院出版），該書論及玩具反斗城的誕生過程。關於溫迪西的破產事件以及寶鹼和吉列的合併案，媒體有廣泛的關切和報導。寶鹼和吉列的合併案於二〇〇五年十月一日完成。

沃爾瑪追蹤每個結帳櫃檯的掃瞄數字一事是來自泰瑞・英力士的說法，他是沃爾瑪三十二年的老員工，職場生涯一半以上都在奧克拉荷馬州的麥卡萊斯特 (McAlester) 擔任區長，管理十家賣場。

有關沃爾瑪可能一直存在性別歧視的集體訴訟案，詳情請參考 www.walmartclass.com。

沃爾瑪的 www.walmartfacts.com 網站上有標準賣場商品種類的數字。

2 山姆・沃爾頓的十磅大鱸魚

比較各家零售商成本，最簡單的方法就是看財務報表上的「銷售、總務和管理」費用一欄，通常以SG&A表示。這是零售商的營運成本，並不包括銷售商品的進貨成本。文中所用的數字並非SG&A費用，而是SG&A費用相對於銷售額的比率。最近三年，沃爾瑪的平均SG&A費用佔銷售額的比率爲百分之十七・五，塔吉特則爲百分之二〇・六。銷售一百美元的商品，塔吉特的成本爲二〇・六美元，而沃爾瑪則只要十七・五美元。這使得沃爾瑪可以對完全相同的一百美元商品，把售價調低三・一〇美元。

沃爾瑪在 www.walmartfacts.com 上說，二〇〇五年秋季，沃爾瑪面對薪資和工時問題的訴訟案件，在美國總計「超過四十件」。

二〇〇四年一月十八日，紐約時報刊出記者史帝芬・格林豪斯（Steven Greenhouse）所寫的報導，標題是「工人指控深夜遭沃爾瑪囚禁」（Workers Assail Night Lock-ins by Wal-Mart）。在這篇報導當中，沃爾瑪的發言人莫那・威廉斯（Mona Williams）女士坦承有鎖門現象，但那是基於員工安全的考量：「我們把門鎖上，以保護員工和賣場不會受到入侵者的傷害。」格林豪斯這篇報導刊出之後，沃爾瑪顯然改變了政策，有員工在裡面的賣場如果上鎖之後，在必要的情形之下，持有鑰匙的店長會把門打開放他們出來。這篇報導引述離職店長的話，表示鎖門的主要目的是怕員工會在賣場裡偷竊，並不是爲了他們的人身安全。

紐約時報的這篇報導，「凱瑪特逐漸趕上西爾斯」（Kmart Closing the Sears Gap），刊登於一九八六年二月四日。

賴瑞・英力士說，有一段時期他們全家八個小孩以及他母親都在沃爾瑪工作：他姊姊卡蘿（Carol）高中時曾在阿肯色州哈利生的沃爾瑪二號店工作，和大人一樣擔任開發票的工作；他的姊姊莉芭（Reba）在高中時到沃爾瑪工作，他的姊姊康妮（Connie）在高中時到沃爾瑪工作；他的弟弟泰瑞在沃爾瑪工作了三十二年，一直做到奧克拉荷馬州麥卡萊斯特的區長才退休；他弟弟瑪弟（Marty）在沃爾瑪做了十年，最後是在班頓鎮一百號店擔任副店長；他的妹妹蘿嬪（Robbin）高中時在沃爾瑪工作，有一次還參加美國小姐選美大會，山姆．沃爾頓為此還搭公司專機飛到英力士家去拜訪她；他妹妹高中時到沃爾瑪工作；他母親瑪夏（Marcia）在阿肯色州哈利生的二號店擔任玩具部主管。賴瑞自己本身從一九六三年開始在阿肯色州哈利生的二號店工作，一直做到一九八九年才退休，他那時是在佛羅里達州迪士尼附近的奇色米（Kissimmee）負責八一七號店。他對於升上管理階層沒什麼興趣。「我從來就不是你們所謂的『辦公室』主管，只會坐在椅子上對著牆壁發呆。」英力士說道：「我喜歡推著購物車，在上面放個架子當做辦公桌，就在賣場的大門口幹活。」

山姆．沃爾頓於一九九二年四月五日因罹患骨癌而過世，享年七十四歲。他的長子羅伯現在是沃爾瑪的董事長。羅伯在父親自傳的後記中寫道：「父親即使是在生命中的最後一個星期，都還非常樂於做他平常所做的事。除了家人以外，他在最後一個星期所見的人，就是當地的沃爾瑪店長。我們要求那位店長過來探望一下父親，和父親聊聊那一週店裡頭的銷售數字。」山姆．沃爾頓就葬在班頓鎮公墓，墓碑只是相當簡單的玫瑰色花崗岩。班頓鎮公墓就在沃爾瑪總部停車場旁邊；從總部走幾步路就可以到山姆．沃爾頓的墳前。

媒體曾經大幅報導聯邦政府調查沃爾瑪使用非法移民工作事件，舊金山聯邦法庭審理沃爾瑪性別歧視的集體訴訟案件，一樣也逐漸受到媒體的重視。沃爾瑪工會在魁北克容基耶爾所做的努力，也得到加拿大報界的普遍重視。沃爾瑪說工會的要求會讓賣場增加三十名員工，這件事出現在美國媒體的二篇報導上：二〇〇五年三月十日，紐約時報由克里佛・克勞斯（Clifford Krauss）所寫的「因爲勞工問題，沃爾瑪結束加拿大一賣場」（For Labor, a Wal-Mart Closing in Canada Is a Call to Arms）；以及二〇〇五年五月三日登於女裝日報（*Women's Wear Daily*）由布萊恩・唐（Brian Dunn）所寫的「沃爾瑪結束其加拿大設有工會組織的賣場」（Wal-Mart Shutters Unionized Canada Unit）。

3　美輕培根烤盤，一則沃爾瑪神話

雪兒・奈特目前仍在沃爾瑪擔任採購，她以一封簡短的電子郵件來確認強納森・佛列克有關早期接洽烤盤業務時的回憶，她寫道：「似乎你把這段歷史寫得很詳細。」在奈特的要求下，沃爾瑪的媒體關係部寄來一頁該公司對於美輕培根和沃爾瑪業務關係的內部個案研究報告。這份個案研究的標題爲「由於沃爾瑪賣場在全國的配銷能力，讓明尼蘇達州一家建立在八歲兒童創意的公司，得以成爲全美廚房的好伙伴」（Minnesota Company Founded upon an Eight-Year-Old's Idea is a Kitchen Partner in Homes Across America Thanks in Large Part to Nationwide Distribution at Wal-Mart Stores.）

在亞摩亞培根公司，決定把強納森・佛列克和阿碧・佛列克所發明的培根烤盤放進一千五百萬包培根裡的人，就是莫格西・福爾摩斯（Mugsy Holmes）。二〇〇五年時，他已經七十二歲了，仍然在從事培根業務。福爾摩斯在史衛夫公司（Swift，亞摩亞的母公司）四十年，期間公司的所有權曾數度易主，而他當時是在芝加哥郊區的道諾斯葛羅夫（Downer's Grove）負責培根業務。他還很清楚地記得強納森・佛列克。「這傢伙來到亞摩亞史衛夫艾克瑞奇（Armour Swift Eckridge）位於伊利諾州道諾斯葛羅夫的總部。他先以電話告訴我說他有一項新奇的產品，可以提高培根的銷量。我跟他說我沒時間。他竟跑到辦公室來了。我說好吧，既然來了就進來談吧。他進來開始談，卻一開口就停不下來。你眞的沒辦法把他趕走。他和他女兒發明烤盤的故事很棒。而且爲了推出這項商品，他什麼條件都答應。」福爾摩斯同意弄個促銷案，把烤盤的折價券放在亞摩亞培根包的後面，他告訴佛列克，「其他的事我就不管了。客戶把折價券寄給你，你就好好的處理，你要照所說的去做，我不想和這件事有任何的瓜葛。我實在沒辦法不幫他這個忙。他太熱心了，他深信這件事可以成功，他對這整件事而非常興奮，我說，我總得給這傢伙一個機會。」福爾摩斯一九九九年從亞摩亞退休，現在經營一家名叫莫格西培根的顧問公司，協助其他的培根公司。

二〇〇四年一月二十二日，羅伯・沃爾頓在美國反托拉斯協會（American Antitrust Institute）年會上的演講全文，可以在該會網站取得：www.antitrustinstitute.org。

根據班頓鎮／貝拉維斯特商會（Bella Vista Chamber of Commerce）的報告，沃爾瑪供應商在班頓鎮地區設有辦公室的計有七百家。

佛列克父女控告三星產品公司侵害專利一案之詳細情形，見一九九七年四月八日聖保羅先鋒報（*St. Paul Pioneer Press*）的「十多歲的發明家獲得十五萬美元的和解金」一文，作者是史考特・卡爾森（Scott Carlson）。三星產品公司決定付給佛列克家族十五萬美元的和解金，並且把被認爲是侵權的模具寄給佛列克父女。報導中還引述當時的總裁吉士・墨查丹尼（Keith Mirchandani）所說的話：「我們決定和解，因爲這比打官司便宜。」

4 壓榨

赫飛自行車的前任總裁約翰・馬里堤從一九七九年到一九九二年都在赫飛服務，他講了一則故事，說明西爾斯和沃爾瑪在商品配銷速度上的差異。「沃爾瑪的作業有多快？我在赫飛自行車的時候，有一次我們有一批貨的鋼材有問題。我們必須馬上把這批已經出貨的自行車召回。在這批自行車出貨後的三十六小時內，我們緊急通知西爾斯和沃爾瑪。結果是，運到西爾斯的腳踏車還沒卸貨。而運到沃爾瑪的則已經賣掉了。」

美國自行車進口比率的數字來自自行車零售業者雜誌（*Bicycle Retailer magazine*）發行人，馬克・桑尼（Marc Sani）。

威路氏公司的企業溝通經理，吉姆・卡拉汗（Jim Callahan）說，威路氏果汁的處理和裝瓶工廠在密西根的羅頓市，「多年來也經過不少大風大浪」，他還說，自從雪莉・福特來工廠擔任顧問之後，幾乎整個工廠的管理階層全都變了。「我們以前的問題都是有關廠裡頭的事。我覺得，對大家來說，這些都是老問題了。對經營工廠的人來說，的確是如此。我們的羅頓廠固然如此，其他地方的工廠也是一樣。如今，羅頓廠是我們最好的廠。」卡拉汗說，他對於福特經驗的特點並不瞭解，而且他也不能對威路氏和沃爾瑪的關係發表意見。「和沃爾瑪做生意到底有多困難呢？我曾經聽過我們業務部的人在回答這個問題時這樣說：『他們強迫我們做各種事情。』」威路氏在阿肯色州班頓鎮旁的羅傑茲鎮設了一個六個人的辦公室，也曾經在一九九六年和二〇〇三年，二度獲選爲沃爾瑪的「年度最佳供應商」。威路氏本身就是一家非常神奇的公司，它是全國葡萄合作社（National Grape Cooperative Association）所完全擁有的單位，而這個合作社是由一千三百五十位葡萄種植人所組成的農業合作組織。全國葡萄合作社的所有人是這些葡萄種植人，故而向他們採購葡萄來做成果汁；威路氏是全國葡萄合作社的加工和行銷子公司，負責打果汁、裝瓶、和銷售。

利惠公司爲沃爾瑪所開發的「利惠簽字」系列新產品，後來也供應給其他的折扣商店，這則故事，主要來自我在二〇〇三年七月，向二位利惠公司的高階主管，瑪莉・關（Mary Kwan）和大衛・樂夫（David Love）所做的採訪。關女士現在已經離開利惠了，當年她是該公司價值通路的銷售和行銷副總，並且進入利惠公司，主要是爲沃爾瑪開發「簽字」系列產品，監督設計和製造工作。她曾經在極限服飾（The Limited）公司服務過。利惠的目的是「透過這條通路去接觸數億個從未接觸過利惠產品的人。」關女士當時這樣說道。大衛・樂夫是利惠公司全球採購的資深副總裁，他負責在二〇〇三年夏季之前把利惠產品打進每一家沃爾瑪賣場的後勤工作。雖然利惠不是股票上市公司，但該公司所發行的一些債券有在公開市場買賣，因此該公司的季報和年報等財務報表格式，和上市公司差不多。利惠公司二〇〇五年前八月累計營業額較二〇〇四年成長了百分之一・八。雖然該公司二〇〇四年的營業額達四十一億美元，和二〇〇三年相較，衰退還不到百分之一，但長期的衰退趨勢卻沒有改變。有關利惠公司在一九八〇年代關廠的資訊，主要是來自於聖安東尼奧之光（*San Antonio Light*）一九九〇年十一月十三日所刊出的一篇文章，「裁員的代價是什麼」（What Price Layoffs?），作者爲金妮・科佛（Jeannie Kever）。聖安東尼奧之光在一九九三年一月就停刊了，幸好，聖安東尼奧快報（*San Antonio Express-News*）還保有其電子檔。沃爾瑪「光榮褪色」這個品牌的藍色牛仔褲，其銷售規模的數字來自二〇〇二年十二月五日女裝日報的一篇文章，「爲丹尼布衰退預做準備」（Bracing for a Slowdown in Denim），記者爲史考特・馬龍（Scott Malone）。

沃爾瑪歷年來從中國進口的數字很難取得。沃爾瑪一位負責進口業務的高階主管，提姆・雅絲可（Tim Yatsko）在二〇〇〇年五月告訴亞洲脈動（Asia Pulse）新聞服務社說，沃爾瑪一九九九年從中國進口了三十億美元的商品到美國，二〇〇〇年則進口了三十七億美元。沃爾瑪從二〇〇一年開始，總算提供這項資訊了。該公司在二〇〇一年，從中國進口了價值一百億美元的商品，而到了二〇〇四年，則從中國進口了一百八十億美元的商品。

有關尼爾森公司在沃爾瑪的壓力之下，幾乎完全把噴頭的生產線移轉到中國的故事，刊登於二〇〇五年五月二十四日的皮若亞星報上，標題爲「尼爾森裁員八十人：公司把噴頭的生產業務移往中國」（L. R. Nelson Cuts 80 Jobs: Company shifts Production of Sprinklers to China），記者爲史帝夫・塔特（Steve Tarter）。尼爾森公司的總裁戴福・艾格靈頓在一次簡短的採訪中告訴我說，尼爾森公司是沃爾瑪噴水頭相關產品的「品類小隊長」，這表示尼爾森公司的職員爲沃爾瑪分析所有品牌的噴頭，並且建議沃爾瑪在這個品類上的銷售組合。他還說尼爾森有二十六種不同的商品賣到沃爾瑪，所賣的噴頭，視其位置和客戶喜好上的差異而有所不同。科伊普（R. E. Keup）是尼爾森公司艾格靈頓的前一任總裁，現任賽門頓門窗公司（Simonton Windows）的總裁，他說，在海外，不只是生產成本比較便宜而已。「研究創新要花錢。但在東方研發會比較便宜。美國一名工程師一年可能要花掉你七萬五千美元的成本，同樣的價錢，你可以在中國請到三名工程師。」

沃爾瑪在其 walmartfacts.com 的網站上說，該公司除了在二〇〇四年全美新增八萬三千個工作機會之外，在二〇〇五年會再增加十萬個工作機會。沃爾瑪二〇〇五年一月十三日在全國刊登全版的報紙廣告，內容爲李斯閣的一封公開信，信中也同樣提到這些數字。李斯閣在二〇〇五年二月二十三日對洛杉磯市政廳的演講中，還是用十萬個新工作這個數字。

美國人口成長情形的數據，來自於美國人口普查局（U.S. Census Bureau）。美國零售業工作機會的數字，來自美國勞工統計局（U.S. Bureau of Labor Statistics）。沃爾瑪在美國的員工人數出自沃爾瑪的財務報表，及其主要網站 www.walmartstores.com 上的資訊。全美製造業就業人數取自美國勞工統計局。美國製造業僱用員工的歷史資料，取自美國統計摘要（*Statistical Abstract of the United States*）。這些統計數字，全都可以透過網路取得。

5 拒絕沃爾瑪的人

吉姆・韋爾在二〇〇五年夏季，離開了史耐伯和簡易公司，不再擔任這二家公司的執行長，距新聞報導他把所有的史耐伯產品撤出沃爾瑪，只有幾個月的時間。韋爾現在是一家未上市投資公司柯爾伯格的投資長，投資組合都是以製造業爲主，包括勝家（Singer）縫紉機公司。柯爾伯格公司對韋爾很瞭解：柯爾伯格持有簡易公司的大多數股票達十年之久，直到二〇〇四年六月。他們把簡易公司賣給百利通公司，這是一家在紐約證券交易所掛牌的上市公司，所生產的引擎，銷售給史耐伯和簡易公司。其實這個世界眞的很小：韋爾在一九九九年到簡易公司（其大股東爲柯爾伯格）擔任執行長之前，已經在百利通公司待了二十五年了。

基尼・史邁立（W. Gene Smiley），他是一名經濟史學家，也是馬凱特大學（Marquette

University）的教授，他把一九二〇年代的美國經濟史放在網際網路上，裡頭對美國零售市場發展的介紹，非常不錯。這部分的歷史，可以到經濟史的專門網站 www.eh.net 下載。威廉・李奇（William Leach）的《慾望之境》（*Land of Desire*，Pantheon Books 一九九三年出版）一書是學術界在描寫美國消費性市場，創造出大眾市場之現象上，非常了不起的作品。

豬豬亂竄公司的故事在很多地方都有資料，包括該公司自己的網站 www.pigglywiggly.com。富比士雜誌在一九二一年十月一日那期的雜誌上報導了最新出現在孟菲斯這種讓人大惑不解的自助型零售店。一九八一年九月二十八日，富比士在「六十年前的富比士」（Sixty Years Ago in Forbes）專輯中，把這篇報導重印出來。一九二一年最早的那篇報導，似乎把豬豬亂竄公司的創辦人，克拉倫斯・桑德斯，描寫成山姆・沃爾頓的眞正開山始祖：「當豬豬亂竄開張時，大家都在嘲笑這種自助型的概念……會有這種做法是因爲，當他要重新規畫店面時，希望能夠儘量省錢，他發現他也許可以打消服侍客戶的念頭，讓客戶自己服侍自己。當人們發現大家都到豬豬亂竄裡採買食品雜貨時，就沒有人再嘲笑他們了……由於不用店員，也不用外送，更沒有賒銷，所以可以省下很多錢，桑德斯發現他可以把商品賣得比傳統的雜貨店還便宜。」

戶外動力機械學會（Outdoor Power Equipment Institute）提供當期割草機的銷售資料。丹・謝爾（Dan Shell）是動力設備交易雜誌（*Power Equipment Trade magazine*）的執行編輯，對於割草機採購場所由獨立經銷商轉移到大賣場一事，從歷史的角度提供了他的看法。

沃爾瑪是如何讓割草機變成用壞就丟的東西呢？這裡有另外一種計算方式。你所住的地方也許一年要割草五個月，各地方略有不同；如果平均一個月最少要除二次草，一年就是十次。大多數的人，特別是住在南方，春秋二季比較長，也許除草的次數還要再增加一倍。即使你可以找到青少年願意幫你割草，一次只收十美元，一年下來最少也要一百美元。如果割一次要二十美元，而你一年要割十五次，那麼你一年在割草上就要花三百美元。因此，對某些人來說，買一台一百五十美元的割草機，用一年之後就丟棄，和請人來割草相較，還比較便宜，至少就銀行裡的存款而言是如此。當然，把割草機這樣的東西丟掉總是會讓人覺得太浪費了而有些不安；每隔一兩年就把割草機丟掉眞是太浪費了。

吉姆・韋爾曾經以毒癮來比喻沃爾瑪帶給供應商的銷售量，這段話刊在二〇〇二年十二月十三日密爾瓦基商業週刊（*Weekly Business Journal of Milwaukee*）上，篇名爲「簡易公司啓動史耐伯」（Simplicity Revs Up Snapper），記者爲李區・羅威託（Rich Rovito）。

6 不透明的沃爾瑪

本章所討論到的文章，除了一篇之外，全部都可以在網路上取得。

艾梅可・巴斯克的研究，可以從她密蘇里大學的網站上取得：http://www.missouri.edu/~baskere/。傑瑞・豪斯曼和伊凡・萊布塔格合著的論文：「超級購物中心所造成的CPI偏誤：

BLS是否知道沃爾瑪的存在？」（CPI Bias from Supercenters: Does the BLS Know That Wal-Mart Exists?）可以從豪斯曼設於麻省理工學院的網站上取得：http://econ-www.mit.edu/faculty/index.htm?rof_id=hausman。肯尼士・史東的論文可以從他的愛荷華州立大學網站上取得：http://www.econ.iastate.edu/faculty/stone/。維薩爾・辛、卡斯登・漢生（Karsten Hansen）、和羅伯特・布拉特伯格（Robert Blattberg）的論文「沃爾瑪超級購物中心對傳統超市所造成的衝擊：一個實證研究」（Impact of Wal-Mart Supercenter on a Traditional Supermarket: An Empirical Investigation）可以在辛位於卡內基美隆大學的網站上取得：http://business.tepper.cmu.edu/display_faculty.aspx?id=118。保羅・布倫和凡妮莎・培利合著的論文：「零售業強權和供應商福祉：以沃爾瑪爲例」(Retailer Power and Supplier Welfare: The Case of Wal-Mart)，刊登於零售業季刊（*Journal of Retailing*）第七十七冊第三卷，二〇〇一年九月。這篇文章無法從網路上取得。史帝文・郭芝和西馬・霜敏納坦（Hema Swaminathan）的論文「沃爾瑪和郡級貧窮」（Wal-Mart and County-Wide Poverty）可以在賓州社區和經濟發展中心（Penn State Center for Community and Economic Development）的網站上取得：http://cecd.aers.psu.edu/policy_research.htm。

豪斯曼論文中所提到的通貨膨脹數字是從美國勞工統計局以及美國統計摘要上取得，二者皆可從網路上取得。

有關CPI如何收集價格資料的報導，是根據我在二〇〇二年十一月對三位消費者物價指數編製官員和一位查價員所做的採訪，這三位官員是：勞工統計局消費者物價指數助理委員約翰・格林李斯（John S. Greenlees）、CPI督導經濟學家丹・金士伯格（Dan Ginsburg）和CPI的經濟學家兼發言人派翠克・賈克曼，而辛蒂・威廷頓（Cindy Whittington）則負責收集價格資料。這些研究，我用在二〇〇三年三月的高速企業雜誌第六十八期所做的一篇有關零售業者商品最適定價軟體的報導：「哪個價格才對？」（Which Price Is Right?）。

紐約時報有一篇愛荷華州立大學教授肯尼士・史東的檔案資料，「他送給小雜貨店叔叔嬸嬸的話：沃爾瑪過後，生活仍有希望」（His Message for Mom & Pop: There's Life After Wal-Mart），作者是巴納碧・費德（Barnaby J. Feder），一九九三年十月二十四日出版。

第蒙記事報（*Des Moines Register*）有一篇肯尼士・史東的檔案，描寫他退休時的事情。「史東在挑戰巨人上，留下典範」（Stone Leaves Legacy of Taking on the Big Guys）一文係由何崇・范思（Hawthorne Vance）在二〇〇四年二月一日發表。我在報導中提到他早年做研究時曾經接到沃爾瑪高階主管的電話，就是根據這篇文章。

巴頓魯治擁護報（*Advocate of Baton Rouge*）在二〇〇五年七月五日刊出由迪慕西・布尼（Timothy Boone）所做的報導「普雷克曼店家已經準備好對付沃爾瑪」（Plaquemine Businesses Ready to Meet Wal-Mart），文中描寫史東在沃爾瑪超級購物中心開業前拜訪當地的零售商，教導他們如何面對沃爾瑪。

沃爾瑪發言人米亞・麥斯登女士對於史帝文・郭芝所做貧窮研究的回應乙節，摘自二〇〇五年二月一日，費城詢問者報，米契・李普卡（Mitch Lipka）所做的一篇報導：「大希望，大恐懼：沃爾瑪的擴張引發地方上不同的反應」（Big Hopes, Big Fears: Wal-Mart's Expansion Inspires Both in the Region）。

7 鮭魚、襯衫以及低價的意義

全國漁業協會（National Fisheries Institute）是美國海鮮食品產業的貿易組織，按照每人消費量，每年會提供十大最受歡迎海鮮的名單。這個名單可以在 www.nfi.org 的網站取得，放在「媒體」類裡。

美國從智利和加拿大進口鮭魚的數量，取自美洲鮭魚（Salmon of the Americas）組織的常務董事亞力克斯・泉特（Alex Trent），這是一個由鮭魚業者所組成的貿易組織，提倡吃鮭魚活動。智利在二〇〇四年超越了挪威，成爲全球最大的鮭魚養殖國家。

美國銷售鮭魚第一名究竟是好市多還是沃爾瑪，並不清楚。這二家公司本身也沒有提供這種商品明細資料。美洲鮭魚組織的亞力克斯・泉特說第一名是好市多，而沃爾瑪是第二名。美國大型食品通路商西斯科（Sysco）的一位代表也同意這個說法。全國環境信託基金海洋保護副總，蓋瑞．李普認爲這二家零售商在鮭魚的銷售上相當接近，而且，現在沃爾瑪可能已經是第一名了。李普曾經在二〇〇五年夏季派員組團到智利，實地考察當地的鮭魚養殖場和加工廠，該團還包括沃爾瑪所派來的代表。智利銷到美國的鮭魚有百分之三十是銷給沃爾瑪，這說法出自李普。智利大地基金會的羅德里戈．皮薩羅說沃爾瑪大約買了智利出口到美國的百分之二十五。

沃爾瑪吃下智利輸到美國百分之三十的量，這種說法是否能夠讓人相信，也許本身就是一個問題。我們經過一些基本的計算發現，很有可能。皮薩羅說，智利二〇〇五年鮭魚的出口量是三十四萬噸，其中有百分之四十（即十三萬六千噸）銷往美國。如果沃爾瑪買了其中的百分之三十，就相當於買了四萬〇八百噸的鮭魚，以賣給消費者——這表示沃爾瑪二〇〇五年在美國的賣場要賣出八千一百六十萬磅的鮭魚。這數字看起來非常大（而且索然無味），但是和沃爾瑪的規模比較之下，就容易理解了。這個數量，相當於沃爾瑪每星期要賣一百六十萬磅的鮭魚。不論這個數字是否完全正確（亦即，不論蓋瑞．李普有關沃爾瑪買了智利銷到美國鮭魚的百分之三十，這個說法是否正確），一個星期賣一百六十萬磅還在合理的範圍內。美國人一星期吃掉一千二百六十七萬磅的鮭魚——這表示沃爾瑪在鮭魚上的銷售量佔了全國的百分之十三，這個數字和沃爾瑪在整體食品雜貨上的市佔率相當接近。沃爾瑪在美國一星期的客戶有一億人次。如果其中的百分之一．六買了一磅的鮭魚回家當晚餐，這就表示他們一星期賣掉一百六十萬磅的鮭魚了。

沃爾瑪販售凱西李姬佛系列服飾的衝突，最早是由全國勞工委員會執行董事查爾斯・柯納根於一九九六年四月二十九日到國會委員會上所做的證詞開始。接下來的那幾天，甚至於那幾週，一共有好幾十篇的報導。比較有用的是以下這幾篇：「沃爾瑪、姬佛否認剝削」，一九九六年五月三日，阿肯色州民主公報（*Arkansas Democrat-Gazette*）、記者史都華（D. R. Stewart）的報導；「柯納根鼓勵姬佛到工廠監督生產狀況」，一九九六年五月二十三日女裝日報，記者喬安娜・拉梅（Joanna Ramey）的報導；「見不得人的小秘密：美國有半數的成衣，生產的工廠薪資過低」，一九九六年六月十六日新聞日報、記者威廉・福克（William B. Falk）的報導。

一九八五年養殖鮭魚產量的數字，以及二〇〇五年一月智利銷美的鮭魚數量係採用羅德島大學詹姆士・安德森的資料。

紐約市立大學柏魯克分校齊克林商學院的波卡西・瑟提寫了一本書，討論跨國企業如何對其員工和供應商制定行爲規範，並強制實施，書名爲：《設定全球標準：跨國企業建立行爲規範的指導方針》（*Setting Global Standards: Guidelines for Creating Codes of Conduct in Multinational Corporations*, Wiley, 2003）。

孟加拉工人，蘿彬納・阿克什以及她的同事瑪祖達（Maksuda）在工廠裡爲美國消費者生產衣服的報導，全部都發表在全國勞工委員會的網站上，網址是：www.nlcnet.org。阿克什的報導是在這個網頁：http://www.nlcnet.org/campains/bangtour/robina.shtml。有關她們到各大學校園拜訪的報導，也可以在網路上取得：耶魯日報（*Yale Daily News*）、愛荷華人日報（*Daily Iowan*）、哈佛緋紅報（*Harvard Crimson*）和麥迪遜時報（*Madison Times*）。

雖然控告沃爾瑪的十五名原告在國際勞工人權基金（International Labor Rights Fund）的協助之下，採用匿名方式做為起訴人，但是根據二名熟悉本案、同時也認識阿克什和瑪祖達的人士證實，本案中起訴人無名氏三號和無名氏四號，就是她們二人。無名氏三號和無名氏四號在孟加拉達卡工廠的詳細工作狀況，和阿克什及瑪祖達相關的報導吻合。以無名氏三號所工作的工廠名稱「西方服飾」（Western Dresses），加上「達卡」（Dhaka）和「工廠」（factory）等字在網路上作簡單的Google搜尋，得到的就是蘿彬納・阿克什在成衣廠生活狀況的報導。整個起訴書全文放在ＩＬＲＦ網站上：www.laborrights.org。

沃爾瑪最初對ＩＬＲＦ訴訟的反應，放在http://www.walmartfacts.com/newsdesk/網頁上的「媒體發布」項目下，至少二〇〇五年九月十五日仍可以看到。沃爾瑪全套的「二〇〇四年供應商標準報告」（2004 Report on Stands for Suppliers）可以在沃爾瑪的另一個網站，www.walmartstores.com上的「供應商」這項下載。沃爾瑪為供應商所定的供應商標準就放在二〇〇四年報告裡的附錄Ｂ。

蓋普公司在工廠檢查上所做的努力，可以到www.gapinc.com網站上的「社會責任」一節做進一步瞭解。

「監督沃爾瑪」這個團體成立於二○○五年，係以監控沃爾瑪爲目的。網址是：www.walmartwatch.org。這個團體是由國際服務業工會（SEIU）、食品和商業工人聯合工會(United Food and Commercial Workers Union，UFCW）和山岳協會所贊助。

8 一分錢的力量

「客戶不是傻瓜。客戶就是你太太。」二○○四年十月，上奇廣告全球執行長凱文・羅伯茨的確曾經在阿肯色州法葉特城的零售業會議上說過這段話。但他顯然是引用廣告界前輩大衛・奧格威（David Ogilvy）的話，一般認爲，這句話是奧格威所說的。至少這段話曾經在奧格威的書中出現：《奧格威談廣告》（*Ogilvy on Advertising*, Crown, 1983）。奧格威談廣告書上的寫法是：「消費者不是傻瓜，她就是你太太。」(The consumer is not a moron, she is your wife.)

沃爾瑪五二二九號店開在舊的凱瑪特上，這是費城詢問者報二○○四年一月三十日「商業簡訊」(*Business News in Brief*)上的報導。我和我家人現在最常去的沃爾瑪就是五二二九號店。二○○五年九月，就在本書準備付梓前夕，這家凌亂無比的賣場換了一位新店長。沃爾瑪的每一家賣場，店長的姓名和電話號碼就印在購物收據上。當我發現新名字時——拉菲爾・桑德斯(Rafael Sanders)——我大聲地對結帳員說：「嘿，你們換新老闆了，來了一位新店長。」這名結帳員毫不遲疑，馬上大聲喊道：「拉菲爾！有一個客戶要找你。」聲音大到賣場前面都聽得到。她用我裝得滿滿的購物車，指出方向，就在前門旁的台階上，桑德斯正在忙，我把購物車推過去打招呼，拉菲爾伸出手來向我致意。他連哈囉都沒說。他只是在我們握手的時候說：「我們會儘量改善。」

AC尼爾森對數萬名購物者採用該公司的「家庭掃瞄」(Homescan)面板技術——追蹤記錄消費者所購買的每一樣物品，每一家店，就像該公司追蹤另一群美國人的電視收視習慣一樣——為客戶的公司整理在沃爾瑪的銷售資料。AC尼爾森發行的「二〇〇四年沃爾瑪年終檢討報告」有四十六頁，根據「採購次數」分別統計出沃爾瑪品項總計和品牌商品總計的前十五大銷售圖表，表上所列的品項，有一半是沃爾瑪和其他食品及藥粧零售業者正面競爭的商品——這都是消費性的一般商品，包括：食品雜貨、保健美容商品、生鮮產品和綜合類商品。AC尼爾森的圖表並不包括電器、五金、玩具、藥品或服務等類別。AC尼爾森所統計的前幾大消費性商品中，最貴的是賣場牌一加侖裝的全脂牛奶，售價是二・九三美元；前十五大熱門商品中，有九項的售價低於一・五美元；有六項低於一美元。在品牌的熱銷名單中，最貴的二項商品分別是天使牌的衛生紙，二十四捲賣四・八四美元，以及三號的金頂鹼性電池，八個賣四・七五美元。前十五大中，有八項售價低於一・五美元，有十三項售價低於或等於三美元。

文中詳述的三樣東西——肌麗牌的滋潤沐浴油、無鹽四季豆罐頭和碎蚌——並非隨機選取的。這些都是我們的家常主食或日用品。尤其是無鹽四季豆罐頭特別奇怪。我們的獸醫開給我們黑拉布拉多犬重量控制的菜單是，早晚各餵一罐十四・五盎司的四季豆。效果很好，而且我家的狗很喜歡吃。這還表示，這隻狗一年吃掉七百三十罐的四季豆。牠也許是全國最會吃四季豆的傢伙了。沃爾瑪的四季豆非常便宜，到那裡去買，一年可以省下七十五美元，也許還可以省更多。

超級市場新聞（www.supermarketnews.com）每年會把全美最大食品零售商的名單，及其營業額整理出來。正如第六章所提之豪斯曼和萊布塔格的研究顯示，一個典型的家庭到沃爾瑪購買食品雜貨，最少可以省下百分之十五。

沃爾瑪、塔吉特和天食超市的每名員工營業額，這個數字只是簡單地用各公司的營業額除以員工人數就可以算出來。所用的數字都可以在各家公司所申報的財務資料中取得。

由班哲明・富蘭克林（Benjamin Franklin）所撰寫的「窮理查年鑑」（Poor Richard's Almanack）一文，可以在堪薩斯大學網站上的「美國歷史研究文件」（Documents for the Study of American History）上取得：http://www.ku.edu/carrie/docs/amdocs_index.html。富蘭克林一七三七年「窮理查」一文中所用的諺語，最接近的一句是：「省下一便士，相當於得到二便士。」

有關美國人信用卡簽帳餘額和付款習慣的資料取自 www.cardweb.com，這家公司收集並分析各種消費卡的使用情形。美國人每個月的平均儲蓄率是採用美國商務部經濟分析局的資料

(Bureau of Economic Analysis)。

西南航空公司的獲利情形，可以從該公司的財務報表做進一步的瞭解，財務報表放在網站www.southwest.com 上。西南航空公司於二〇〇五年五月在匹茲堡設點服務一事，匹茲堡郵報（*Pittsburgh Post-Gazette*）於二〇〇五年五月五日曾爲文報導，標題是「最適合的公司來了」（Arrival of the Fittest），記者是丹・費茲派翠克（Dan Fitzpatrick）。聯合航空、美國航空、達美航空和西北航空的破產事件，媒體有很多的報導和分析。二〇〇四年整個航空業虧損九十億美元，亦即每週虧損一億七千三百萬美元，這個數字是美聯社快報於二〇〇五年八月七日引用航空運輸協會（Air Transport Association）的資料。華爾街日報在二〇〇五年九月十九日一篇名爲「美國航空業，瘦身竟演變成大亂流」（For U.S. Airlines, a Shakeout Runs into Heavy Turbulence）的報導中，提到了美國航空業在二〇〇〇年和二〇〇五年之間，共計裁了十三萬五千名員工，記者是大衛・韋瑟（David Wessel）和蘇珊・凱利（Susan Carey）。紐約時報記者米奇林・梅納德（Micheline Maynard）二〇〇四年十月三十日做了一篇報導：「最適者生存和最瘦者生存，成了航空公司的策略」（Survival of the Fittest and the Leanest Becomes Strategy for the Airlines），文中提到西南航空公司平均一架飛機由七十五人作業，而業界平均是一架飛機要一百名員工。根據美國交通部所發布的統計資料顯示，西南航空的載客數比其他航空公司還多。

沃爾瑪在時尚雜誌二〇〇五年九月號上的廣告在第三八三頁（該期有八〇二頁）。華爾街日報二〇〇五年八月二十五日由記者安・席默曼所寫的「沃爾瑪要證明該公司也趕得上時尚」這篇有詳細的報導。塔吉特的廣告也在同一期雜誌上，從一三五頁開始。

沃爾瑪、塔吉特和所有的零售業者，在例行的財務報表上都要揭露同店銷售額的變動情形。沃爾瑪努力地美化成類似塔吉特的樣子，請詳見華爾街日報二〇〇五年九月十七日的報導：「沃爾瑪開始大幅美化，以尋求更大的市場」(Looking Upscale, Wal-Mart Begins a Big Makeover)，記者爲安・席默曼和克里斯・哈德生 (Kris Hudson)。

每多少個美國人就有一家沃爾瑪賣場這數字是直接用美國的人口數（二〇〇五年是二億九千七百萬人）除以沃爾瑪的總店數。每多少個美國人選一席國會議員，這數字是以美國的人口數除以國會議員席次，而國會議員席次是固定的，計四百三十五席。

沃爾瑪的國際作業情形，請詳 www.walmartstores.com 網站「我們公司」乙節。二〇〇五年十一月，沃爾瑪在美國以外的九個國家以及波多黎各設有賣場：阿根廷（十一）、巴西（一五一）、加拿大（二六二）、中國（四九）、德國（八八）、日本（四〇五）、南韓（十六）、墨西哥（七三〇）、波多黎各（五二）以及英國（二九五）。二〇〇五年十一月，沃爾瑪在阿拉巴馬州有一〇二家店。

密爾瓦基商業週刊在二〇〇四年四月十六日的報導「機會，但不是萬靈丹」(Opportunity, but No Panacea) 裡說，現在大師鎖有百分之四十來自中國。

9 沃爾瑪和正派社會

有關李斯閣談到美國資本主義創造出正派社會的這段話，摘自二〇〇五年二月二十三日，他在洛杉磯對一個名爲「洛杉磯市政廳」(Town Hall Los Angeles) 的市民和商業領袖組織所做的演講。演講內容全文可以在沃爾瑪的 www.walmartfacts.com/newsdesk/網頁上取得，放在「新聞中心」(News Center)，這裡收集了許多沃爾瑪高階主管的演講。你也可以到洛杉磯市政廳的網站上看這份資料，網址是：www.townhall-la.org。

博達廣告對奧克拉荷馬市和沃爾瑪的研究，資料來源是二〇〇四年三月十日刊登於奧克拉荷馬市法商日報的期刊紀錄（*Journal Records*）上，一篇名爲「全國研究人員調查沃爾瑪對奧克拉荷馬市消費者所造成的衝擊」(National Researchers Study Wal-Mart's Impact on OKC Consumers) 的文章，作者是黑蒂・山特拉 (Heidi R. Centrella)。位於芝加哥的夏皮諾市調公司 (Leo J. Shapiro & Associates) 幫博達廣告做了許多的調查工作，歐文・夏皮諾 (Owen Shapiro) 很大方，把該公司原始的調查報告提供給我們。

美國統計摘要提供了美國一九〇〇年以來每一年的機動車輛的數字，可以在網路上取得，美國在一九〇〇年有八千輛機動車輛。美國統計摘要還有統計每年車禍事故死亡人數。

一九七五年美國空氣清淨法 (Clean Air Act) 首先規定必須控制車輛所排放的廢氣。有關空氣清淨法的歷史，可以參考聯邦環境保護署網站上的資料：www.epa.gov。

賴瑞・英力士從沃爾瑪在阿肯色州哈利生的二號店開始做起，他記得該店開始時的規畫就已經有準備在必要時可以縮減規模。

沃爾瑪把員工鎖起來過夜一事，是根據二〇〇四年一月十八日紐約時報由記者史帝芬・格林豪斯所寫的「工人指控深夜遭沃爾瑪囚禁」這篇報導。二〇〇二年六月二十五日格林豪斯在紐約時報的另一篇報導「有人指控沃爾瑪強迫員工不計工時賣命工作」中，說明有人指控沃爾瑪的店長強迫員工不計工時工作。該篇報導指出，沃爾瑪在二〇〇〇年科羅拉多州的集體訴訟案中，以五千萬美元和解。另外，還報導沃爾瑪在新墨西哥州蓋洛普市（Gallup）只爲了一家賣場的小案子而和解之事。根據二〇〇二年十二月二十日，傑夫・曼寧（Jeff Manning）在奧勒崗人報（*Oregonian*）上的報導「陪審團發現沃爾瑪有非法要求加班情事」一文，二〇〇二年沃爾瑪在被控要求員工不計工時工作一案上，奧勒崗州的聯邦法院判決沃爾瑪敗訴，該公司必須返還八十三名員工的應得之工資。加州有十一萬六千名沃爾瑪現任及離職員工向加州阿拉梅達郡（Alameda）的高等法院提出類似控訴，該案於二〇〇五年九月開始由陪審團進行審理。二〇〇五年三月十九日，紐約時報記者史帝芬・格林豪斯以頭條新聞報導沃爾瑪如何解決僱用非法移民清理賣場問題：「沃爾瑪以一千一百萬美元解決僱用非法移民案」。

在沃爾瑪企業文化裡，他們對新聞界的猜忌程度，到底有多深呢？《山姆・沃爾頓自傳》

一書，第一章的第一句話就是寫他對媒體的惱火情形。「我想，成功總是要付出代價的。」沃爾頓寫道：「一九八五年十月，富比士雜誌稱我爲所謂的『全美首富』時，我紮紮實實地領教到了這個代價。你不難想像，高居紐約的那些報社和電視業者問道：『這個人是誰？』以及『他住在哪裡？』我們知道，接下來，記者和攝影師就開始聚集到班頓鎮來了，我猜他們是想拍我在裝滿金錢的游泳池裡潛水的模樣……我眞的不知道他們在想什麼，但我是絕對不會去配合他們的。」這位有史以來最重要的生意人，在他的生命和成就的故事裡，一開始就花了好幾頁的篇幅來貶損新聞界。

在 www.paycheckcity.com 網站上，你可以用全國任何一州的任何一種薪資，很快地計算出實得薪資。

二〇〇三年一月，沃爾瑪所公布的全年營業額爲二千三百三十億美元，而到了二〇〇五年一月，該公司所公布的全年營業額爲二千八百八十億美元，在二年裡增加了五百五十億美元。而塔吉特在二〇〇五年一月所公布的全年營業額爲四百六十八億美元。

沃爾瑪在產品品類上的市佔率資料，來自零售前瞻（Retail Forward）市調公司和該公司二〇〇四年十二月的報告：「沃爾瑪二〇一〇年」。在德州食品雜貨業的市佔率資料取自二〇〇五年二月三日的達拉斯晨報（*Dallas Morning News*），標題爲「食品雜貨業的競爭計畫」（Grocery Game Plans）。

有關沃爾瑪是墨西哥最大的零售業者，也是最大的私人雇主，以及沃爾瑪是加拿大最大的零售業者等，媒體的報導很多。詳CNBC二〇〇四年十一月十日，大衛・法柏（David Faber）所主持的「沃爾瑪年代」（The Age of Wal-Mart）節目紀錄。二〇〇四年十二月六日，紐約時報報導了沃爾瑪在墨西哥的規模，標題爲「在墨西哥：營業額超過其他三大對手的總和」，記者伊莉莎白・瑪爾金（Elisabeth Malkin）。沃爾瑪在英國的連鎖通路阿斯達（Asda），在食品雜貨上的市佔率僅次於特易購（Tesco），英國有許多媒體報導這件事，包括倫敦星期日報（*London's Sunday Times*），「沃爾瑪要求調查特易購操控情形」（Wal-Mart Calls for Probe into Dominant Tesco），二〇〇五年八月二十八日，記者理察・弗列裘（Richard Fletcher）報導。

費城詢問者報有關可口烘焙公司的報導，在二〇〇五年四月二十二日，「可口烘焙尋求致勝秘訣」（Tasty Baking Looks for Winning Recipe），記者哈羅德・布魯貝克（Harold Brubaker）。IRI的喬・杜迪克（Joe Dudeck）確認過，媒體所發布的糕餅消費數字並不含沃爾瑪的銷售數字。IRI和AC尼爾森一樣，對消費者做訪問，以估計出沃爾瑪在產品品類上的營業額，但其資料只提供給IRI的客戶。沃爾瑪退出營業資料整合共享一事，媒體報導頗多，包括二〇〇一年五月十五日芝加哥論壇報（*Chicago Tribune*）「沃爾瑪停止提供資料：調查員認爲掃瞄數字難以取代」（Wal-Mart Cuts Data Supply: Researchers Say Scanner Numbers Hard to Replace），記者阿米特・薩奇地夫（Ameet Sachdev）。

二〇〇四年十一月一日紐約時報刊登一篇由禮德・亞伯森（Reed Abelson）所寫的「州政府在健康照護上和沃爾瑪爭戰不休」（States Are Battling Against Wal-Mart over Health Care），這篇報導，對於沃爾瑪在健康保險上的基本問題做了一個簡介。亞特蘭大憲法報（*Atlanta Journal-Constitution*）於二〇〇四年二月七日，由安迪・米勒（Andy Miller）所寫的「沃爾瑪成爲申請兒童醫療補助的大戶」（Wal-Mart Stands Out on Rolls of PeachCare），報導沃爾瑪員工的子女中，有一〇二六一名兒童申請喬治亞州政府的兒童健康保險補助。米勒的報導中還提到，沃爾瑪的健康保險並未包含例行的兒童免疫注射。,沃爾瑪的發言人對威斯康辛州的麥迪遜首都時報（*Capital Times of Madison*）說，沃爾瑪計畫在二〇〇五年把兒童免疫注射納入健保給付範圍內，詳見該報二〇〇四年十一月四日由安妮塔・韋爾（Anita Weier）所寫的「沃爾瑪工人需要州政府醫療補助」（Wal-Mart Workers Need State Health Aid）一文。沃爾瑪員工申領田納西州健保補助計畫人數，刊登在二〇〇五年一月三十日的諾克斯維爾新聞守望報（*Knoxville News-Sentinel*）上，標題爲「大公司有一大堆的員工接受補助」（Big Companies Have a Large Number of Workers in Program），記者瑞貝卡・費拉爾（Rebecca Ferrar）。

李斯閣是在二〇〇五年四月於阿肯色州的羅傑茲鎮，以媒體日名義邀請特定媒體時，發表評論，認爲沃爾瑪無法和州政府的貧戶健康保險補助計畫相競爭，並刊登於二〇〇五年四月六日聖路易郵電報（*St. Louis Post-Dispatch*）的「沃爾瑪在研討會上抨擊競爭對手和工會」（Wal-

Mart Lashes Out at Competitors and Unions in Conference)」一文，記者瑪麗・費爾德斯坦（Mary Jo Feldstein）。

美國企業營業額佔美國GDP的百分比，數字集中於前幾大企業，資料來自財星五百大企業名單。這項企業名單的資料編排方式很特別，某一年度榜上企業的營業額是採用其前一年度的資料，也就是說，二〇〇五年財星五百大名單上的營業額用的是二〇〇四年的資料。美國GDP的資料來自美國統計摘要。美國上市公司總數是把美國所有主要交易所的掛牌公司數加總而得；美國人口普查局有全美「公司」數資料。

本書的研究助理海倫・辛諾特，花了好幾週時間和官員、新聞記者、公司以及每一州的商會組織溝通，希望能找出沃爾瑪在哪些州裡是最大的私人雇主。沃爾瑪在www.walmartfacts.com網站上提供各州的員工人數資料，而且每三個月更新一次。最後，辛諾特敢說，沃爾瑪在十六個州中百分之百確定是最大的雇主，而且幾乎可以確定還有八州的最大雇主也是沃爾瑪。這二十四個州的人口加起來共有一億九千八百萬人——佔了美國人口的百分之六十七，這些人所居住的州，沃爾瑪是最大雇主。有十一個州竟然沒有公開資料，所以沃爾瑪的資料就沒辦法有清楚的意義了。

各州整理出來的明細如下：

沃爾瑪是最大私人雇主的州有：亞利桑那、阿肯色、科羅拉多、佛羅里達、伊利諾、印地安那、新罕布夏、北卡羅萊納、奧克拉荷馬、賓夕法尼亞、南卡羅萊納、田納西、德克薩斯、維吉尼亞、西維吉尼亞、威斯康辛。

沃爾瑪似乎是最大私人雇主的州有：加利福尼亞、喬治亞、肯塔基、路易斯安那、密西西比、密蘇里、新墨西哥、俄亥俄。

沃爾瑪是第二大私人雇主的州有：愛荷華、緬因、內布拉斯加。

沃爾瑪是第三大私人雇主的州有：阿拉斯加、猶他。

沃爾瑪僱用人數少於第三大企業的州有：特拉華（第四）、夏威夷（第五）、愛達荷（第七）、奧勒崗（第七）、紐澤西（第十）、羅德島（第十四）。

在下面這幾州裡，雖然沃爾瑪很可能不是最大的雇主，但沃爾瑪的排名並不清楚：阿拉巴馬、康乃狄克、堪薩斯、馬里蘭、麻薩諸塞、密西根、明尼蘇達、蒙大拿、內華達、紐約、北達科他、佛蒙特、華盛頓、懷俄明。

沃爾瑪進行遊說，反對明尼蘇達州把最多員工申領政府補助的雇主名單公布出來，此事詳見明星論壇報（*Star Tribune*），二○○五年六月二日「沃爾瑪反對揭露社會福利」（Wal-Mart Fights Benefits Disclosure），記者克里斯・塞利斯（Chris Serres）。

後記　皮若亞，二〇〇五年九月

二〇〇五年夏季，我和尼爾森公司總裁，戴福・艾格靈頓首次會晤，經過簡短幾句交談之後，他就拒絕進一步提供任何尼爾森公司在美國和中國的營運狀況。

我曾經到皮若亞和這幾位女士會面，並進行採訪，她們把在尼爾森工作的情形，以及被裁員的故事說出來，我放在本書的後記裡。

皮若亞勞動就業網路（Workforce Network）的人員給了我很大的協助。勞動就業網路這個機構的經費，有一部分是來自皮若亞市，幫助新近失業的市民瞭解他們在失業時的福利，以及接受教育的福利，也協助他們找工作。特別是貝絲・福爾裘（Beth Fulcher）和珍妮佛・布拉克尼（Jennifer Brackney）不辭辛勞地幫我聯絡被尼爾森裁員的工人，讓她們願意接受採訪。沒有她們的協助，本章不可能完成。

皮若亞星報的史帝夫・塔特，以及社區語報（*Community Word*）的黛比・艾得洛夫（Debbie Adlof）指引我，協助我瞭解皮若亞。

國家圖書館出版品預行編目資料

沃爾瑪效應/ 查爾斯.費希曼(Charles Fishman)作；
林茂昌譯. -- 初版. -- 臺北市：
大塊文化, 2006[民95]
面； 公分. -- (from ; 37)
參考書目:面
譯自 : The Wal-Mart effect : how the world's most powerful company
really works — and how it's transforming the American economy
ISBN 978-986-7059-37-6(平裝)

1. 沃爾瑪百貨公司(Wal-Mart (Firm)) - 管理
2. 零售商 - 美國 - 管理

498.2 95015413

LOCUS

LOCUS

LOCUS

LOCUS